高等职业教育土木建筑大类专业系列规划教材

建筑力学与结构体系

盛 利 杨莅滦 编 著

清华大学出版社
北 京

内 容 简 介

本书包括建筑力学和结构体系两部分内容，建筑力学部分是将三门力学（理论力学、材料力学、结构力学）的主要内容有效衔接，取其精华确定教学内容；结构体系部分介绍了砌体结构体系、框架结构体系、剪力墙结构体系、框架—剪力墙结构体系的布置原则和选型要点，并在这部分教学单元后附带结构布置任务书供学生练习。面对当前高速发展的物流仓储建设，本书还介绍了适用于大跨度结构的主要结构形式及其适用范围。另外亦对近年来国家大力推广的装配式建筑的"系统集成"设计理念进行了论述。

本书内容丰富，资料翔实，可以作为本科院校或高职院校建筑相关专业的教材，也可供从事建筑设计、施工、监理的工程技术人员参考。

图书在版编目（CIP）数据

建筑力学与结构体系/盛利，杨莅滦编著.—北京：清华大学出版社，2018（2024.4重印）
（高等职业教育土木建筑大类专业系列规划教材）
ISBN 978-7-302-50225-8

Ⅰ.①建… Ⅱ.①盛… ②杨… Ⅲ.①建筑科学—力学—高等职业教育—教材 ②建筑结构—结构体系—高等职业教育—教材 Ⅳ.①TU3

中国版本图书馆CIP数据核字(2018)第111903号

责任编辑：杜　晓
封面设计：曹　来
责任校对：刘　静
责任印制：丛怀宇

出版发行：清华大学出版社
网　　址：https://www.tup.com.cn，https://www.wqxuetang.com
地　　址：北京清华大学学研大厦A座　　**邮　　编**：100084
社 总 机：010-83470000　　**邮　　购**：010-62786544
投稿与读者服务：010-62776969，c-service@tup.tsinghua.edu.cn
质量反馈：010-62772015，zhiliang@tup.tsinghua.edu.cn
课件下载：https://www.tup.com.cn，010-83470410
印 装 者：涿州市般润文化传播有限公司
经　　销：全国新华书店
开　　本：185mm×260mm　　**印　　张**：14.5　　**字　　数**：350千字
版　　次：2018年8月第1版　　**印　　次**：2024年4月第4次印刷
定　　价：42.00元

产品编号：079287-02

前言

随着科学技术和经济建设的快速发展，现代建筑逐渐向大跨度、高层、多功能方向发展，新结构理论、新结构形式、新工程材料、新施工技术不断涌现，导致越来越多造型独特、风格多样的建筑展现在人们面前。这就要求建筑师在建筑方案设计的同时一定要确定好匹配的结构方案，使建筑方案更容易付诸实施。近年来提出的“结构建筑学”(Archi-Neering)概念即强调了建筑设计过程中艺术、建筑、结构、材料等学科相互融合的重要性，因此，为了能使结构更好地融入建筑之中，建筑师必须具备一定的结构知识。

如果建筑设计专业的学生对技术性、经济性缺乏理性思考，就意识不到只有符合结构逻辑的建筑才更具有真实的表现力和实践的可行性，在建筑方案设计过程中就会过分追求艺术形象，使得设计方案过于新、奇、特。因此，建筑设计专业的学生只有掌握了一定的结构理论知识，才能在建筑构思和设计中感知建筑中结构的合理性与可行性，才能设计出切实可行、经济合理的建筑方案，以求得建筑艺术与建筑技术的完美结合。

本书作者长期从事建筑设计专业中的建筑技术相关课程教学，在建筑结构相关课程教学中发现以往的教材大多是土木工程专业书籍的缩编版，如“建筑力学”部分是简写的工程力学书，“结构选型”部分是建筑构件的结构构造论述等，使学生学习后可以对单个建筑构件进行力学计算，却不能对整个结构体系进行选择和分析。其根本原因还是没有掌握建筑结构自身的基本规律，缺乏以结构整体概念来构思建筑方案的能力。因此本书力图培养学生以概念设计为主导的思考方式，将基本力学概念及其分析方法与建筑结构体系有机融合，结合作者设计的多个工程案例分析，明确结构体系的传力机制以及各建筑构件的受力关系，使学生在方案设计阶段能通过结构概念设计思想近似地分析、优化建筑方案，乃至最后确定出合理的结构方案。本书期望学生学习本课程后能将建筑空间与结构形式合理沟通，使建筑艺术与结构技术科学地融合，从而建立起建筑与结构的桥梁，尽可能达到建筑与结构的和谐与统一。

本书包括建筑力学和结构体系两部分内容，其中建筑力学部分由山东城市建设职业学院杨莅滦、盛利编写，结构体系部分由山东城市建设职业学院盛利编写，全书由盛利统稿。

本书在编写过程中引用了一些专家和学者的书籍、文献、资料等，部分图片也来源于网络并摘用，在此一并表示诚挚的感谢。

本书作者努力尝试着提升力学理论的可读性和结构体系的针对性，但由于作者水平和时间所限，本书定有不尽完善之处，衷心希望广大读者提出批评和指正。

盛　利

2018年1月

目录

下篇 结 构 体 系

绪论

扫描二维码下载
教学课件

0.1 概 述

建筑物用来形成一定空间及造型，并能够抵御人为和自然界施加于建筑物的各种作用力，使建筑物得以安全使用的骨架，称为结构。也可以说，结构就是通过组织建筑材料构成某种形式将各种作用力传递到另一个地方，对于普通建筑物来说，另一个地方就是大地。对结构的基本功能要求是：安全、适用、耐久以及在偶然事件(如地震、爆炸)发生时和发生后，当局部结构遭受破坏后仍能保持结构的整体稳定性。

每年都会有建筑设计专业的学生指着计算机或手机里的各种建筑图片问我诸如“用的什么结构体系”“是怎么建起来的”等问题。近年来，中国好像成为世界诸多建筑师的试验田，各种造型奇特的建筑层出不穷，如图 0-1 所示。这些奇特建筑大多采用复杂的结构模型和耗费更多的建筑材料才得以建成，在其表达某种艺术表现力的同时说明力学概念和结构体系对建筑设计的影响越来越大，这也要求建筑师在具体设计时需要进行更深入的结构逻辑构思。

(a) 中央电视台总部大楼

(b) 望京SOHO

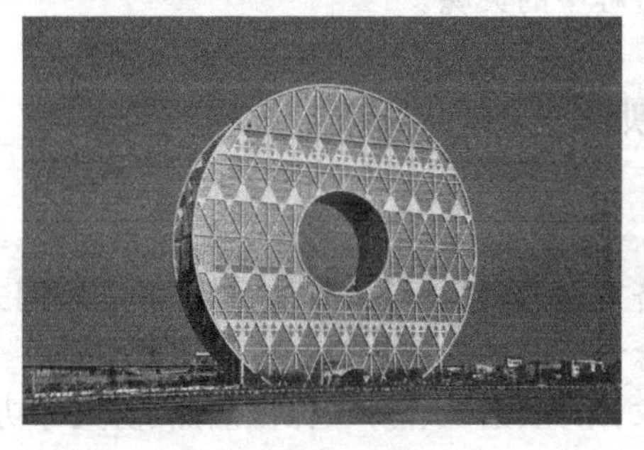

(c) 广州圆大厦

(d) 湖州喜来登温泉度假酒店

图 0-1

随着我国市场化改革的不断深入,对外开放程度的进一步扩大,建筑业结构性改革也在持续推进。伴随行业变革而来的是建筑行业各领域均出现了新的发展机遇。对于建筑师来说,其在建筑工程中的核心地位逐步被确立,如"建筑师负责制"政策的试点尝试和积极推进,就明确了建筑师在工程建设全过程的主导作用。但在赋予建筑师权利和义务的同时,建筑师所承担的责任和风险也大大增加,这就需要建筑师具备如结构、设备、施工等更全面的知识储备。

建筑是视觉空间的艺术,是体—面—线—点的创作过程。在这个空间逐渐显现和固化的过程中,起到承载和传力作用的结构,是建筑空间得以实现的支撑。结构不仅对建筑空间形态的制约很大,而且在耗材及投资上也占据着相当大的比重。因此合理的结构技术应用与材料选择是实现建筑空间形态的基本保障,对结构概念和力学知识的掌握也有助于建筑师更好地对建筑方案进行斟酌、思考及把握。而对建筑设计专业的学生来说只有掌握一定的结构理论知识,才能在建筑构思和设计中,感知各种类别建筑中结构的科学性与可行性,才能设计出切实可行、经济合理的建筑方案。

本书试图让学生走出单纯学习结构知识的圈子,把能力和素质的锻炼作为更重要的学习目标;力图培养学生以概念设计为主导的思考方式,将基本力学概念及其分析方法与建筑结构体系有机融合,明确结构体系的传力机制以及各建筑构件的受力关系,使学生在方案设计阶段能通过结构概念设计思想近似地分析、优化建筑方案,乃至最后确定出合理的结构方案,以求达到建筑与结构的和谐与统一。

0.2 结构概念设计原则

一般的建筑设计手法是先确定好建筑的基本平立剖设计,然后才由结构工程师进行结构选型、结构设计,这种设计流程往往会导致建筑设计和结构设计之间缺乏合理的、科学的整合。如果结构概念设计能指导建筑设计,则在建筑初步设计前利用结构概念设计原则可为所设计的工程项目设想一个合理的概念性结构方案,为后续的设计工作提供正确的思路,然后确定合理的分析、处理方法,以求得最为经济、合理的结构设计方案。

结构概念设计的原则是人们根据对力学、结构、材料、建筑理论以及施工技术和管理知识的认识,对建筑、结构和设备功能需求的理解,对设计、施工和使用实践的领会,在总结长期工程经验的基础上所制定的一些基本要求,对做好建筑设计工作有着重要的指导作用。因此建筑结构的概念设计是建筑工程设计过程中的灵魂。

0.2.1 全面考虑原则(三维构思原则)

结构概念设计时,首先要对其所涉及的各个方面作全面的考虑。它包括建筑、结构和施工方面的考虑,使用、功能、美观、技术和经济方面的考虑,以及整体、局部和它们间关系方面的考虑。这三个方面的考虑构成了结构概念设计时的三维构思。

建筑方面指空间、尺度、联系等使用要求,采光、通风、隔声、保温隔热、防火等功能要求,美学、形式、风格等美观要求。

结构方面指结构整体和关键部位受力、变形的合理性,主要构件间连接、构造的牢固性,所选择结构体系、形式的可靠性、经济性和新颖性，以及结构所用材料在长期使用环境下的耐久性。

施工方面指技术是否成熟、取材是否现实、成型是否可能、做法是否合理等。

做好上述考虑，也就注意了使用、功能、美观、技术和经济方面的需求。此外，还要正确对待整体、局部和它们间的关系。一般先从整体入手(如根据建筑场地条件提出主体结构体系和基础形式)，进而考虑一些关键的局部(如主要构件类型和连接关系)，再回到整体(如结构的适用性、可靠性、耐久性、整体稳定性)上来加以修正认定，这是一个必经的过程。

在上述三维构思基础上进一步的是二维构思的技术设计阶段，这时主要是分别解决好平面结构(如楼、屋盖)和竖向结构(如柱、墙)各自的构件选择与它们间的双边关系(如支承、连接)。在二维构思基础上再进一步则是一维构思的施工图阶段，这时主要是设计和布置组成结构体系的每一个构件(如板、梁、柱)。尽管三种构思(三维、二维、一维)所要解决的问题各具相对独立性，但它们都有着反馈关系：施工图阶段的构思会影响和修正技术设计阶段的构思；技术设计阶段的构思又会影响初步设计阶段的构思；初步设计阶段的构思当然也会影响和修正概念设计的构思。

0.2.2 功能协调原则

结构概念设计时，应该尽可能做到结构、建筑、设备和施工技术的功能协调，以便取得尽可能大的效能和尽可能多的效益。如：

(1) 在结构和建筑功能协调方面，要做到建筑体型和结构体系相协调，建筑使用和结构布置相结合，建筑分区和结构分段(如变形缝设置位置)相一致等；

(2) 在结构和设备功能协调方面，要熟悉设备系统和结构布局是相应的，设备线路和结构构件是相通的，设备部件和结构构造是相配的等；

(3) 在结构和施工技术协调方面，如在做现浇混凝土结构时，将模板作为结构构件的组成部分；在安装预制构件时，将施加预应力手段与构件连接方法相一致，考虑构件受力元素和受力状态与施工过程中的做法相一致等。

0.2.3 实际出发原则

结构概念设计时必须从实际出发处理所遇到的各种问题。例如认真考虑当地固有的自然条件(如气候、地质条件等)、当地历史形成的人文条件(如文化背景、已建建筑物等)、当地当时的资源条件(如资金、原材料、设施等)。因而：

(1) 概念设计前要对当地的实际情况进行全面的了解和分析。

(2) 概念设计时所取的各种条件要符合当地当时的实际可能。

(3) 所做的概念设计方案必须充分满足未来使用时的实际需要。

0.2.4 精益求精原则

结构概念设计往往是多种方案比较选优的过程，在这过程中要注意以下 5 点。

(1) 在思维上,既要有纵向思维(结构→构件→连接→构造),还要有横向思维,就是要从多方面去思考(见前述"全面考虑原则")。

(2) 在分析上,不仅只会"分析问题",更要善于"提出问题",敢于否定已有的初步设想,要多设想几种方案以及对可能遇到的问题进行分析与处理。

(3) 在解答上,不要"从一而终",要设想几种解决措施,以便"择优取胜"。

(4) 在方法上,有时有一个明确概念就能定案,有时要有定性的理论分析(估算),有时还要懂得何时需要和怎样采用模拟试验的方法。

(5) 在评价上,不能只评价能否(指工程技术上能否做到),还要评价可否(指政策法规上可否这样做)、值否(指经济合理上值不值得做)、应否(指在可行性和持续性上应否这样做)。

0.2.5 减轻自重原则

结构所承受的荷载无非两种:竖向荷载和水平荷载。民用建筑竖向荷载的85%以上是其自重(结构和装饰层自重),水平荷载中的地震荷载与建筑物自重直接相关。所以减轻自重是一条重要的结构概念设计原则。它不仅可以减轻结构承受的荷载,而且可以降低建筑造价、加快建造速度、节约建筑材料、减少材料在生产运输方面的劳动量。减轻自重的措施大体有以下4条。

(1) 采用轻质高强材料,如轻集料混凝土、高性能混凝土、高强度钢材、冷弯薄壁型钢、多孔或空心砌块、塑料制品等。

(2) 采取高效能的结构形式,如采用合理截面形式的预制构件或预应力构件,根据结构受力特点采用组合构件或组合结构,以及采用薄壳、折板、箱形结构等优越的结构形式。

(3) 选择恰当的结构体系,如超高层建筑采用筒体结构、大跨度建筑采用网架结构、空间桁架等空间结构体系。

(4) 选择合理的结构布置,如尽可能减少外墙面积、加大开间尺寸和柱网间距、降低不必要的楼层高度等。

0.2.6 空间作用原则

建筑物本来是一个空间结构,有时为了结构设计计算工作的简化,会将它分解成各种平面受力状态进行量化分析。在结构概念设计时,考虑建筑物内各部分结构的空间作用,有意识地利用或构成构件间的空间关系,将其按结构整体来分析。这时,依其有效性的次序做到以下5点是有利的。

(1) 加强结构构件的平面外刚度(如在砖墙内设置钢筋混凝土圈梁和构造柱)。

(2) 加强平面结构与平面外结构构件的联系(如平面屋架与屋架间支撑的联系)。

(3) 考虑结构构件间的相互作用(如板与梁的相互作用)。

(4) 考虑结构体系间的相互作用(如框架—剪力墙结构体系中剪力墙结构与框架结构的相互作用)。

(5) 采用空间结构体系(如空间网架、网壳结构)。

0.2.7 合理受力原则

结构概念设计时,要经常运用力学原理来处理结构构件的一般受力分析问题。应注意以下 4 个方面。

(1) 从受力和变形看,均匀受力比集中受力好,多跨连续比单跨简支好,空间作用比平面作用好,刚性连接比铰接连接好,超静定的受力体系比静定的受力体系好。另外,传力简捷比传力曲折好,要避免不明确的受力状态。

(2) 从受力和变形的分析看,要尽可能利用结构的对称性、刚度的相对性、变形的连续性和协调性;既要分析各部分构件的直接受力状态,也要分析整体结构的宏观受力状态;要抓住主要的受力状况和它所发生的变形,忽略次要的受力状况和它的相应变形。

(3) 从抗力和材料看,要尽可能选用以轴向应力为主的受力状态,尽可能增加构件和结构的截面惯性矩和抗弯刚度、抗剪切能力和抗剪刚度,并合理地选用材料和组织构件的截面,做到"因材施用,材尽其用"。

(4) 从结构构件自身看,砌体构件要注意设置好圈梁和构造柱,以保证砌体结构的延性和承受不均匀沉降的能力;混凝土构件要避免剪切破坏先于弯曲破坏、混凝土压溃先于钢筋屈服、钢筋与混凝土的黏结破坏先于构件自身破坏,以避免造成脆性失效;钢构件应避免局部失稳或整个构件失稳,以确保钢结构的承载和变形能力;构件间的连接应使节点和预埋件的破坏不先于其连接件,以便充分发挥构件自身的作用。

0.2.8 优化选型原则

结构概念设计归根到底是确定主体结构体系及其联系。它要考虑 3 个方面,用比较方法进行优化选择。

1. 优化结构体系

优化结构体系的前提是掌握各类基本构件的特征(如与受力相关的几何特征,与变形相关的刚性特征等),根据环境、使用、建筑和荷载实况优化选择适用的基本构件,确定它们之间的联系,形成基本结构单元和它的支承做法(如框架结构,筒体结构,拱、索结构等)。再将基本结构单元通过线型、平面、叠合、交叉等集合形式构成主要结构体系。

2. 优化结构布置

在满足使用要求和建筑意图的前提下优化布置楼屋盖水平系统、柱墙竖向支承系统和基础系统。这时除比较各种布置的承载能力、竖向和侧向变形、支承做法、地质条件等结构问题的合理性、优越性外,重要的原则是平立面宜规则、对称,具有良好的整体性,竖向剖面宜规整,结构侧向刚度宜均匀变化,自下而上逐渐减小,避免突变。

3. 合理构造做法

重点是结构构造做法和建筑构造要求相一致,结构的理论构造要求和施工的实际构造做法相一致。这里的"一致",是指实现可能的一致性、受力与功能特征的一致性等。

0.3 建筑力学的任务和内容

建筑力学是将理论力学中的刚体静力学、材料力学、结构力学课程中的主要内容，优化组合形成的新知识体系。建筑力学以掌握概念为基础，以强化力学基本原理在结构中的实际应用为重点，让学生掌握基本的力学知识，能在建筑设计中考虑力学与结构的因素，继而能够选择合理的结构体系和布置方式，为后续的设计与实践课程打好基础。

建筑力学所研究的问题基本是工程中最基本的力学问题，主要分析材料的力学性能和变形特点；结构或构件的受力分析（如房屋结构中的梁、柱等构件的受力），以及在荷载作用下构件的承载能力及变形。建筑力学还研究结构的几何构成规则；结构或构件的强度、刚度和稳定性问题等。这些问题与工程实际结合紧密，在专业中起着桥梁和纽带的作用，建筑设计专业的学生必须掌握相关力学知识，以便更好地进行建筑设计。

0.3.1 建筑力学的研究对象

建筑结构是由许多基本构件组成的体系。常见的基本构件有梁、楼板、墙柱、梯板、基础等。按照几何特征，结构可分为以下 3 种类型。

1. 杆系结构

杆系结构是由若干根长度远大于其他两个方向尺度（截面的宽度和高度）的杆件所组成的结构，如图 0-2(a)所示。

2. 薄壁结构

薄壁结构是由薄板或薄壳等组成的结构。薄板、薄壳的几何特征是其厚度远远小于其他两个方向的尺度，当它为一平面板状物体时，称为薄板；当它具有曲面外形时，称为薄壳，如图 0-2(b)所示。

3. 实体结构

实体结构是指三个方向的尺寸大约为相同数量级的结构。例如堤坝、挡土墙等均属于实体结构，如图 0-2(c)所示。

建筑力学的研究对象主要是杆系结构。

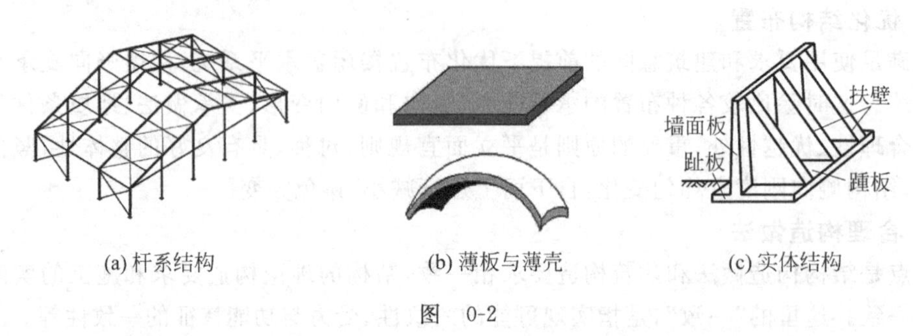

(a) 杆系结构　(b) 薄板与薄壳　(c) 实体结构

图 0-2

0.3.2 建筑力学的任务

在施工和使用过程中,建筑结构构件要承受及传递各种荷载作用,即组成结构的各个构件都将受到力的作用,并且产生相应的位移和变形。合理的建筑结构必须是既能安全地承担荷载,又能经济地使用建筑材料。即结构或构件本身应具有足够的强度、刚度和稳定性,并且做到经济合理。

1. 强度

强度是指结构或构件抵抗破坏的能力。结构或构件在过大的荷载作用下可能被破坏。例如,当吊车起重量超过一定限度时,吊杆可能断裂,这是绝对不允许的。因此,进行强度计算的目的在于保证结构在正常工作情况时不会发生破坏,同时也符合经济的要求。

2. 刚度

刚度是指结构或构件抵抗变形的能力。在荷载作用下,结构或构件虽然有了足够的强度,但变形过大,会影响正常使用或降低人们的安全感和舒适感。例如,如果吊车梁产生的弯曲变形过大,吊车就不能正常行驶。因此,设计时必须保证构件有足够刚度使变形不超过规范允许的范围。

如果从结构整体受力角度看强度和刚度,则强度是承受内力能力的指标,刚度是内力的分配指标。例如汶川地震时一些发生倒塌的内框架厂房(一种现行规范已经取消的结构体系,教学单元 8 有介绍),是一种承重砖墙与钢筋混凝土框架协同工作的结构。在受到地震作用时,因为砖墙截面大,刚度大,吸收了大部分地震力。但砖墙的强度尤其是抗拉、抗剪强度小,造成钢筋混凝土框架还没发挥作用,砖墙就先变形垮塌,使得整个结构失效。因此结构强度与刚度的合理分配对建筑安全至关重要。

3. 稳定性

稳定性是指结构或构件保持原有平衡状态的能力。结构中受压的细长杆件(如钢结构柱),在压力较小时能保持直线平衡状态,当压力超过某一临界值时,构件就不能维持原来直线形式的平衡状态并造成破坏,这称为失稳破坏。稳定计算的目的就是保证结构或构件不发生失稳现象。

结构及其构件的强度、刚度、稳定性反映了其承载能力。建筑力学的任务就是研究结构或构件在荷载作用下的平衡条件以及承载能力,在安全和经济原则下为结构和构件的设计提供必要的理论基础和计算方法。

0.3.3 建筑力学的内容

建筑力学的内容包括以下 4 个方面。

(1) 研究物体的受力分析、力系简化和静力平衡的一般规律。这是学习建筑力学的基础。

(2) 对静定结构和构件进行受力分析、内力图绘制。在荷载作用下结构或构件承受和传递力,因此对结构或构件进行设计时首先需要弄清楚其承受的力和力的传递路线,即对构件进行受力分析。

(3) 研究构件在荷载作用下的承载能力。其包括强度、刚度和稳定性问题,为构件选择适当的材料、截面形状和尺寸。

(4) 研究结构的组成规律及合理形式。研究结构组成规律的目的是保证结构各部分之间不致发生相对运动,以能承受外荷载作用。而研究结构合理形式的目的则是为了充分发挥结构的性能,使材料能更有效地利用。

0.4 结构体系的分类和选型

0.4.1 结构体系的分类

结构体系是指建筑结构抵抗外部作用的构件组成方式。

结构体系主要包括砌体结构体系、框架结构体系、剪力墙结构体系、框架—剪力墙结构体系、筒体结构体系、大跨度结构体系等。

1. 砌体结构体系

砌体结构体系又称为砖混结构体系,一般是指楼盖和屋盖采用钢筋混凝土或钢、木等材料,而墙、柱采用砌体材料建造的房屋。大多用在低多层住宅、办公楼、教学楼建筑中。由于砌体结构自重大,并且整体性与延性较差,导致砌体结构的抗震性能相对较弱,在较发达的城市中已很少建造砌体房屋。但其相对经济的建造、使用和维护费用,使得砌体结构在广大乡镇和中小城市中仍大量应用。

2. 框架结构体系

框架结构体系是利用梁柱组成的纵、横两个方向的框架形成的结构体系。梁柱交接处、柱与基础交接处一般为刚性连接,同时承受竖向荷载和水平荷载。框架结构相对于砌体结构的优势在于其建筑的内部空间分隔灵活,容易满足建筑使用功能的要求。框架结构体系适用的建筑类型较广,需要较大空间的多、高层民用建筑,单层或多层工业建筑,装配式建筑等均可考虑使用框架结构。

3. 剪力墙结构体系

剪力墙结构体系在地震区又称为抗震墙结构体系,是由一系列纵向、横向剪力墙墙体及楼盖所组成的空间结构,以承受竖向荷载和水平荷载。剪力墙一般为钢筋混凝土墙,剪力墙结构利用建筑物的墙体(包括内墙和外墙)做成剪力墙来抵抗水平力。由于纵、横向剪力墙在其自身平面内的刚度都很大,在水平荷载作用下,侧移较小,因此这种结构抗震及抗风性能较强,竖向承载力要求也比较容易满足,适用于层数较多并对空间要求不是很高的高层建筑。在房间较多、分隔墙比较固定的住宅、公寓、宾馆等高层民用建筑中,其结构选型大多采用剪力墙结构体系,由于剪力墙结构的室内较框架结构简洁,没有露梁、露柱现象,便于室内布置,因此剪力墙结构在10～30层高层住宅应用最多。

4. 框架—剪力墙结构体系

框架—剪力墙结构体系简称框剪结构体系,是在结构中同时布置框架和剪力墙,二者具有较强的结构互补性,可形成双重受力的结构体系。框架结构建筑布置比较灵活,可以形成较大空间,但侧向刚度较弱,抵抗水平力的能力较差;剪力墙结构侧向刚度大,抵抗水平力的能力强，但建筑布置不灵活，一般不能形成较大的空间。而框架—剪力墙结构主要由框架柱和剪力墙一起承担着竖向荷载，其所受水平荷载主要由剪力墙来承担，这种结构体系不仅抵抗水平力的能力较强，建筑布置也较灵活，可满足建筑物各项使用功能的要求，因此在10～30层的酒店、宾馆、商场、办公楼等高层建筑中应用广泛。

5. 筒体结构体系

筒体结构体系主要由核心筒或框筒等结构单元组成，受力特点是整个建筑犹如一个固定于基础上的封闭空心的筒式悬臂梁来抵抗水平力，筒体结构是抵抗水平荷载最有效的结构体系之一。因其具有良好的空间整体受力性能而广泛应用于高层建筑和超高层建筑中。

6. 大跨度结构体系

大跨度结构主要包括排架结构、刚架结构、桁架结构等跨度基本在36m以内的大跨度平面结构，也包括跨度大于36m的薄壳结构、网架结构、网壳结构、悬索结构、膜结构等大跨度空间结构，还包括张弦梁结构、树状结构、各种形式的张拉整体结构等近年来出现的新型大跨度空间结构。大跨度结构多用于民用建筑中的影剧院、体育场馆、展览馆、大会堂、航空港候机大厅及其他大型公共建筑，工业建筑中的大跨度厂房、飞机装配车间和大型仓库等。

0.4.2 结构选型的原则

1. 适应建筑功能的要求

功能要求包括空间要求、使用要求、美观要求等，考虑结构选型时应满足这些功能要求。如体育馆为保证较好的观看视觉效果，比赛大厅内不能设柱，必须采用大跨度结构；大型超市为满足购物的需要，室内空间具有流动性和灵活性，所以应优先采用框架结构。

2. 满足建筑造型的需要

对于建筑造型复杂、平面和立面特别不规则的建筑结构选型，要按实际需要在适当部位设置防震缝、温度缝等结构缝，形成较多有规则的结构单元。

3. 充分发挥结构自身的优势

每种结构形式都有各自的特点和不足，有其各自的适用范围，所以要结合建筑设计的具体情况进行结构选型。

4. 考虑材料和施工的条件

由于材料和施工技术的不同，其结构形式也不同。例如砌体结构所用材料多为就地取材，施工简单，适用于低层、多层建筑；当地处大气腐蚀环境下或钢材供应紧缺时，不可大量采用钢结构。

5. 尽可能降低造价

当几种结构形式都有可能满足建筑设计条件时，经济条件就是决定因素，尽量采用能降低工程造价的结构形式。

上 篇

建筑力学

教学单元 1　静力平衡

扫描二维码下载教学课件

掌握力与力矩、力偶与力偶矩、刚体、平衡、约束与约束反力等重要概念；理解静力学公理及力的基本性质；明确各类约束对应的约束反力的特征；能正确对物体进行受力分析，掌握受平面一般力系作用的物体支座反力的求解方法。

1.1　静力学基本概念

1.1.1　力

力是人们在生活和生产实践中逐渐形成的抽象概念。

1. 力的定义

力是物体间的相互作用，这种作用使物体的运动状态或形状发生改变。

物体间相互作用力和其形式有多种多样，归纳起来可分为两大类：一类是物体间的直接接触作用产生的作用力，如压力、摩擦力等；另一类是通过场的作用产生的作用力，如万有引力场、电磁场对物体作用的万有引力和电磁力。

力的两种作用效应为：

(1) 外效应，也称为运动效应——使物体的运动状态发生改变；

(2) 内效应，也称为变形效应——使物体的形状发生变化。

静力学研究物体的外效应。

力不能脱离物体而单独存在。有一个力，就必然有一个施力物体和一个受力物体，离开物体间的相互作用则不能进行受力分析。

2. 力的三个要素

力的三要素为：力的大小、方向和作用点。

力的大小反映了物体之间相互作用的强弱程度，在国际单位制(SI)中，度量力大小的单位是牛顿(N)或千牛顿(kN)，$1kN=1\times10^3N$。

物体间的相互作用具有方向性，以力的方向表示。它包括力所顺沿的直线(称为力的作用线)在空间的方位和力沿其作用线的指向。例如重力的方向是“铅垂向下”，“铅垂”是力的方位，“向下”是力的指向。

力的作用点是物体间相互作用位置的抽象化。实际上物体相互作用的位置并不是一个点，而是物体的一部分面积或体积。如果这个面积或体积相对于物体很小或由于其他原因使力的作用面积或体积可以忽略不计，则可将它抽象为一个点，此点称为力的作用点。

力的三要素中的任何一个如有改变，则力对物体的作用效应也将改变。

3. 力的表示

力的三要素表明力是具有大小和方向的量，即力是矢量，简称力矢。其计算符合矢量代数运算法则。

力通常用一条沿力的作用线的有向线段来表示。有向线段的起点或终点表示力的作用点；线段的长度按一定的比例表示力的大小；线段与某定直线的夹角表示力的方位；箭头表示力的指向，故力是定位矢量。

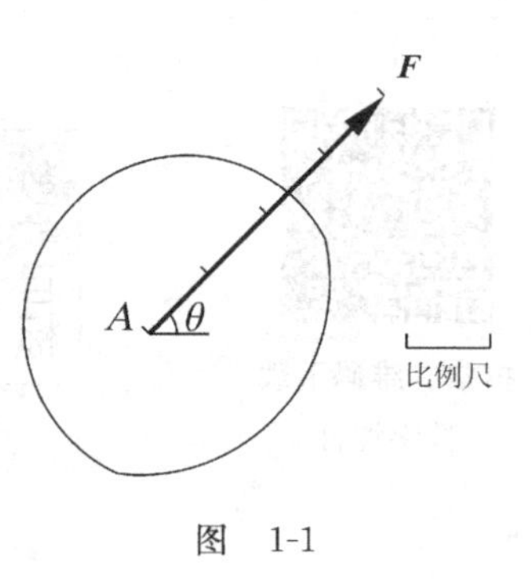

图 1-1

图 1-1 表示物体在 A 点受到力 $\boldsymbol{F}$ 的作用。本书中用加黑的字母表示力矢量，如 $\boldsymbol{F}$，而用普通字母表示力矢量的大小，如 F。

1.1.2 力矩

力对点的矩是很早以前人们在使用杠杆、滑车、绞盘等机械搬运或提升重物时所形成的一个概念。现以扳手拧螺母为例来说明。如图 1-2(a)所示，在扳手的 A 点施加一力 $\boldsymbol{F}$，将使扳手和螺母一起绕螺钉中心 O 转动，这就是说，力有使物体(扳手)产生转动的效应。实践经验表明，扳手的转动效果不仅与力 $\boldsymbol{F}$ 的大小有关，而且还与点 O 到力作用线的垂直距离 d 有关。当 d 保持不变时，力 $\boldsymbol{F}$ 越大，转动越快。当力 $\boldsymbol{F}$ 不变时，d 值越大，转动也越快。若改变力的作用方向，则扳手的转动方向就会发生改变，因此，我们用力 $\boldsymbol{F}$ 的大小与 d 的乘积再冠以适当的正负号来表示力 $\boldsymbol{F}$ 使物体绕 O 点转动的效应，并称为力 $\boldsymbol{F}$ 对 O 点之矩，简称力矩，以符号 $M_O(\boldsymbol{F})$ 表示，即

$$M_O(\boldsymbol{F}) = \pm F \cdot d \tag{1-1}$$

O 点称为转动中心，简称矩心。矩心 O 到力作用线的垂直距离 d 称为力臂。式中的正负号表示力矩的转向。通常规定：力使物体绕矩心作逆时针方向转动时，力矩为正，反之为负。

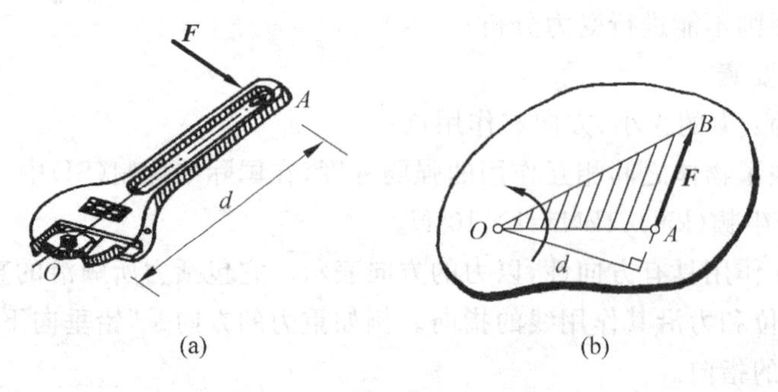

图 1-2

由图 1-2(b)可以看出,力对点之矩还可以用以矩心为顶点,以力矢量为底边所构成的三角形的面积的 2 倍来表示。即

$$M_O(\boldsymbol{F}) = \pm 2S_{\triangle OAB} \tag{1-2}$$

显然,力矩在下列两种情况下等于零:

(1) 力等于零;

(2) 力的作用线通过矩心,即力臂等于零。

力矩的单位是牛顿·米(N·m)或千牛顿·米(kN·m)。

【例 1-1】 分别计算图 1-3 所示的 $\boldsymbol{F}_1$、$\boldsymbol{F}_2$对 O 点的力矩。

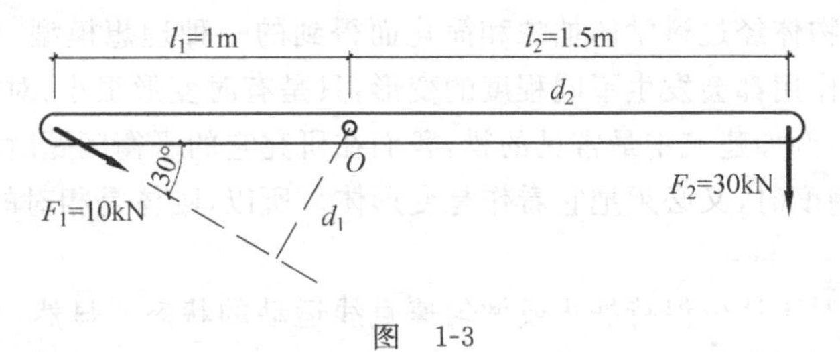

图 1-3

解:由式(1-1),有

$$M_O(\boldsymbol{F}_1) = F_1 \cdot d_1 = 10 \times 1 \times \sin 30° = 5(\mathrm{kN \cdot m})$$

$$M_O(\boldsymbol{F}_2) = -F_2 \cdot d_2 = -30 \times 1.5 = -45(\mathrm{kN \cdot m})$$

1.1.3 力偶和力偶矩

在生产实践和日常生活中,经常遇到大小相等、方向相反、作用线不重合的两个平行力所组成的力系。这种力系只能使物体产生转动效应而不能使物体产生移动效应。例如,用拇指和食指开关老式自来水龙头,如图 1-4(a)所示;司机用双手操纵方向盘,如图 1-4(b)所示;机床的滚轴转动,如图 1-4(c)所示;钳工用丝锥攻螺纹,如图 1-4(d)所示;以及拧钢笔套等。这种大小相等、方向相反、作用线不重合的两个平行力称为力偶,用符号 $\boldsymbol{F}$、$\boldsymbol{F}'$表示。力偶的两个力作用线间的垂直距离 d 称为力偶臂,力偶的两个力所构成的平面称为力偶作用面。

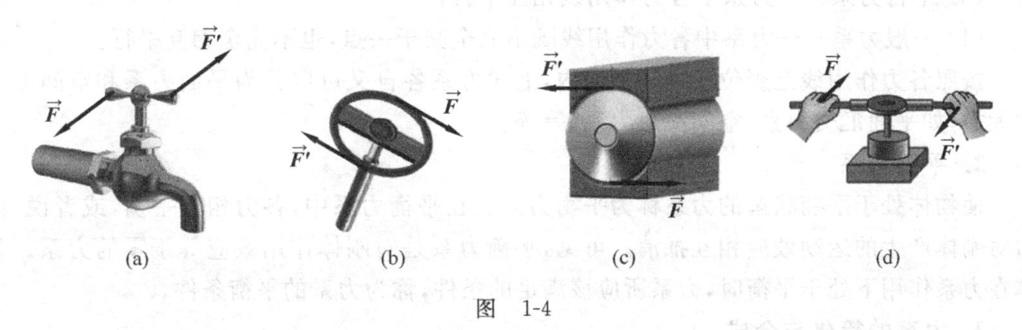

图 1-4

实践表明,当力偶的力 F 越大,或力偶臂越大,则力偶使物体的转动效应就越强;反之就越弱。因此,与力矩类似,我们用 $\boldsymbol{F}$ 与 d 的乘积来度量力偶对物体的转动效应,并把这一乘积冠以适当的正负号称为力偶矩,用 M 表示,即:

$$M = \pm F \cdot d \tag{1-3}$$

式中的正负号表示力偶矩的转向。通常规定：若力偶使物体做逆时针方向转动时，力偶矩为正；反之为负。力偶矩的单位与力矩相同。

1.1.4 刚体和平衡

1. 刚体

在任何外力作用下，大小和形状均保持不变的物体称为刚体。

刚体是对实际物体经过科学的抽象和简化而得到的一种理想模型。事实上，自然界中任何物体受到外力作用都会发生不同程度的变形，只是有时变形很小，对所研究的问题影响甚微，可忽略不计。例如建筑中最常见的梁，我们在研究它的平衡问题时，可认为它是刚体。在研究它的强度、刚度时，又必须把它看作是变形体。所以，刚体是相对的。

2. 平衡

平衡指物体相对于地球保持静止或做匀速直线运动的状态。显然，平衡是机械运动的特殊形态，因为静止是暂时的、相对的，而运动才是永恒的、绝对的。例如，房屋、桥梁相对于地球保持静止；沿直线匀速起吊的构件相对于地球是做匀速直线运动等。它们的共同特点就是运动状态没有发生变化。静力学研究的平衡主要是物体处于静止状态。

当研究物体在力系作用下的外部效应时，忽略变形，并不影响物体的平衡问题研究。静力学研究的对象就是刚体，静力学也称为刚体静力学。

1.1.5 力系、平衡力系、力系的简化与合成

1. 力系

一般情况下，一个物体总是同时受到若干个力的作用。我们把同时作用在一个物体上的若干个力称为力系。按照力系中各力作用线分布的不同形式，力系可分为：

(1) 汇交力系——力系中各力作用线汇交于一点；

(2) 力偶系——力系中各力可以组成若干力偶或力系由若干力偶组成；

(3) 平行力系——力系中各力作用线相互平行；

(4) 一般力系——力系中各力作用线既不完全交于一点，也不完全相互平行。

按照各力作用线是否位于同一平面内，上述力系各自又可以分为平面力系和空间力系两大类，如平面汇交力系、空间一般力系，等等。

2. 平衡力系

使物体处于平衡状态的力系称为平衡力系。在平衡力系中，各力相互平衡，或者说，诸力对刚体产生的运动效应相互抵消。可见，平衡力系是对刚体作用效应等于零的力系。物体在力系作用下处于平衡时，力系所应该满足的条件，称为力系的平衡条件。

3. 力系的简化与合成

在不改变物体作用效应的前提下，用一个简单力系代替一个复杂力系的过程，称为力系的简化或力系的合成。

两个力系对物体的作用效应相同，则称这两个力系互为等效力系。

当一个力与一个力系等效时，则称该力为此力系的合力；而该力系中的每一个力称为其合力的分力。把力系中的各个分力代换成合力的过程，称为力系的合成；反过来，把合力代换成若干分力的过程，称为力的分解。

1.2 静力学公理

静力学公理是人类在长期的生产和生活实践中，经过反复观察和实验总结出来的普遍规律，概括了力的基本性质，是研究力系的简化与平衡问题的基础。

1.2.1 二力平衡公理

作用在同一刚体上的两个力，使刚体处于平衡状态的必要和充分条件是：这两个力大小相等、方向相反、作用在同一直线上(简称二力等值，反向，共线)。

这一结论是显而易见的。如图 1-5(a)所示直杆，在杆的两端施加一对大小相等的拉力或压力($\boldsymbol{F}_1$、$\boldsymbol{F}_2$)，均可使杆平衡。

应当指出，该条件对于刚体来说是充分而且必要的；而对于变形体，该条件只是必要的而不充分。如绳索当受到两个等值、反向、共线的压力作用时就不一定平衡。

在两个力作用下处于平衡的物体称为二力体；若为杆件，则称为二力杆。根据二力平衡公理可知，作用在二力体上的两个力，它们必通过两个力作用点的连线[与杆件的形状无关，如图 1-5(b)所示直角曲杆]且等值、反向。

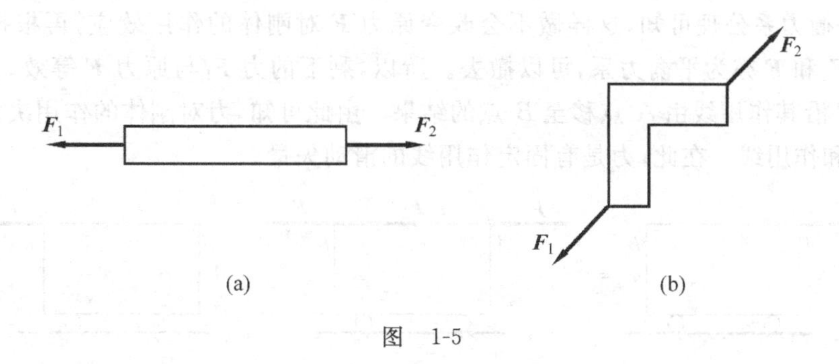

图 1-5

1.2.2 作用与反作用公理

两个物体间相互作用的一对力，总是大小相等、方向相反、作用线相同，并分别而且同时作用于这两个物体上。

如图 1-6 所示，放于桌面上的物体对桌面施加一个向下的作用力 $\boldsymbol{N}'$，桌面同时也对物体施加一个反方向的作用力 $\boldsymbol{N}$，且这两个力大小相等、方向相反、沿同一直线分别作用在桌面和物体上。

这个公理概括了任何两个物体间相互作用的关系。有作用力，必定有反作用力；反过

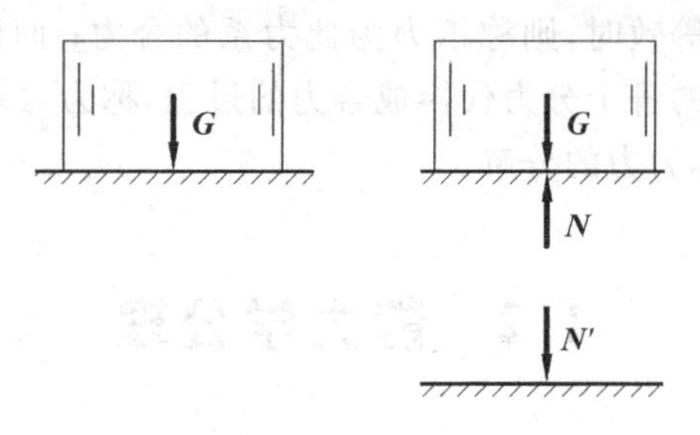

图 1-6

来，没有反作用力，也就没有作用力。两者总是同时存在，又同时消失。因此，力总是成对地出现在两相互作用的物体上的。要区别二力平衡公理和作用力与反作用力公理之间的关系，前者是对一个物体而言，而后者则是对物体之间而言。

1.2.3 加减平衡力系公理

在作用于刚体上的已知力系上，加上或减去任意平衡力系，不会改变原力系对刚体的作用效应。这是因为平衡力系中，诸力对刚体的作用效应相互抵消，力系对刚体的效应等于零。根据这个原理，可以进行力系的等效变换。

推论：力的可传性原理。

作用于刚体上某点的力，可沿其作用线任意移动作用点而不改变该力对刚体的作用效应。利用加减平衡力系公理，很容易证明力的可传性原理。如图 1-7 所示，设力 $\boldsymbol{F}$ 作用于刚体上的 A 点。现在其作用线上的任意一点 B 加上一对平衡力系 $\boldsymbol{F}_1$、$\boldsymbol{F}_2$，并且使 $\boldsymbol{F}_1=-\boldsymbol{F}_2=\boldsymbol{F}$，根据加减平衡力系公理可知，这样做不会改变原力 $\boldsymbol{F}$ 对刚体的作用效应，再根据二力平衡条件可知，$\boldsymbol{F}_2$ 和 $\boldsymbol{F}$ 亦为平衡力系，可以撤去。所以，剩下的力 $\boldsymbol{F}_1$ 与原力 $\boldsymbol{F}$ 等效。力 $\boldsymbol{F}_1$ 即可看成为力 $\boldsymbol{F}$ 沿其作用线由 A 点移至 B 点的结果。由此可知，力对刚体的作用决定于：力的大小、方向和作用线。在此，力是有固定作用线的滑动矢量。

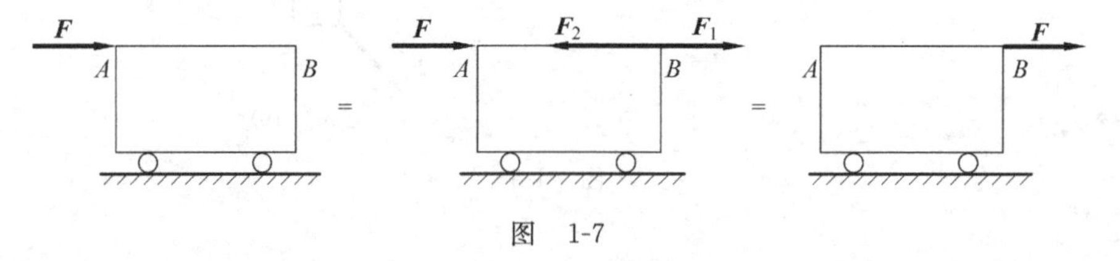

图 1-7

同时必须指出，力的可传性原理只适用于刚体而不适用于变形体。如图 1-8(a)所示，直杆的两端受到等值、反向、共线的两个力 $\boldsymbol{F}_1$、$\boldsymbol{F}_2$ 作用而处于平衡状态；如果将二力各沿作用线移到杆的另一端，如图 1-8(b)所示，显然，直杆仍处于平衡状态，但直杆的变形不同。图 1-8(a)所示的直杆伸长了，而 1-8(b)所示的直杆缩短了。

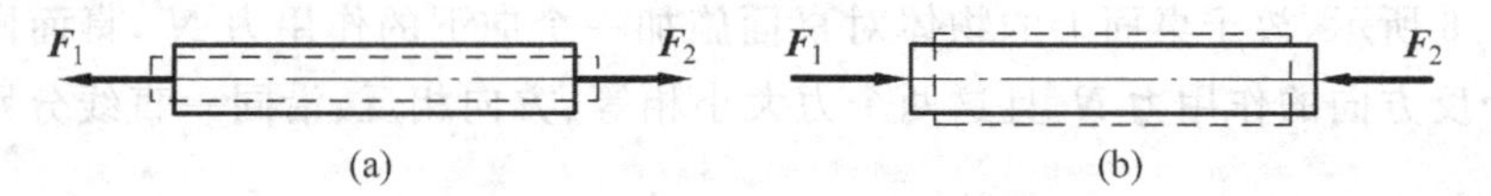

图 1-8

1.2.4 力的平行四边形公理

作用于物体同一点的两个力，可以合成为一个合力，合力也作用于该点，其大小和方向由以两个分力为邻边的平行四边形的对角线表示。

如图 1-9(a)所示，$\boldsymbol{F}_1$和$\boldsymbol{F}_2$为作用于刚体上 A 点的两个力，以这两个力为临边做出平行四边形 $ABCD$，图中$\boldsymbol{F}_R$即为$\boldsymbol{F}_1$、$\boldsymbol{F}_2$的合力。即合力矢等于这两个分力矢的矢量和。其矢量表达式为

$$\boldsymbol{F}_R = \boldsymbol{F}_1 + \boldsymbol{F}_2 \tag{1-4}$$

在求两共点力的合力时，为了作图方便，只需画出平行四边形的一半，即三角形便可，如图 1-9(b)所示。其方法是自两个分力的共同作用点开始，先画出一矢量$\boldsymbol{F}_1$，然后再由$\boldsymbol{F}_1$的终点画另一矢量$\boldsymbol{F}_2$，最后由第一个分力的起点至第二个分力的终点作一矢量$\boldsymbol{F}_R$，它就代表$\boldsymbol{F}_1$、$\boldsymbol{F}_2$的合力矢。合力的作用点仍为$\boldsymbol{F}_1$、$\boldsymbol{F}_2$的汇交点 A。这种作图法称为力的三角形法则。显然，若改变$\boldsymbol{F}_1$、$\boldsymbol{F}_2$的顺序，其结果不变。

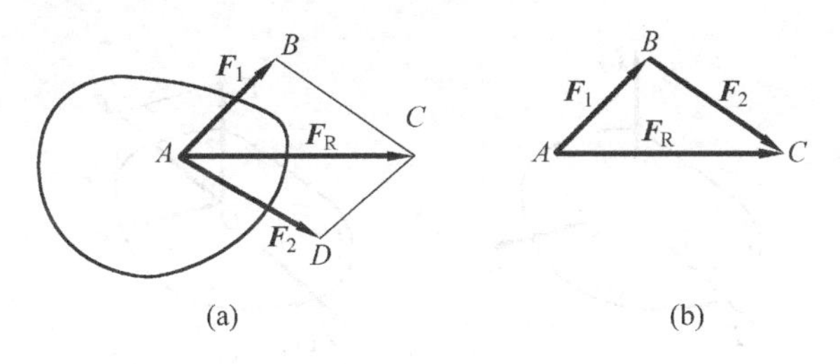

图 1-9

两个共点力可以合成为一个力，反之，一个已知力也可以分解为两个分力。将一个已知力分解为两个分力可得无数的解答。因为以一个力的矢量为对角线的平行四边形，可作无数个。如图 1-10 所示，力 $\boldsymbol{F}$ 可分解为$\boldsymbol{F}_1$和$\boldsymbol{F}_2$，也可分解为$\boldsymbol{F}_3$和$\boldsymbol{F}_4$，等等。要得出唯一的解答，必须给出限制条件。实际计算中，常把一个力分解为方向已知的两个(平面)或三个(空间)分力，如图 1-11 即为把一个任意力 $\boldsymbol{F}$ 分解为方向已知且相互垂直的两个分力$\boldsymbol{F}_x$和$\boldsymbol{F}_y$。这种分解称为正交分解，所得的分力称为正交分力。$\boldsymbol{F}_x$和$\boldsymbol{F}_y$的大小可由三角函数求得

$$\begin{cases} F_x = F\cos\alpha \\ F_y = F\sin\alpha \end{cases} \tag{1-5}$$

式中：α——力 $\boldsymbol{F}$ 与 x 轴的夹角。

平行四边形法则是力的合成法则，也是力的分解法则。

推论：三力平衡汇交定理。

作用于刚体上平衡的三个力，如果其中两个力的作用线交于一点，则第三个力必与前面两个力共面，且作用线通过此交点，构成平面汇交力系。这是物体上作用的三个不平行力相互平衡的必要条件。

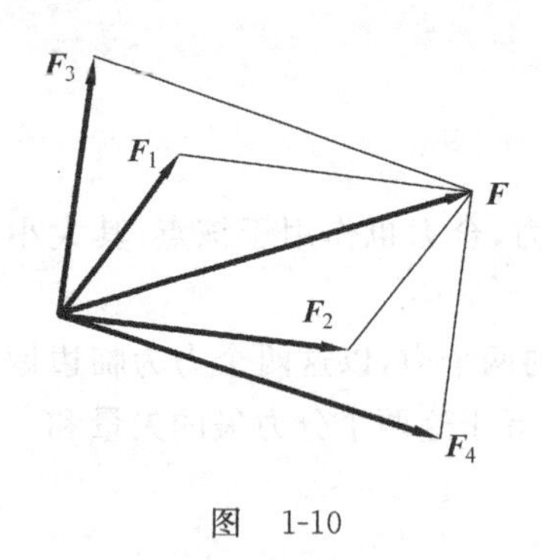

图 1-10

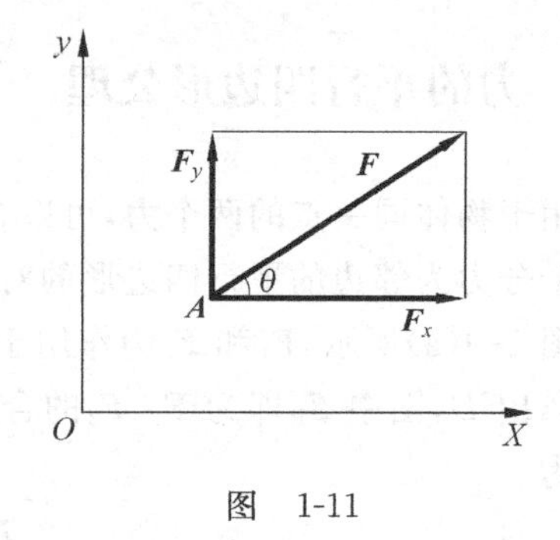

图 1-11

如图 1-12 所示，刚体受到共面而不平行的三个力 $\boldsymbol{F}_1$、$\boldsymbol{F}_2$、$\boldsymbol{F}_3$ 作用处于平衡，根据力的可传性原理，将 $\boldsymbol{F}_2$、$\boldsymbol{F}_3$ 沿其作用线移动到二者的交点 O 处，再根据力的平行四边形公理将 $\boldsymbol{F}_2$、$\boldsymbol{F}_3$ 合成合力 $\boldsymbol{F}$，于是刚体上只受到两个力 $\boldsymbol{F}_1$ 和 $\boldsymbol{F}$ 作用处于平衡状态，根据二力平衡公理可知，$\boldsymbol{F}_1$、$\boldsymbol{F}$ 必在同一直线上。即 $\boldsymbol{F}_1$ 必过 $\boldsymbol{F}_2$、$\boldsymbol{F}_3$ 的交点 O。因此，三个力 $\boldsymbol{F}_1$、$\boldsymbol{F}_2$、$\boldsymbol{F}_3$ 的作用线必交于一点。

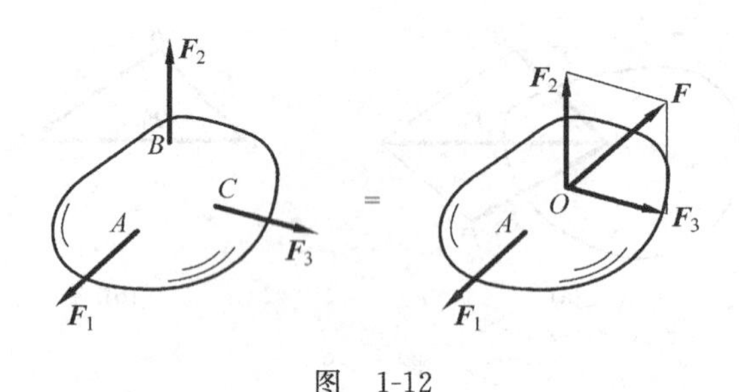

图 1-12

注意

三力平衡汇交定理只说明了不平行的三力平衡的必要条件，而不是充分条件，即刚体在三个共面的汇交力作用下，未必处于平衡状态。三力平衡汇交定理常用来确定刚体在不平行三力作用下平衡时，其中某一未知力的作用线。

1.3 约束和受力图

1.3.1 约束与约束反力

力学中通常把物体分为两类，即自由体和非自由体。

运动不受任何限制的物体称为自由体。如断了线的风筝、失控的飞机等。运动受到某些条件的限制，不能自由运动的物体称为非自由体。例如，建筑工程中的楼板、梁、柱、基础等。

限制物体运动的周围物体称为约束体,简称约束。例如,梁是板的约束体,墙是梁的约束体,基础是墙的约束体等。

约束必然对被约束物体有力的作用,以阻碍被约束物体的运动或运动趋势。这种力称为约束反力或约束力。

约束反力位于约束与被约束物体的连接或接触处,其方向必与该约束所限制的物体的运动或运动趋势的方向相反。例如,墙阻碍梁向下落时,就必须对梁施加向上的反作用力等。约束反力的作用点就是约束与被约束物体的接触点。而约束反力的大小是未知的,静力分析的任务之一就是确定未知的约束反力。

与约束反力相对应,凡能主动引起物体运动或使物体有运动趋势的力,称为主动力。例如,物体的重力、水压力、土压力等。主动力在工程上称为荷载。

通常主动力是已知的,约束反力是未知的,约束反力由主动力引起,而且随主动力的改变而改变。同时,约束的类型不同,约束反力的作用方式也不同。工程中物体之间的约束形式是复杂多样的,为了便于理论分析和计算,只考虑其主要的约束,忽略其次要的约束,便可得到一些理想化的约束形式。

下面介绍工程中几种常见的约束及约束反力。

1. 柔体约束

由拉紧的皮带、绳索、链条等柔性物体构成的约束叫柔体约束。这种约束作用是将物体拉住,且柔体约束只能受拉力,不能受压力,所以约束反力一定通过接触点,沿着柔体中心线背离被约束物体的方向,且恒为拉力,通常用 $\boldsymbol{F}_{\mathrm{T}}$ 表示,如图 1-13 中的力。

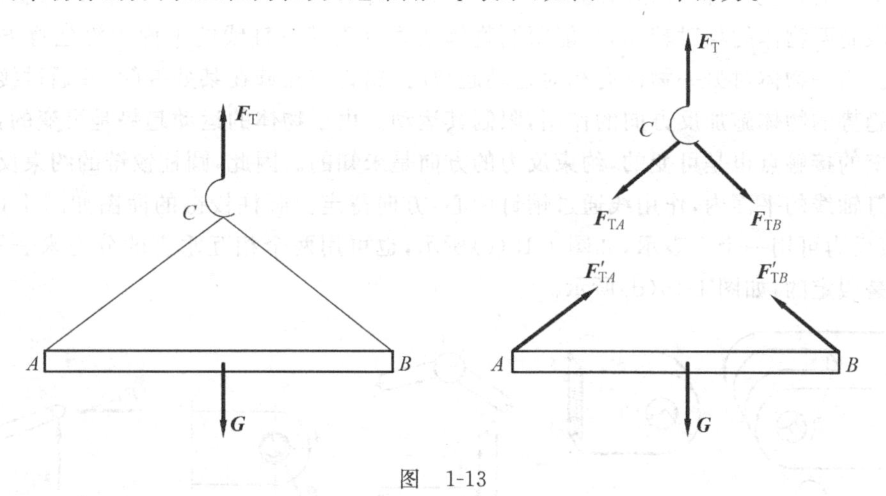

图 1-13

2. 光滑接触面约束

当两物体在接触处的摩擦力很小可忽略不计时,其中一个物体就是另一个物体的光滑接触面约束。这种约束不论接触面的形状如何,都只能在接触面的公法线方向上将被约束物体顶住或支撑住,即约束不能限制物体沿接触面切线方向的位移,而只能限制物体沿接触面法线方向指向约束内部的位移。

所以光滑接触面的约束反力作用于接触点处,沿着接触面的公法线指向被约束的物体,这种约束反力称为法向约束反力,如图 1-14 中的力。

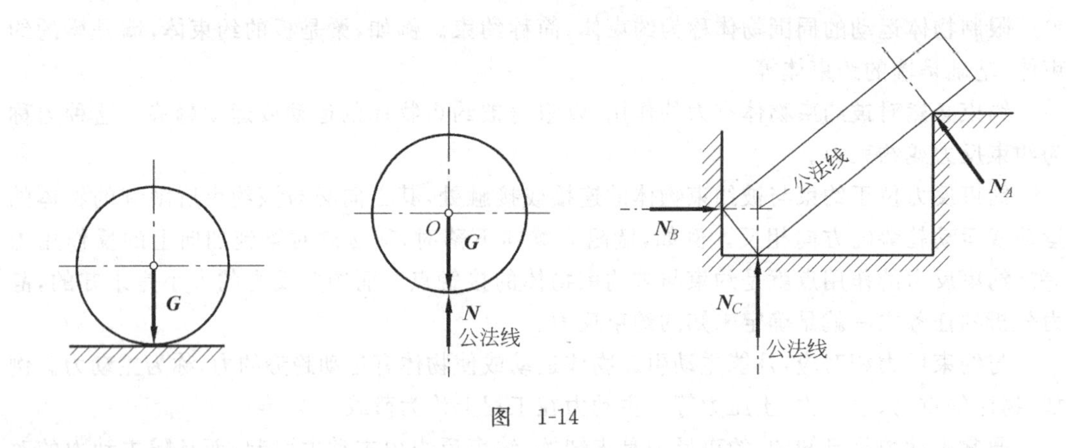

图 1-14

注意

当两个物体的接触面光滑，但沿着接触面的公法线没有指向接触面的运动趋势时，没有约束反力。

3. 光滑圆柱铰链约束(简称铰约束)

门、窗用的合页就是圆柱铰链。理想的圆柱铰链是由一个圆柱形销钉插入两个物体的圆孔中构成的，且认为销钉和圆孔的表面都是完全光滑的，如图 1-15(a)所示。光滑圆柱铰链不能限制两物体的相对转动，只能限制物体在垂直于销钉轴线的平面内沿任意方向的相对移动。当一物体对另一物体有相对运动趋势时，销钉与孔壁在某处接触，并通过接触点对有运动趋势的物体施加反方向的作用，限制其运动。由于物体的运动趋势是可变的，所以销钉与孔壁的接触点也是可变的，约束反力的方向是未知的。因此，圆柱铰链的约束反力在垂直于销钉轴线的平面内，作用线通过销钉中心，方向待定。圆柱铰链的简图如图 1-15(b)所示，约束反力可用一个力表示，如图 1-15(c)所示，也可用两个相互垂直的分力来表示，图中的指向是假定的，如图 1-15(d)所示。

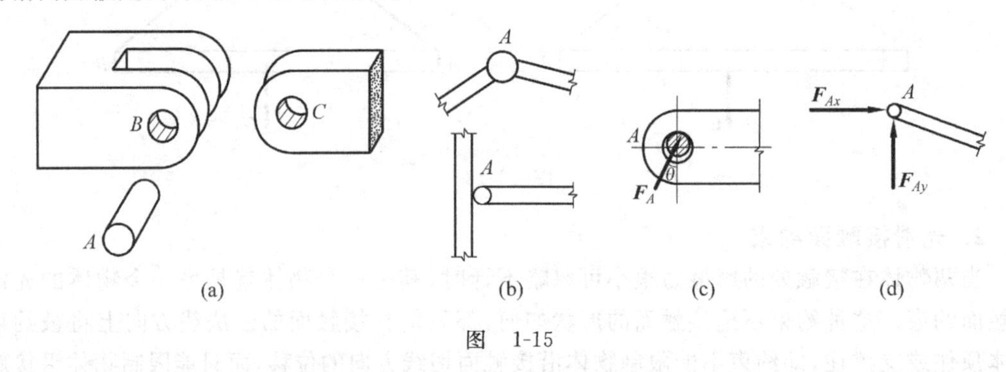

图 1-15

4. 链杆约束

链杆就是两端以铰链与其他物体连接，中间为不受其他力且不计自重的刚性直杆。由此所形成的约束称为链杆约束，如图 1-16(a)所示。这种约束只能限制物体沿链杆轴线方向上的移动。链杆可以受拉或受压，但不能限制物体沿其他方向的运动和转动，所以，链杆约束的约束反力沿着链杆的轴线，其指向假设。链杆约束的简图如图 1-16(b)所示，约束反力的表示如图 1-16(c)所示(指向假设)。

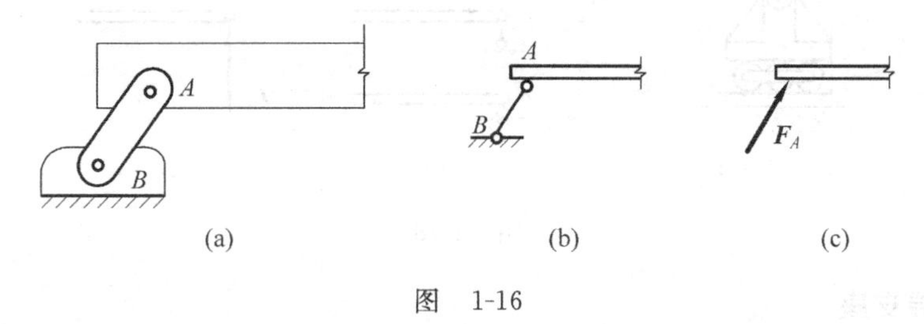

图 1-16

由于链杆在两端各受到一圆柱铰链的约束反力，中间不受任何力的作用，即在两个力的作用下处于平衡，所以链杆为二力杆。

5. 铰链支座约束

工程上将结构或构件连接在支承物上的装置，称为支座。在工程上常常通过支座将构件支承在基础或另一静止的构件上。支座对构件就是一种约束。支座对它所支承的构件的约束反力也叫支座反力。支座的构造是多种多样的，其具体情况也是比较复杂的，只有加以简化、归纳成几个类型，才便于分析计算。建筑结构的铰链支座包括固定铰支座和可动铰支座两种。

1）固定铰支座

图 1-17(a)是固定铰支座的示意图。构件与支座用光滑的圆柱铰链联结，构件不能产生沿任何方向的移动，但可以绕销钉转动，可见固定铰支座的约束反力与圆柱铰链约束相同，即约束反力一定作用于接触点，通过销钉中心，方向未定。固定铰支座的简图如图 1-17(b)所示。约束反力 $\boldsymbol{F}$ 如图 1-17(c)所示(指向假定)。

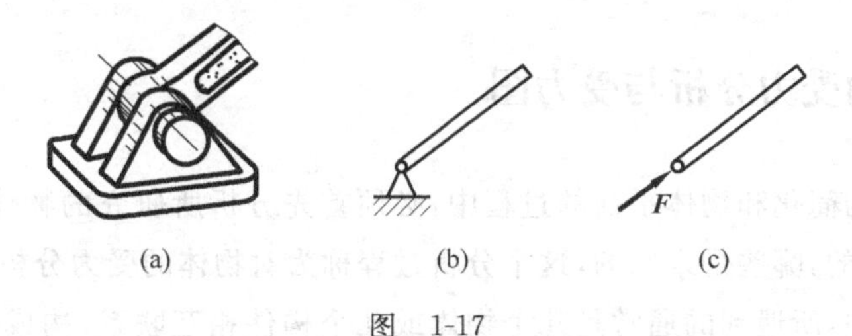

图 1-17

2）可动铰支座

在大跨度的桥梁、屋架中，为了保证在温度变化时，桥梁或屋架沿跨度方向能自由地伸缩，常在其一端采用固定铰支座，而在另一端采用可动铰支座。可动铰支座是用几个辊轴将固定铰支座支承在平面上而构成的，因此也称为辊轴支座或滑动铰支座，其基本构造如图 1-18(a)所示，图 1-18(b)为可动铰支座几种不同形式的简化符号图。这种支座的约束性质与光滑接触面相同，只能限制物体沿支承面法线方向运动，不能限制物体沿支承面方向的移动和绕铰链中心的转动，所以，可动铰支座的约束反力垂直于支承面，通过铰链中心，指向未知。在受力分析时，指向可先任意假定，如图 1-18(c)所示。

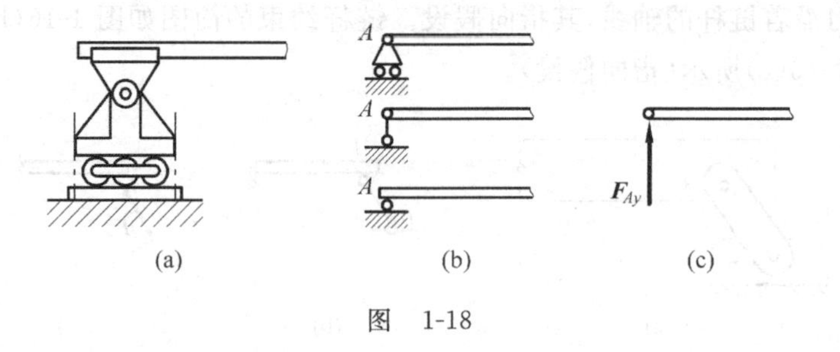

图 1-18

6. 固定端支座

既能限制物体沿任何方向移动，又能限制物体转动的约束，称为固定端支座。

如图 1-19(a)所示嵌入墙体内较深的支承阳台的悬臂梁，墙即为该梁的固定端支座。图 1-19(b)为固定端支座的简化符号图。由于固定端支座不允许物体在该端沿任何方向移动和转动，因此，一般情况下，这种支座除了对被约束物体作用有水平约束反力 $\boldsymbol{F}_x$ 和竖直约束反力 $\boldsymbol{F}_y$ 外，还作用一个限制物体转动的反力偶 M，约束反力的指向和反力偶的转向均可任意假定，如图 1-19(c)所示。

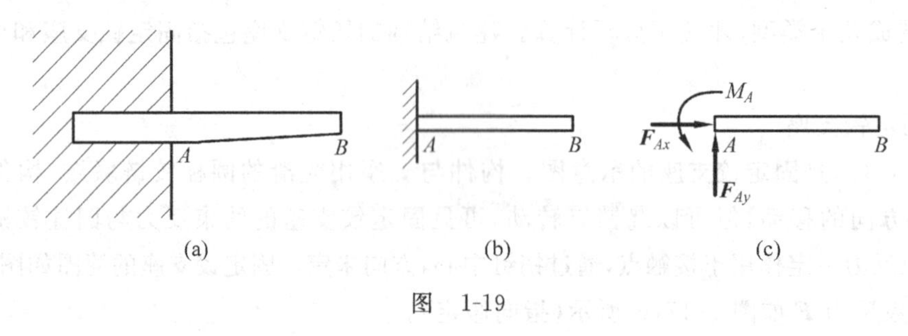

图 1-19

1.3.2 物体的受力分析与受力图

在研究力系的简化和物体平衡的过程中，必须首先分析所研究的物体受到了哪些力的作用，哪些是已知的，哪些是未知的，这个分析过程称为对物体的受力分析。

在实际工程中，所遇到的通常是几个物体或几个构件相互联系，构成一个系统的情况。例如，楼板放在梁上，梁支承在墙上，墙又支承在基础上。因此，对物体进行受力分析时，首先要明确对哪一部分物体进行受力分析，即明确研究对象。为了分析研究对象的受力情况，往往需要把研究对象从与它有联系的周围物体中脱离出来。脱离出来的研究对象称为脱离体(也称为隔离体)。

确定脱离体后，再分析脱离体的受力情况，经分析后在脱离体上画出它所受的全部主动力和约束反力，这样的图形称为受力图。正确地画出受力图是解决力学问题的关键，因此必须认真对待，熟练掌握。

画受力图的基本步骤如下：

(1) 观察物体系统，识别二力构件。

(2) 明确研究对象，画出所选研究对象的脱离体图。

(3) 画出作用在研究对象上的所有主动力、主动力矩，如不特意注明重力的构件，一般不需考虑重力作用。

(4) 根据约束类型和物体的运动趋势，画出相应的约束反力；当不能一步确定约束反力的方向时应先假设方向，在确定计算结果时才能确定实际方向。

需要特别指明的是，画受力图时，不能漏掉力的名称。

【例 1-2】 图 1-20(a)所示水平梁 AB 受已知集中力 $\boldsymbol{P}$ 作用，A 端为固定铰支座，B 端为可动铰支座，不计杆件自重，作梁 AB 的受力图。

解：以梁 AB 为研究对象，受主动力 $\boldsymbol{P}$ 作用，B 端为可动铰支座，它的约束反力用垂直于支承面的力 $\boldsymbol{F}_{By}$ 表示，A 端为固定铰支座，约束反力用两个互相垂直的分力 $\boldsymbol{F}_{Ax}$、$\boldsymbol{F}_{Ay}$ 表示[图 1-20(b)]，如设主动力 $\boldsymbol{P}$ 与 $\boldsymbol{F}_{By}$ 作用线的交点为 C，则根据三力平衡汇交定理，A 端的约束反力也可用沿 AC 的力 $\boldsymbol{F}_A$ 表示[图 1-20(c)]。

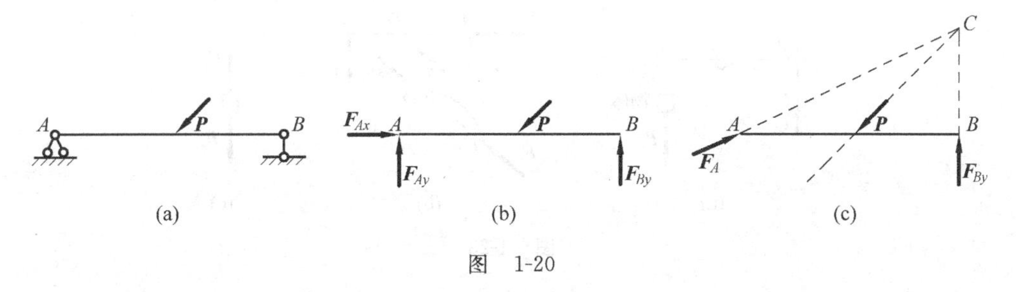

图 1-20

【例 1-3】 图 1-21(a)所示水平外伸梁 ABC 受已知集中力 $\boldsymbol{P}$ 和均布力 q 作用，A 端为固定铰支座，B 端为可动铰支座，作梁 ABC 的受力图。

解：以梁 ABC 为研究对象，受主动集中力 $\boldsymbol{P}$ 和均布力 q 作用，B 端为可动铰支座，它的约束反力用垂直于支承面的力 $\boldsymbol{F}_{By}$ 表示，A 端为固定铰支座，约束反力用两个互相垂直的分力 $\boldsymbol{F}_{Ax}$、$\boldsymbol{F}_{Ay}$ 表示，如图 1-21(b)所示。

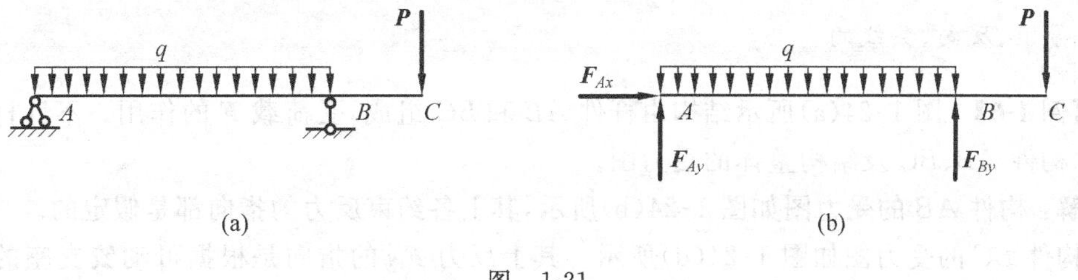

图 1-21

【例 1-4】 图 1-22(a)所示一悬臂梁 AB 受已知集中力 $\boldsymbol{P}$ 和均布力 q 作用，A 端为固定端支座，作梁 AB 的受力图。

解：以悬臂梁 AB 为研究对象，受主动集中力 $\boldsymbol{P}$ 和均布力 q 作用，A 端为固定端支座，约束反力用两个互相垂直的分力 $\boldsymbol{F}_{Ax}$、$\boldsymbol{F}_{Ay}$ 和一个约束力偶 M_A 表示，如图 1-22(b)所示。

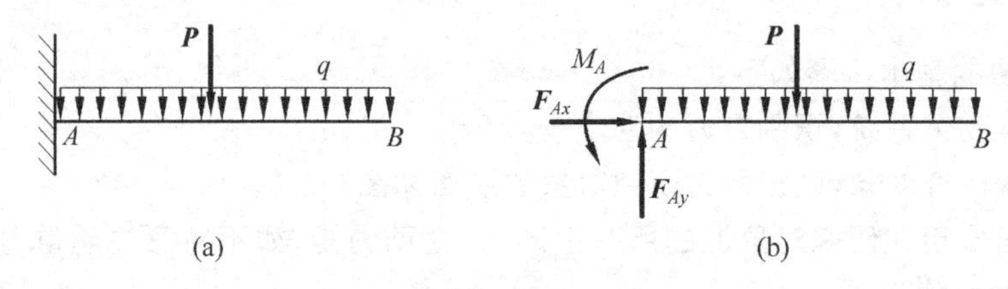

图 1-22

【例 1-5】 图 1-23(a)所示结构由杆件 AB 和 CD 组成，承受物体的重量为 $\boldsymbol{P}$。不计杆件自重，作杆件 AB 和 CD 的受力图。

解：分别取杆件 CD 和 AB 为脱离体，画出其脱离体图。

杆件 CD 上没有荷载，两端为铰链连接，所以 CD 为二力杆，所受力等值、反向、共线，即 $\boldsymbol{F}_C=\boldsymbol{F}_D$，$CD$ 杆件受力图如图 1-23(b)所示。

杆件 AB 上没有直接作用的荷载，只受约束反力的作用。A 端为固定铰支座。约束反力用两个垂直分力 $\boldsymbol{F}_{Ax}$、$\boldsymbol{F}_{Ay}$ 表示，指向是假定的。D 点用铰链与 CD 杆连接，因为 CD 为二力杆，所以铰 D 约束反力 $\boldsymbol{F}'_D$ 的作用线沿 C、D 两点连线，为 $\boldsymbol{F}_D$ 的反作用力。B 点与绳索连接，绳索作用在 B 点的约束反力 $\boldsymbol{F}'_T$ 沿绳索方向为拉力。杆件 AB 的受力图如图 1-23(b)所示。

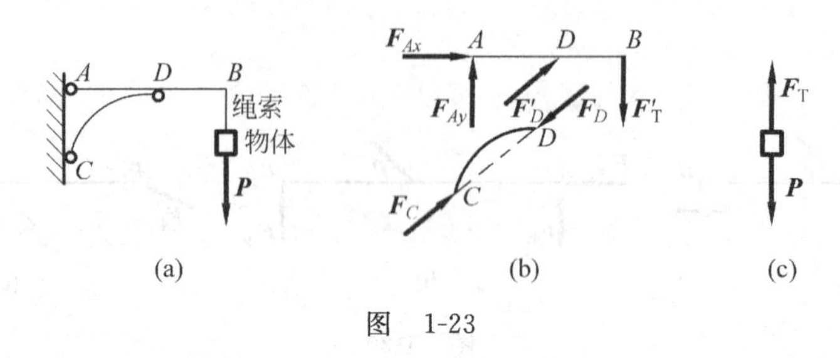

图 1-23

注意

图 1-23(b)中的力 $\boldsymbol{F}'_T$ 不是物体的重力 $\boldsymbol{P}$。力 $\boldsymbol{F}'_T$ 是绳索对杆件 AB 的作用力；力 $\boldsymbol{P}$ 是地球对重物的作用力。这两个力的施力物体和受力物体是完全不同的。在物体的受力图上，如图 1-23(c)所示作用力有 $\boldsymbol{F}'_T$ 的反作用力 $\boldsymbol{F}_T$ 和重力 $\boldsymbol{P}$。由二力平衡条件，力 $\boldsymbol{F}_T$ 与力 $\boldsymbol{P}$ 是等值、反向、共线的。

【例 1-6】 图 1-24(a)所示结构由杆件 AB 和 BC 组成，受荷载 $\boldsymbol{F}$ 的作用。不计杆件自重，作构件 AB、BC 及结构整体的受力图。

解：构件 AB 的受力图如图 1-24(b)所示，其上各约束反力的指向都是假定的。

构件 BC 的受力图如图 1-24(d)所示。其上反力 $\boldsymbol{F}_{Cy}$ 的指向是根据可动铰支座的约束功能确定的。约束反力 $\boldsymbol{F}'_{Bx}$、$\boldsymbol{F}'_{By}$ 是图 1-24(b)上 $\boldsymbol{F}_{Bx}$、$\boldsymbol{F}_{By}$ 的反作用力，在已经假定了约束反力 $\boldsymbol{F}_{Bx}$、$\boldsymbol{F}_{By}$ 的指向后，约束反力 $\boldsymbol{F}'_{Bx}$、$\boldsymbol{F}'_{By}$ 的指向根据作用与反作用定律确定。

结构整体的受力图如图 1-24(c)所示。其上的主动力有 $\boldsymbol{F}$，约束反力有 $\boldsymbol{F}_{Ax}$、$\boldsymbol{F}_{Ay}$、$\boldsymbol{F}_{Cy}$、

F_{Dy}。构件 AB 和 BC 在铰 B 处的相互作用力不能画出，这是因为两个构件为一个整体，其内部相互作用力（简称内力）是一对大小相等、方向相反的作用力与反作用力，合力为零，不影响脱离体所受的外力作用。

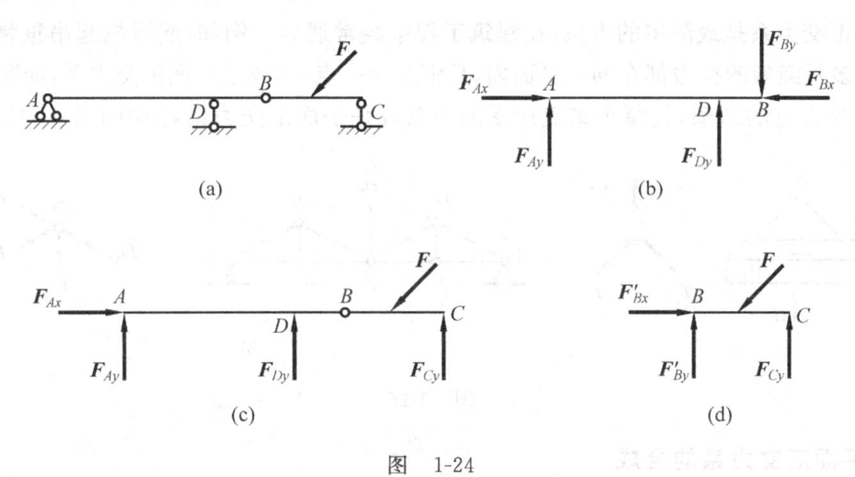

图 1-24

注意

通过以上例题可以看出作受力分析时应注意以下事项。

(1) 对结构上某一构件进行受力分析时，必须单独画出该构件的脱离体图，不能在整体结构图上作该构件的受力图。

(2) 作受力图时必须按约束的功能画约束反力，不能根据主观臆断来画约束反力。如只要构件不是二力杆，则该构件受固定铰支座的约束反力一般都用两个正交力表示。如能先判断出结构中存在的二力杆后，再分析其他构件的受力图就简单些。

(3) 作用力与反作用力只能假定其中一个的指向，另一个应反方向画出，不能再随意假定指向。

(4) 脱离体内各构件之间的相互作用力是内力，受力图上不能画出。

(5) 同一约束反力在不同受力图上出现时，其指向必须一致。

1.4 平面力系

为了便于研究问题，将力系按照其各力作用线的分布情况进行分类。如果力系中各力的作用线不在同一平面之内，称为空间力系；凡是各力的作用线在同一平面内的力系称为平面力系。空间力系是力系的最一般形式，平面力系是空间力系的特殊情况。本节仅讨论平面力系的合成和平衡问题。在平面力系中，各力作用线交于同一点的力系称为平面汇交力系；各力的作用线互相平行的力系称为平面平行力系；在平面力系中，既不是平面汇交力系，也不是平面平行力系的力系称为平面任意力系。

1.4.1 平面汇交力系

平面汇交力系是最简单的力系，在建筑工程中经常遇到。例如，起重机起吊重物时，作用于吊钩的多根绳索的拉力都在同一平面内，且汇交于一点，组成了平面汇交力系，如图 1-25(a)所示。又如常见的屋架，其每个结点所受的力系都是平面汇交力系，如图 1-25(b)所示。

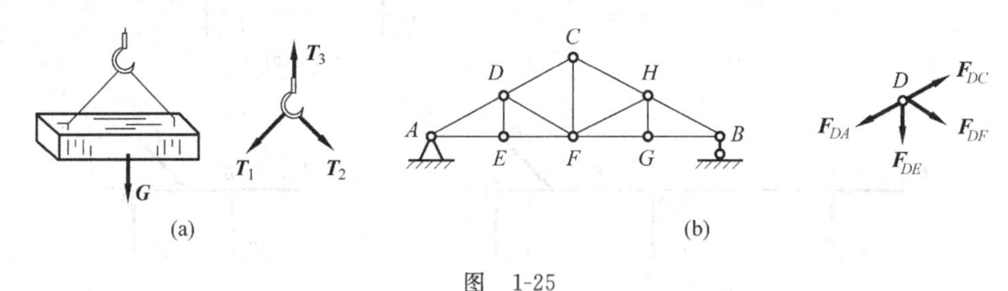

图 1-25

1. 平面汇交力系的合成

平面汇交力系的合成有两种方法：几何法和解析法。

1）几何法

平面汇交力系中的各力，可连续用平行四边形法则进行合成，也可利用力多边形法则合成。例如，设在刚体的点 O 作用一平面汇交力系 $\boldsymbol{F}_1$、$\boldsymbol{F}_2$、$\boldsymbol{F}_3$、$\boldsymbol{F}_4$，如图 1-26(a)所示，求该力系的合力。

选取合适的比例尺，将各力矢量首尾相连，最后得到合力 $\boldsymbol{F}_R$，合力的作用线通过原力系的汇交点，如图 1-26(b)所示。由各力矢量和合力矢组成的多边形称为力多边形，以上求合力的作图法称为力多边形法则。值得注意的是：作力多边形时，力的顺序可任意选择，变换各力的次序，只影响多边形的形状，不影响合力的大小和方向，如图 1-26(c)所示；力多边形中，各力必须是首尾相接，合力从多边形第一个力的起点指向最后一个力的终点。

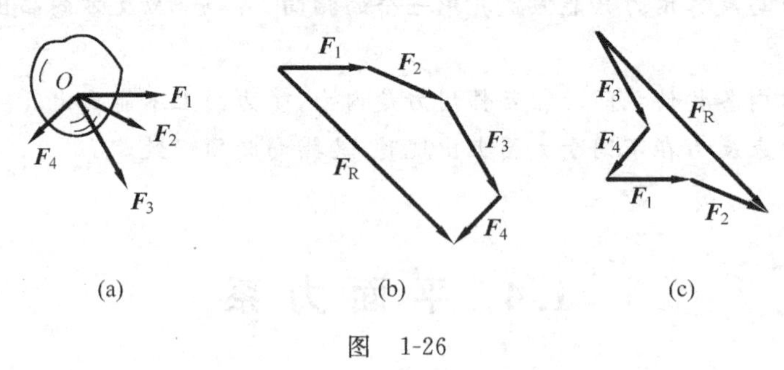

图 1-26

【例 1-7】 在拉环上套有在同一平面上的三根绳索，各绳的拉力分别为 $T_1=100\text{N}$、$T_2=150\text{N}$、$T_3=75\text{N}$，各力的方向如图 1-27(a)所示，试用几何法求三个力的合力。

解： 拉力 T_1、T_2、T_3 的作用力汇交于 O 点，构成了平面汇交力系。选定比例，按力多边形法则依次作出 T_1、T_2、T_3，如图 1-27(b)所示，连接 AD，则矢量 AD 代表合力 F_R，依比例尺和量角器分别量得

$$F_R = 267\text{N}$$

$$\alpha = 34^\circ$$

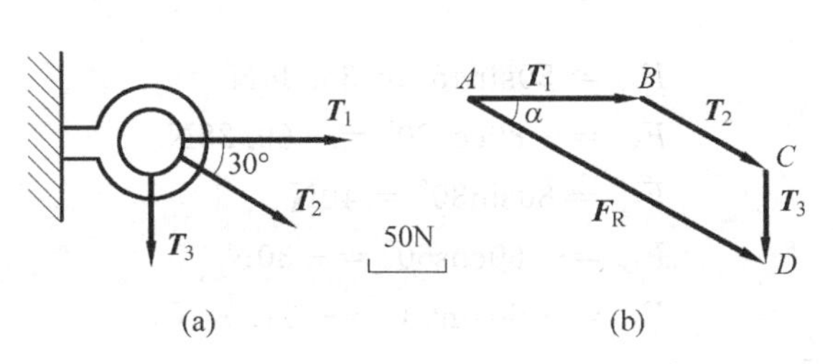

图 1-27

2) 解析法

用解析法合成平面汇交力系时，需要用力在坐标轴上的投影知识。

(1) 力在坐标轴上的投影。

设力 $\boldsymbol{F}$ 作用于物体的某点 A，直角坐标系 xOy 与 $\boldsymbol{F}$ 在同一平面内，从力 $\boldsymbol{F}$ 的始点 A 及终点 B 分别向 x 轴作垂线，得垂足 a 和 b，并在 x 轴上得线段 ab。线段 ab 加上正号或负号称为力 $\boldsymbol{F}$ 在 x 轴上的投影，用 $\boldsymbol{F}_x$ 表示。用同样的方法可得线段 a_1b_1，加上正号或负号得力 $\boldsymbol{F}$ 在 y 轴上的投影 $\boldsymbol{F}_y$，如图 1-28 所示，即

$$\begin{cases} F_x = \pm ab \\ F_y = \pm a_1b_1 \end{cases} \tag{1-6}$$

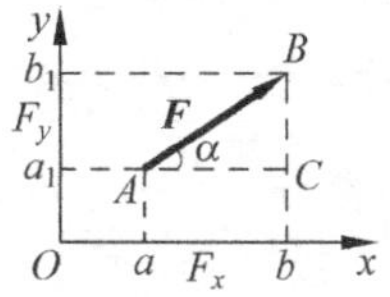

图 1-28

投影的正负号规定：从力的始点的投影到终点的投影的方向与坐标轴的正向一致时，取正号；反之，取负号。

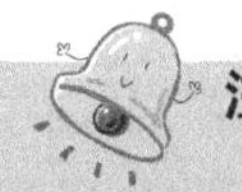

注意

力在坐标轴上的投影，是一个标量，而力的分力仍然是矢量，要注意区分。

投影的计算如图 1-28 所示，设 $\boldsymbol{F}$ 与 x 轴所夹的锐角为 α，则

$$\begin{cases} F_x = \pm F\cos\alpha \\ F_y = \pm F\sin\alpha \end{cases} \tag{1-7}$$

投影的正负号根据规定可直观判断得出。

如果已知力 $\boldsymbol{F}$ 在两个坐标轴上的投影 $\boldsymbol{F}_x$、$\boldsymbol{F}_y$，则力 $\boldsymbol{F}$ 的大小和它与 x 轴夹的锐角 α 可由下式求得，即

$$F = \sqrt{F_x^2 + F_y^2}$$

$$\tan\alpha = \left|\frac{F_y}{F_x}\right|$$

力 $\boldsymbol{F}$ 的指向根据 F_x、F_y 的正负号确定。

【例 1-8】 已知力 $F_1=100\text{N}$，$F_2=50\text{N}$，$F_3=80\text{N}$，$F_4=60\text{N}$，各力的方向如图 1-29 所示，试求各力在 x 轴和 y 轴上的投影。

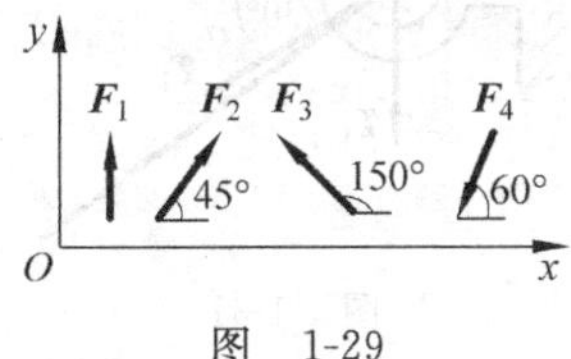

图 1-29

解： 各力在 x、y 轴上的投影分别为

$$F_{1x} = 0\text{N}$$

$$F_{1y} = 100\text{N}$$

$$F_{2x} = 50\cos45^\circ = 35.36\text{N}$$

$$F_{2y} = 50\sin45° = 35.36\text{N}$$
$$F_{3x} = -80\cos30° = -69.28\text{N}$$
$$F_{3y} = 80\sin30° = 40\text{N}$$
$$F_{4x} = -60\cos60° = -30\text{N}$$
$$F_{4y} = -60\sin60° = -51.96\text{N}$$

(2) 合力投影定理。

设有一平面汇交力系 $\boldsymbol{F}_1$、$\boldsymbol{F}_2$、$\boldsymbol{F}_3$ 作用于物体的 O 点，如图 1-30 所示。利用力多边形法则求得其合力 $\boldsymbol{F}_R$，则得力多边形 $ABCD$，在其平面内任取一坐标轴 x，求各力及合力在 x 轴上的投影 F_{1x}、F_{2x}、F_{3x}、F_{Rx}。

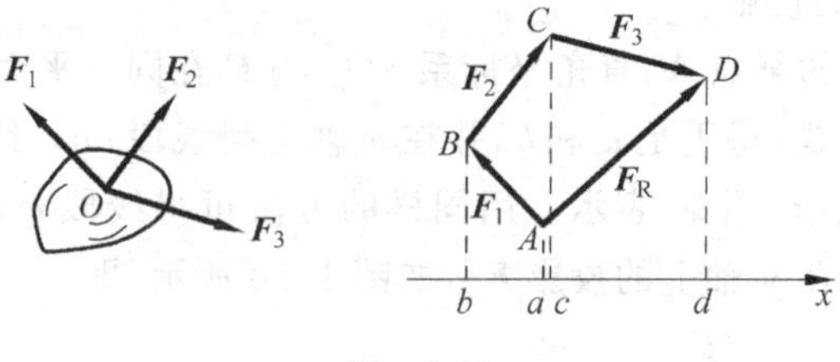

图 1-30

可以求得
$$F_{1x} = -ba$$
$$F_{2x} = bc$$
$$F_{3x} = cd$$
$$F_{Rx} = ad$$
而
$$ad = bc + cd - ba$$
所以
$$F_{Rx} = F_{1x} + F_{2x} + F_{3x}$$

这个关系可推广到任意一个平面汇交力系的情形，即

$$F_{Rx} = F_{1x} + F_{2x} + F_{3x} + \cdots + F_{nx} = \sum F_{ix} = \sum F_x \tag{1-8}$$

由此可见，合力在任意一轴上的投影等于它的各分力在同一轴上投影的代数和。这就是合力投影定理。

(3) 解析法求平面汇交力系的合力。

当平面汇交力系为已知时，可选定直角坐标系求得力系中各力在 x、y 轴上的投影，再根据合力投影定理求得合力 $\boldsymbol{F}$ 在 x、y 轴上的投影 $\boldsymbol{F}_x$、$\boldsymbol{F}_y$。则合力的大小及方向可由下式确定：

$$\begin{cases} F = \sqrt{F_x^2 + F_y^2} = \sqrt{\left(\sum F_{ix}\right)^2 + \left(\sum F_{iy}\right)^2} \\ \tan\alpha = \left|\dfrac{F_y}{F_x}\right| = \left|\dfrac{\sum F_{iy}}{\sum F_{ix}}\right| = \left|\dfrac{\sum F_{iy}}{\sum F_{ix}}\right| \end{cases} \tag{1-9}$$

式中：α——合力 $\boldsymbol{F}$ 与 x 轴所夹的锐角。

合力 $\boldsymbol{F}$ 的指向由 $\boldsymbol{F}_x$、$\boldsymbol{F}_y$ 的正负号确定，合力的作用线通过原力系的汇交点。

【例 1-9】 如图 1-31 所示，用解析法求例 1-7 中平面汇交力系的合力。

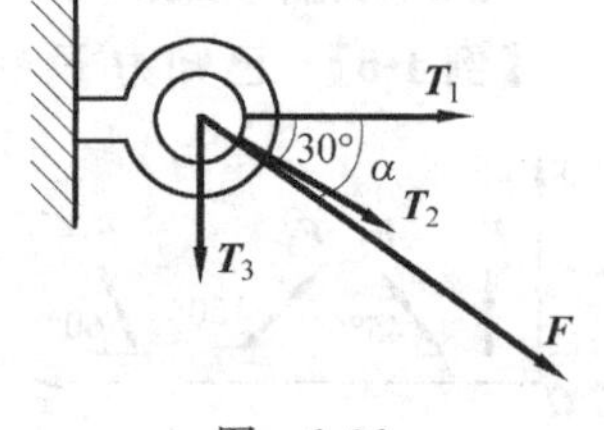

图 1-31

解：各力在 x、y 轴上的投影为

$$T_{1x} = 100\text{N}$$

$$T_{1y} = 0\text{N}$$
$$T_{2x} = 150\cos 30^\circ = 129.9\text{N}$$
$$T_{2y} = -150\sin 30^\circ = -75\text{N}$$
$$T_{3x} = 0\text{N}$$
$$T_{3y} = -75\text{N}$$
$$F_x = T_{1x} + T_{2x} + T_{3x} = 100 + 129.9 + 0 = 229.9(\text{N})$$
$$F_y = T_{1y} + T_{2y} + T_{3y} = 0 - 75 - 75 = -150(\text{N})$$

合力的大小为

$$F = \sqrt{F_x^2 + F_y^2} = \sqrt{229.9^2 + (-150)^2} = 274.51(\text{N})$$

合力的方向为

$$\tan\alpha = \left|\frac{F_y}{F_x}\right| = \left|\frac{-150}{229.9}\right| = 0.652$$

故 $\alpha = 33.1^\circ$。

2. 合力矩定理

由前面的内容可知，平面汇交力系的作用效应可以用它的合力来代替。作用效应包括移动效应和转动效应。而力使物体绕某点的转动效应由力对点的矩来度量，由此可得，平面汇交力系的合力对平面内任一点的矩等于各分力对改点的矩的代数和，这就是平面汇交力系的合力矩定理。

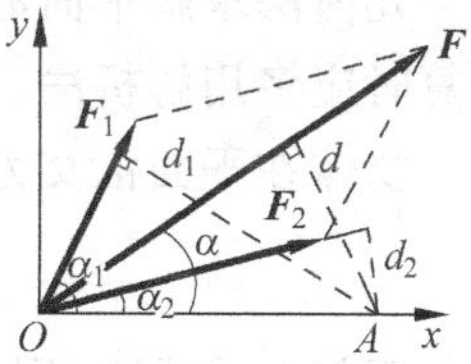

证明：设物体 O 点作用有平面汇交力系 F_1、F_2，其合力为 F。在力系的作用面内取一点 A，点 A 到 F_1、F_2、合力 F 三力作用线的垂直距离分别为 d_1、d_2 和 d，以 OA 为 x 轴，建立直角坐标系，如图 1-32 所示。

图　1-32

$\boldsymbol{F}_1$、$\boldsymbol{F}_2$、合力 $\boldsymbol{F}$ 与 x 轴的夹角分别为 α_1、α_2、α，则

$$M_A(\boldsymbol{F}) = -Fd = -F \cdot OA\sin\alpha$$
$$M_A(\boldsymbol{F}_1) = -F_1 d_1 = -F_1 \cdot OA\sin\alpha_1$$
$$M_A(\boldsymbol{F}_2) = -F_2 d_2 = -F_2 \cdot OA\sin\alpha_2$$

因
$$F_y = F_{1y} + F_{2y}$$
即
$$F\sin\alpha = F_1\sin\alpha_1 + F_2\sin\alpha_2$$

等式两边同乘以长度 OA 得

$$F \cdot OA\sin\alpha = F_1 \cdot OA\sin\alpha_1 + F_2 \cdot OA\sin\alpha_2$$

所以有
$$M_A(\boldsymbol{F}) = M_A(\boldsymbol{F}_1) + M_A(\boldsymbol{F}_2)$$

上式表明：汇交于某点的两个分力对 A 点的力矩的代数和等于其合力对 A 点的力矩。上述证明可推广到 n 个力组成的平面汇交力系，即

$$M_A(\boldsymbol{F}) = M_A(\boldsymbol{F}_1) + M_A(\boldsymbol{F}_2) + \cdots + M_A(\boldsymbol{F}_n) = \sum M_A(\boldsymbol{F}_i) \tag{1-10}$$

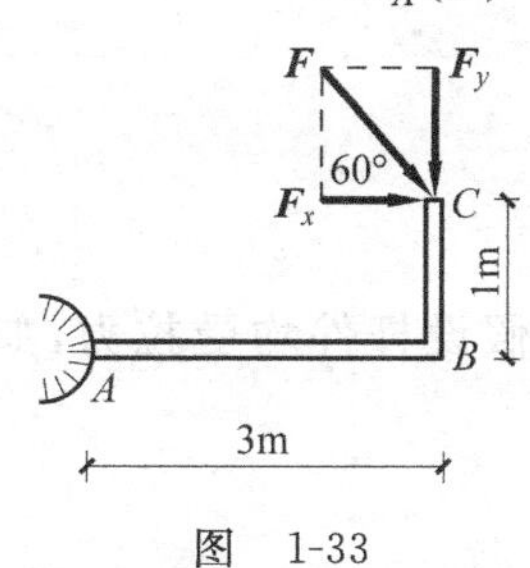

图　1-33

这就是平面汇交力系的合力矩定理的表达式。利用合力矩定理可以简化力矩的计算。

【例 1-10】 如图 1-33 所示，一构件 ABC 的 C 处作用一力 $F=30\text{N}$，求力 $\boldsymbol{F}$ 对铰支座 A 的矩。

解：显然利用定义计算力 $\boldsymbol{F}$ 对 A 点的矩，力臂不易确定。所以，可利用合力矩定理将 $\boldsymbol{F}$ 分解为两个分力 $\boldsymbol{F}_x$ 和 $\boldsymbol{F}_y$，分力到 A 点

的力臂要容易确定。则

$$M_A(\boldsymbol{F}_x)=-F\cos 60^\circ\times 1=-30\cos 60^\circ\times 1=-15(\mathrm{N\cdot m})$$

$$M_A(\boldsymbol{F}_y)=-F\sin 60^\circ\times 3=-30\sin 60^\circ\times 3=-77.94(\mathrm{N\cdot m})$$

所以 $$M_A(\boldsymbol{F})=M_A(\boldsymbol{F}_x)+M_A(\boldsymbol{F}_y)=-15-77.94=-92.94(\mathrm{N\cdot m})$$

3. 平面汇交力系的平衡

1) 平面汇交力系平衡的几何条件

用力多边形法则求平面汇交力系的合力时，力多边形的封闭边代表合力的大小和方向。当各个力矢量组成的力多边形自行封闭时，其合力为零，此时平面汇交力系平衡。反之，如果平面汇交力系平衡，其合力必为零，力多边形一定自行封闭。因此，平面汇交力系平衡的几何条件是力多边形自行封闭。

利用平面汇交力系平衡的几何条件，可以解决两类问题：

(1) 检验刚体在平面汇交力系作用下是否平衡；

(2) 当刚体处于平衡状态时，利用平衡条件，通过作用于物体上的已知力，求解未知力(未知力的个数不能超过两个)。

2) 平面汇交力系平衡的解析条件

几何法求解平面汇交力系的合力具有直观、明了、简捷的优点，但其精确度较差，在力学计算时应多用解析法。

物体在平面汇交力系作用下处于平衡的充要条件是：合力 $\boldsymbol{F}$ 的大小等于零。即

$$F=\sqrt{\left(\sum F_{ix}\right)^2+\left(\sum F_{iy}\right)^2}=0 \tag{1-11}$$

要使上式成立，则

$$\begin{cases}\sum F_{ix}=0\\ \sum F_{iy}=0\end{cases} \tag{1-12}$$

上式表明平面汇交力系平衡的解析条件是：力系中各力在两个坐标轴上的投影的代数和均等于零。式(1-12)称为平面汇交力系的平衡方程。

平面汇交力系有两个独立的平衡方程，应用这两个方程可以求解两个未知力。

【例 1-11】 如图 1-34(a)所示三角支架，B 点受到 $F=30\mathrm{kN}$ 的竖向作用，不计杆件自重，A、B、C 三处简化为铰链连接，求杆 AB 和 BC 所受的力。

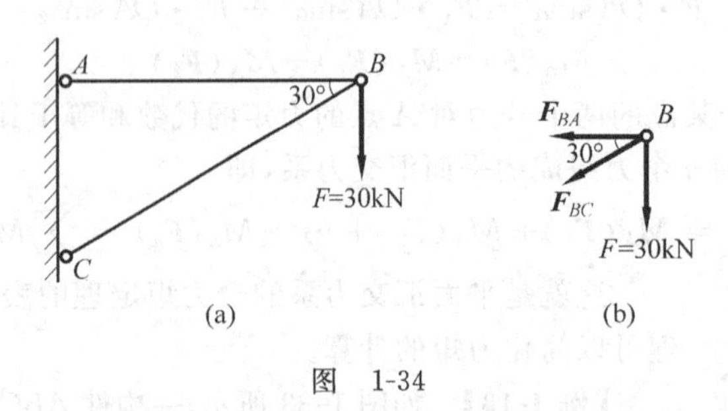

图 1-34

解：(1) 取 B 节点为研究对象，AB、BC 是二力杆，画受力图，假设杆件均受拉力，如图 1-34(b)所示；

(2) 列平衡方程：

$$\sum F_y = 0, \quad -F_{BC}\sin 30° - F = 0$$

解得 $F_{BC} = -2F = -60(\text{kN})$负号表示假设的指向与真实指向相反。

$$\sum F_x = 0, \quad -F_{BC}\cos 30° - F_{BA} = 0$$

$$F_{BA} = -F_{BC}\frac{\sqrt{3}}{2} = -(-60) \times 0.866 = 52(\text{kN})$$

即 $F_{BA} = 52\text{kN}$，AB 杆受拉；$F_{BC} = 60\text{kN}$，BC 杆受压。

1.4.2 平面力偶系

1. 力偶的性质

(1) 力偶无合力，力偶不能与一个力等效，也不能用一个力来代替。因为力既可以使物体移动，又可以使物体绕某点转动。而力偶只能使物体转动。力偶和力是力系中两种不同的基本元素。

(2) 力偶在其作用面内任意轴上的投影都等于零。在力偶($\boldsymbol{F}$、$\boldsymbol{F}'$)的作用平面内，取一坐标轴 x，如图 1-35 所示，由图可知，力偶中的两个力 $\boldsymbol{F}$、$\boldsymbol{F}'$在 x 轴上的投影分别为

$$F_x = F \cdot \cos\alpha$$

$$F'_x = -F' \cdot \cos\alpha$$

因为 $F = F'$，所以

$$\sum F_x = F_x + F'_x = F \cdot \cos\alpha - F' \cdot \cos\alpha = 0$$

所以力偶($\boldsymbol{F}$、$\boldsymbol{F}'$)在任意轴上的投影等于零。

(3) 力偶对其作用面内任意点的矩恒等于力偶矩。如图 1-36 所示，一力偶($\boldsymbol{F}$、$\boldsymbol{F}'$)作用于某物体上，其力偶臂为 d，在力偶的作用面内任取一点 O 为矩心，用 d_1 表示 O 点到 $\boldsymbol{F}'$的垂直距离，力偶($\boldsymbol{F}$、$\boldsymbol{F}'$)对 O 点的力矩为

$$M_O(\boldsymbol{F}、\boldsymbol{F}') = M_O(\boldsymbol{F}) + M_O(\boldsymbol{F}') = F \cdot (d + d_1) - F' \cdot d_1 = F \cdot d = M$$

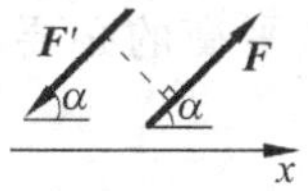

图 1-35

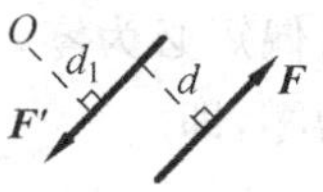

图 1-36

可见，力偶对作用面内任一点的矩与矩心 O 的位置无关。

(4) 力偶的等效性。作用于物体某平面的力偶使物体转动的效应是用力偶矩来衡量的。所以，在保持力偶矩的大小和力偶的转向不变的前提下，可将力偶在其作用平面内任意移动、转动，也可改变组成力偶的力的大小和力偶臂的长度，而不改变力偶的作用效果。作用在同一平面内的两个力偶，如果力偶矩的大小相等，力偶的转向相同，则这两个力偶为等效力偶，如图 1-37 所示。

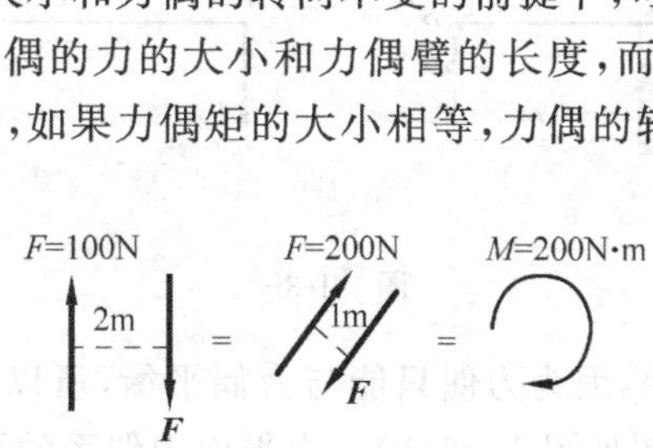

图 1-37

从以上分析可知，力偶对物体的转动效应完全取决于力偶矩的大小、力偶的转向及力偶的作用面，这就是力偶的三要素。

2. 平面力偶系的合成

作用在物体上同一平面内的两个或两个以上的力偶，称为平面力偶系。

设有两个力偶作用在物体的同一平面内，其力偶矩分别为 M_1、M_2，如图 1-38 所示。根据力偶的等效性，将两个力偶等效变换，使它们成为具有相同力偶臂 d 的两个力偶 ($\boldsymbol{F}_1$、$\boldsymbol{F}_1'$)、($\boldsymbol{F}_2$、$\boldsymbol{F}_2'$)，则 $M_1=F_1d$、$M_2=-F_2d$，将变换后的各力偶在作用面内移动和转动，使它们的力偶臂都与 AB 重合。设 $F_1>F_2$，则 $\boldsymbol{F}$ 和 $\boldsymbol{F}'$ 的大小为

$$F = F' = F_1 - F_2$$

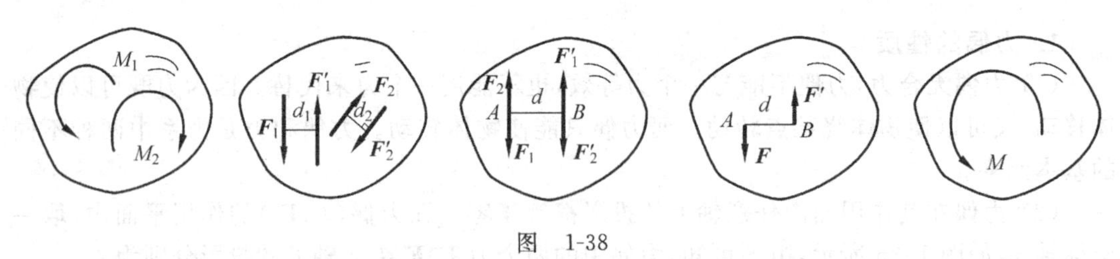

图 1-38

$\boldsymbol{F}$ 和 $\boldsymbol{F}'$ 组成一个合力偶($\boldsymbol{F}$、$\boldsymbol{F}'$)，这个力偶与原来的两个力偶等效，称为原平面力偶系的合力偶，其力偶矩为

$$M = F \cdot d = (F_1 - F_2) \cdot d = F_1 \cdot d - F_2 \cdot d = M_1 + M_2$$

上述结论可以推广到任意多个力偶合成的情形，即平面力偶系可以合成为一个合力偶，其力偶矩等于各分力偶矩的代数和。可写为

$$M = \sum M_i \tag{1-13}$$

3. 平面力偶系的平衡条件

平面力偶系可合成为一个合力偶，当合力偶矩等于零时，则力偶系中各力偶对物体的转动效应互相抵消，物体处于平衡状态；反之，若物体在平面力偶系的作用下处于平衡状态，则原平面力偶系的合力偶矩必为零。所以，平面力偶系平衡的必要和充分条件是：力偶系中各力偶矩的代数和为零，即

$$M = \sum M_i = 0 \tag{1-14}$$

上式即为平面力偶系的平衡方程。

【例 1-12】 简支梁 AB 上作用一力偶，如图 1-39(a)所示，试求梁的支座反力。

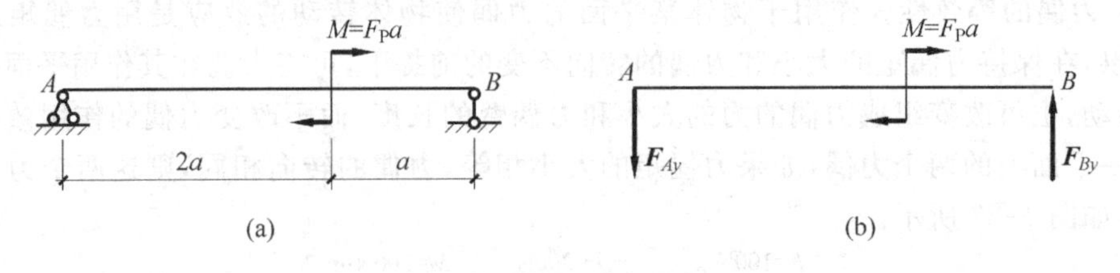

图 1-39

解：以 AB 梁为研究对象，因为力偶只能与力偶平衡，所以 A 铰和 B 铰处的反力 $\boldsymbol{F}_{Ay}$、$\boldsymbol{F}_{By}$ 必组成一个力偶，其受力图见图 1-39(b)。由平面力偶系的平衡条件，得

$$\sum M_i = 0, \quad F_{Ay} \cdot 3a - F_P a = 0$$

求得

$$F_{Ay} = \frac{1}{3} F_P \quad (\downarrow)$$

$$F_{By} = \frac{1}{3} F_P \quad (\uparrow)$$

计算结果为正，说明受力图中支座反力的假设方向与实际方向相同。

1.4.3 平面一般力系

平面一般力系是实际工程中最常见的一种力系，平面汇交力系、平面力偶系、平面平行力系都是平面一般力系的特殊情况。工程中很多问题都可以简化为平面一般力系的问题来处理，因此，对平面一般力系的研究具有特别重要的意义。

1. 力的平移定理

设在刚体的 A 点作用一力 $\boldsymbol{F}$，如图 1-40 所示，在力 $\boldsymbol{F}$ 的作用面内任取一点 B，并在 B 处加一对平衡力 $\boldsymbol{F}_1$ 和 $\boldsymbol{F}_1'$，使其作用线与力 $\boldsymbol{F}$ 平行，大小与 $\boldsymbol{F}$ 的大小相等。由加减平衡力系公理可知，这与原力系的作用效果相同。显然 $\boldsymbol{F}_1$ 和 $\boldsymbol{F}_1'$ 组成一力偶，其力偶矩 M 等于 $\boldsymbol{F}$ 对 B 点的矩，即 $M = F \cdot d$。于是，原作用于 A 点的力 $\boldsymbol{F}$ 就与 B 点的力 $\boldsymbol{F}_1$ 和力偶 $(\boldsymbol{F}, \boldsymbol{F}_1')$ 等效。

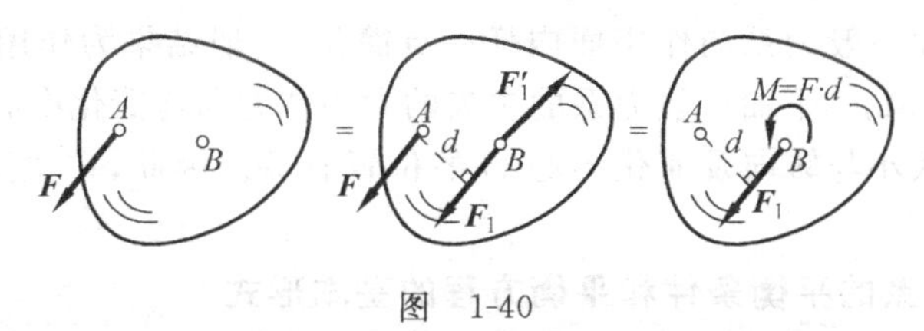

图 1-40

由此可见，作用于刚体上某点的力可以在其作用平面内平移到刚体上任意一点，但必须同时附加一力偶才能保持与原作用力等效，其附加力偶矩等于原作用力对新作用点的矩，这就是力的平移定理。

2. 平面一般力系向作用面内任一点简化

设刚体上作用有平面一般力系 $\boldsymbol{F}_1$、$\boldsymbol{F}_2$、…、$\boldsymbol{F}_n$，各力的作用点分别为 A_1、A_2、…、A_n，如图 1-41 所示。

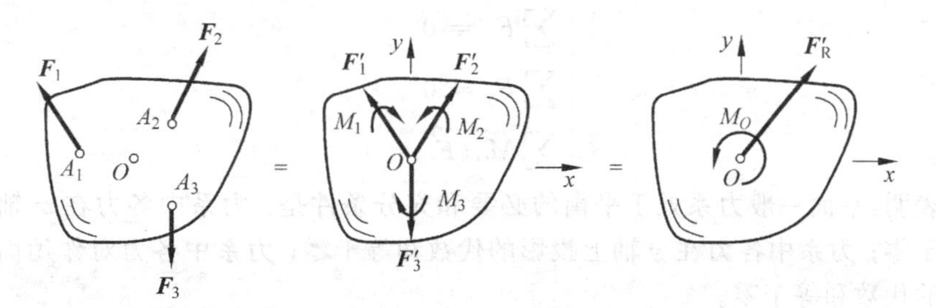

图 1-41

在力系的作用面内任选一点 O，称为简化中心。根据力的平移定理，将各力平移到 O 点，其结果得到一个作用于 O 点的平面汇交力系 $\boldsymbol{F}_1'$，$\boldsymbol{F}_2'$，…，$\boldsymbol{F}_n'$ 和一个附加的平面力偶系，

其力偶矩分别为 $M_1, M_2, \cdots, M_n$。

平面汇交力系 $\boldsymbol{F}'_1, \boldsymbol{F}'_2, \cdots, \boldsymbol{F}'_n$ 可以合成为作用于 O 点的一个力，这个力的矢量 $\boldsymbol{F}'_R$ 称为原力系的主矢。显然

$$\overline{\boldsymbol{F}'_R} = \overline{\boldsymbol{F}'_1} + \overline{\boldsymbol{F}'_2} + \cdots + \overline{\boldsymbol{F}'_n} = \sum \overline{\boldsymbol{F}'_i} = \sum \overline{\boldsymbol{F}_i} \tag{1-15}$$

在计算主矢量 $\boldsymbol{F}'_R$ 时，引进直角坐标系 xOy，据合力投影定理

$$\begin{cases} \boldsymbol{F}'_{Rx} = \sum \boldsymbol{F}'_{ix} = \sum \boldsymbol{F}_{ix} = \sum \boldsymbol{F}_x \\ \boldsymbol{F}'_{Ry} = \sum \boldsymbol{F}'_{iy} = \sum \boldsymbol{F}_{iy} = \sum \boldsymbol{F}_y \end{cases}$$

主矢的大小

$$F'_R = \sqrt{(F'_{Rx})^2 + (F'_{Ry})^2} = \sqrt{\left(\sum F_x\right)^2 + \left(\sum F_y\right)^2}$$

主矢与 x 轴所夹的锐角

$$\tan\alpha = \left|\frac{F'_{Ry}}{F'_{Rx}}\right| = \left|\frac{\sum F_y}{\sum F_x}\right| \tag{1-16}$$

指向由 F'_{Rx}、F'_{Ry} 的正负号判断。

附加的平面力偶系可以合成一合力偶，其力偶矩 M_O 称为原力系向 O 点简化的主矩。显然

$$M_O = \sum M_i = \sum M_O(\boldsymbol{F}_i) \tag{1-17}$$

由此可得：平面一般力系向作用面内任一点简化，一般结果为作用于简化中心的一个主矢 F'_R 和一个主矩 M_O。平面一般力系的主矢的大小和方向与简化中心的位置无关；平面一般力系的主矩的大小与转向及简化中心 O 的位置有关。因此，在说到力系的主矩时，一定要指明简化中心。

3. 平面一般力系的平衡条件和平衡方程的基本形式

通过前面的学习，可以知道，平面一般力系向其作用平面内任意一点简化一般得到一个主矢 F'_R 和主矩 M_O，当主矢 F'_R 和主矩 M_O 都等于零时，则原力系平衡；反之，若原力系是平衡力系，则力系向作用面内任意一点简化得到的主矢和主矩必都等于零。由此得

$$F'_R = \sqrt{\left(\sum F_x\right)^2 + \left(\sum F_y\right)^2} = 0$$

$$M_O = \sum M_O(\boldsymbol{F}_i) = 0$$

从而有

$$\begin{cases} \sum F_x = 0 \\ \sum F_y = 0 \\ \sum M_O(\boldsymbol{F}_i) = 0 \end{cases} \tag{1-18}$$

上式表明，平面一般力系处于平衡的必要和充分条件是：力系中各力在 x 轴上投影的代数和等于零；力系中各力在 y 轴上投影的代数和等于零；力系中各力对作用面内任意一点的力矩的代数和等于零。

式(1-18)称为平面一般力系的平衡方程的基本形式。其中，前两式称为投影方程，后一式称为力矩方程。平面一般力系有三个独立的平衡方程，可以求解三个未知量。

【例 1-13】 试计算图 1-42(a)所示简支梁的支座反力。

解：(1) 选取梁 AB 为研究对象，画其受力图，见图 1-42(b)，梁 AB 在平面一般力系作

用下处于平衡状态。

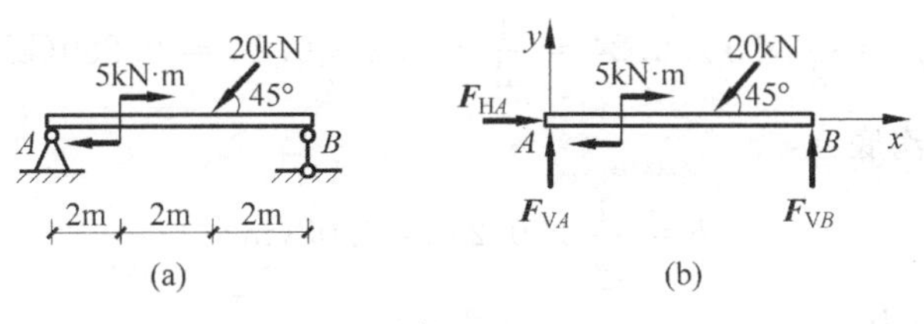

图　1-42

(2) 建立直角坐标系,列平衡方程。在建立直角坐标系时,根据未知力的分布情况,尽量使未知力与某一坐标轴垂直;列力矩方程时,选择未知力的交点为矩心,这样可以使方程中含有的未知量数目减少,使计算简化。

$$\begin{cases}\sum F_x = 0, & F_{HA} - 20\cos45° = 0 \\ \sum F_y = 0, & F_{VA} - 20\sin45° + F_{VB} = 0 \\ \sum M_A(\boldsymbol{F}_i) = 0, & -5 - 20\sin45° \times 4 + 6F_{VB} = 0\end{cases}$$

解方程得

$$\begin{cases}F_{HA} = 14.14\text{kN} & (\rightarrow) \\ F_{VA} = 3.88\text{kN} & (\uparrow) \\ F_{VB} = 10.26\text{kN} & (\uparrow)\end{cases}$$

计算结果都为正值,说明受力图中各力的方向与实际方向相同。

(3) 校核。力系既然平衡,则力系中各力在任一轴上投影的代数和必等于零,力系中各力对于作用面内任一点的力矩的代数和为零,因此,我们可再列出其他的平衡方程,用以校核计算有无错误。

$$\sum M_B(\boldsymbol{F}_i) = -6F_{VA} - 5 + 20\sin45° \times 2 = -6 \times 3.88 - 5 + 20\sin45° \times 2 = 0$$

可见,计算结果正确。

【例 1-14】 图 1-43(a)为天沟檐板示意图。已知天沟混凝土自重为 25kN/m^3,水的容重为 10kN/m^3。假设天沟积满水,试计算此时端部 A 处的反力(以 1m 长为计算单位)。

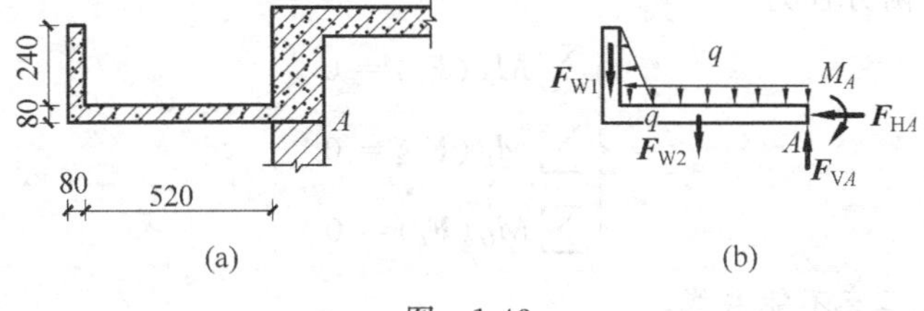

图　1-43

解:(1) 取 1m 长天沟板为研究对象,画其受力图,如图 1-43(b)所示,其中

$$F_{W1} = 0.24 \times 0.08 \times 1 \times 25 = 0.48(\text{kN})$$

$$F_{W2} = (0.08 + 0.52) \times 0.08 \times 1 \times 25 = 1.2(\text{kN})$$

$$q = 10 \times 0.24 \times 1 = 2.4(\text{kN/m})$$

(2) 建立直角坐标系,列平衡方程。

首先将分布荷载简化为集中力,再列平衡方程进行计算。

水的侧压力为

$$F_{Q1} = \frac{1}{2} \times q \times 0.24 = \frac{1}{2} \times 2.4 \times 0.24 = 0.289(\text{kN})$$

$\boldsymbol{F}_{Q1}$的作用点距沟底

$$h = \frac{1}{3} \times 0.24 = 0.08(\text{m})$$

水对沟底的压力为

$$F_{Q2} = q \times 0.52 = 2.4 \times 0.52 = 1.248(\text{kN})$$

$\boldsymbol{F}_{Q2}$的作用点在沟底的中点

$$\begin{cases} \sum F_x = 0, \quad -F_{HA} - F_{Q1} = 0 \\ \sum F_y = 0, \quad -F_{W1} - F_{W2} - F_{Q2} + F_{VA} = 0 \\ \sum M_A(\boldsymbol{F}_i) = 0, \quad F_{W1} \times (0.04 + 0.52) + F_{W2} \times (0.08 + 0.52)/2 + \\ \qquad F_{Q1} \times (0.24/3 + 0.04) + F_{Q2} \times 0.52/2 - M_A = 0 \end{cases}$$

解方程得

$$\begin{cases} F_{HA} = -0.288(\text{kN}) \quad (\rightarrow) \\ F_{VA} = 2.93(\text{kN}) \quad (\uparrow) \\ M_A = 0.988(\text{kN} \cdot \text{m}) \quad (\curvearrowleft) \end{cases}$$

计算结果中，负号表示该力的实际方向与受力图中的假设方向相反。

4. 平衡方程的其他形式

二力矩式的平衡方程为

$$\begin{cases} \sum F_x = 0 \\ \sum M_A(\boldsymbol{F}_i) = 0 \\ \sum M_B(\boldsymbol{F}_i) = 0 \end{cases} \tag{1-19}$$

注意：A、B两点的连线不能与x轴垂直。

三力矩式的平衡方程为

$$\begin{cases} \sum M_A(\boldsymbol{F}_i) = 0 \\ \sum M_B(\boldsymbol{F}_i) = 0 \\ \sum M_C(\boldsymbol{F}_i) = 0 \end{cases} \tag{1-20}$$

注意：A、B、C三点不能共线。

在解题时，可以用任一种方程形式求解。但有时选取适当的形式，方程解起来会更简单。但不管用哪一种形式的平衡方程解题，对于平面一般力系，只能列出三个独立的平衡方程，求解三个未知力。任何另外列出的平衡方程，都不再是独立的方程，但可用来校核计算结果。

1.4.4 平面平行力系

平面平行力系是平面一般力系的特殊情况，其平衡方程可由平面一般力系的平衡方程推出。

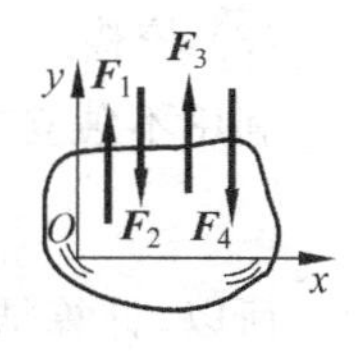

图 1-44

设有作用在物体上的一平面平行力系如图 1-44 所示，取 x 轴垂直于力系中各力的作用线，y 与各力平行，则各力在 x 轴上的投影都等于零，$\sum F_x=0$ 的恒等式，这一方程可以从平面一般力系的平衡方程中除去。因此，由式(1-18)就可推导出平面平行力系的平衡方程为

$$\begin{cases}\sum F_y=0 \quad (y\text{ 轴与各力平行}) \\ \sum M_O(\boldsymbol{F}_i)=0\end{cases} \tag{1-21}$$

这样，平面平行力系平衡的充要条件是：力系中所有各力在不与各力垂直的任意轴上投影的代数和等于零；力系中各力对任意点的力矩的代数和等于零。

同理，由平面一般力系平衡方程的二力矩形式(1-19)，可推导出平面平行力系平衡方程的另一种形式为

$$\begin{cases}\sum M_A(\boldsymbol{F}_i)=0 \\ \sum M_B(\boldsymbol{F}_i)=0\end{cases} \tag{1-22}$$

注意：*A、B 两点的连线不与各力的作用线平行。*

平面平行力系只有两个独立的平衡方程，只能求解两个未知量。

【例 1-15】 某房屋的外伸梁尺寸如图 1-45(a)所示。该梁的 AB 段受均布荷载 $q_1=20\text{kN/m}$，BC 段受均布荷载 $q_2=25\text{kN/m}$，求支座 A、B 的反力。

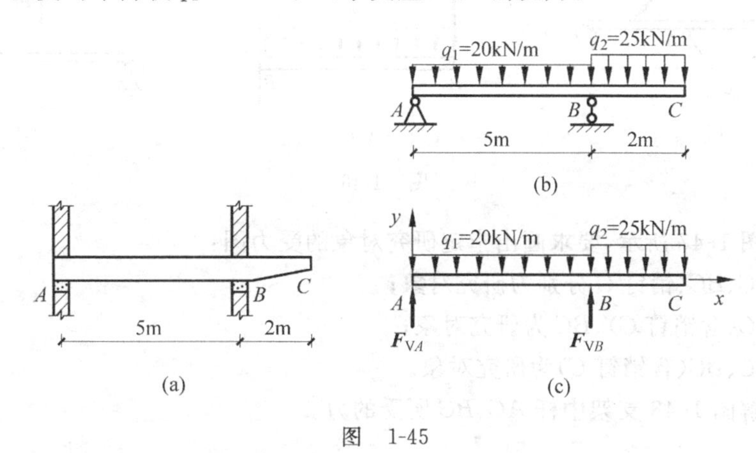

图 1-45

解：(1) 选取 AC 梁为研究对象，画其受力图，如图 1-45(c)所示。

外伸梁 AC 在 A、B 处的约束一般可以简化为固定铰支座和可动铰支座，由于在水平方向没有荷载，所以没有水平方向的反力。在竖向荷载 q_1、q_2 的作用下，支座反力 $\boldsymbol{F}_{VA}$、$\boldsymbol{F}_{VB}$ 沿铅垂方向，它们组成平面平行力系。

(2) 建立直角坐标系，列平衡方程。

$$\begin{cases}\sum F_y=0, \quad F_{VA}+F_{VB}-q_1\times 5-q_2\times 2=0 \\ \sum M_A(\boldsymbol{F}_i)=0, \quad -q_1\times 5\times 2.5-q_2\times 2\times 6+5\times F_{VB}=0\end{cases}$$

解得

$$F_{VA}=40\text{kN} \quad (\uparrow)$$

$$F_{VB}=110\text{kN} \quad (\uparrow)$$

(3) 校核。

利用不独立方程

$$\sum M_B(\boldsymbol{F}_i) = -40 \times 5 + 20 \times 5 \times 2.5 - 25 \times 2 \times 1 = 0$$

所以,计算结果正确。

单元习题

1-1 试分别画出如图 1-46 所示各物体的受力图(未指明自重的物体,其自重不计;接触处均不考虑摩擦)。

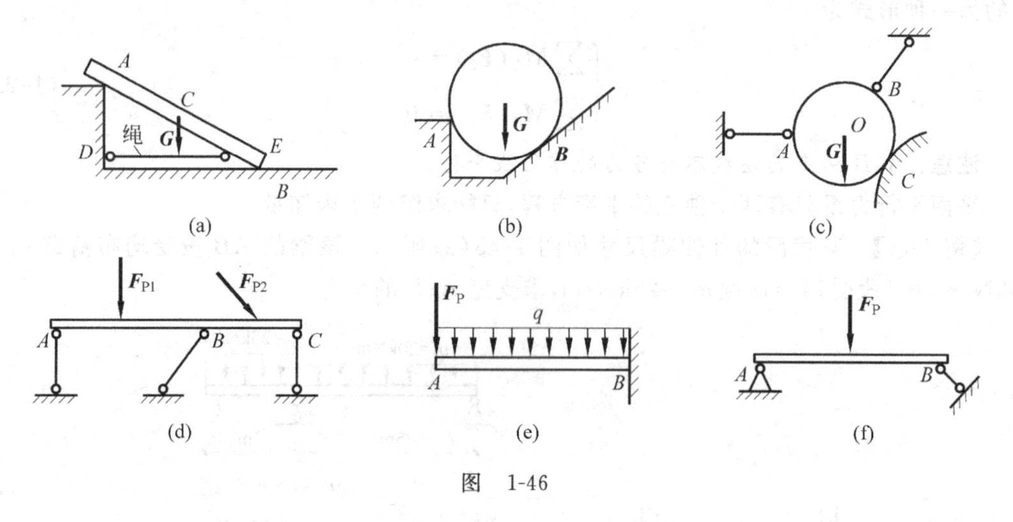

图 1-46

1-2 如图 1-47 所示,要求画出指定研究对象的受力图:

(1) 杆 AC、BC、销钉 C 分别为研究对象;

(2) 杆 AC(含销钉 C)、BC 为研究对象;

(3) 杆 AC、BC(含销钉 C)为研究对象。

1-3 求解图 1-48 支架中杆 AC、BC 所受的力。

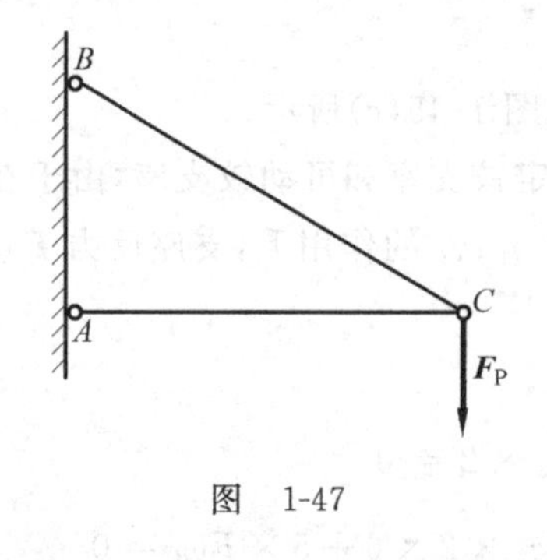

图 1-47

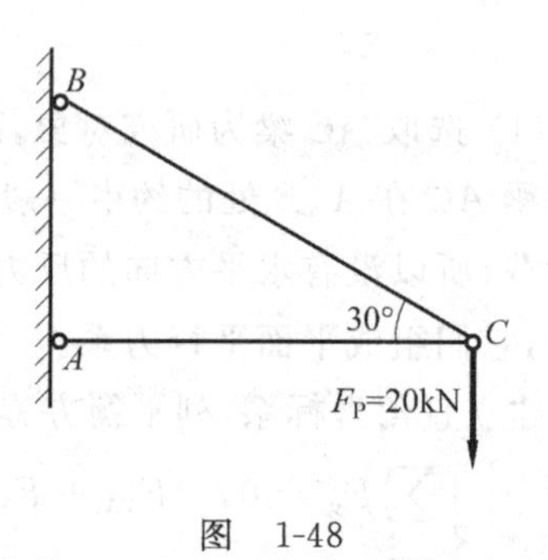

图 1-48

1-4 各梁受荷载作用如图 1-49 所示,试求解:

(1) 各力及力偶分别对 A、B 点的矩;

(2) 各力及力偶在 x、y 轴上的投影。

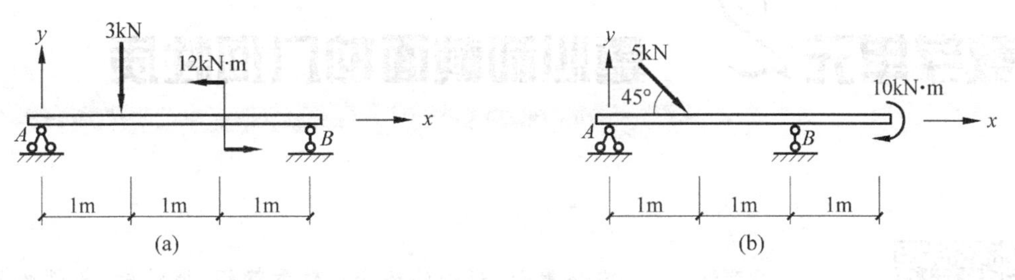

图 1-49

1-5 计算图 1-50 中各梁的支座反力。

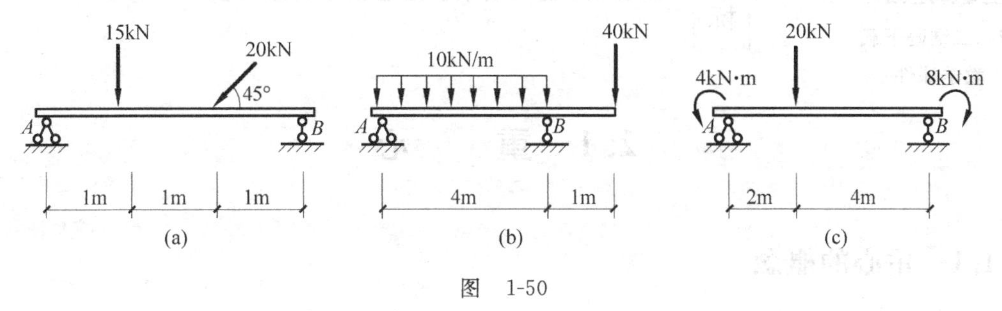

图 1-50

教学单元2　重心和截面的几何性质

扫描二维码下载
教学课件

掌握重心、形心的概念；熟悉静矩、惯性矩、极惯性矩、惯性积、惯性半径的定义；了解惯性矩和惯性积的平行移轴公式；能正确求出组合图形的形心坐标。

2.1　重　　心

2.1.1　重心的概念

地球表面上的任何物体，都受到地球对它的吸引力——重力的作用。如果把一个物体分成许多微小部分，则这些微小部分所受的重力形成汇交于地心的空间汇交力系。由于地球半径很大，这些微小部分可以看成空间平行力系，该力系合力的大小就是该物体的重量，合力的作用点就是该物体的重心。物体重心的位置是唯一的，不随物体空间方位的改变而变化。当物体的尺寸相对于地球足够小即重力场为均匀时，物体的重心与质心重合；当物体的密度分布均匀时，其质心与形心重合。物体的重心不一定在物体上，例如一个圆环的重心。

如果一个物体的重心没有位于其支承区域的上方，该物体就会发生倾倒。因此对重心的研究，在实际工程中具有重要意义。例如，水坝、挡土墙、起重机等的稳定性问题就与这些物体的重心位置直接有关；混凝土振捣器，其转动部分的重心必须偏离转轴才能发挥预期的作用；在建筑施工过程中采用两点起吊柱子就是保证柱子重心在两吊点之间；在建筑设计中，重心的位置影响着建筑物的平衡与稳定，等等。

2.1.2　重心的坐标公式

一个物体的重心位置可以利用平行力系的力矩平衡条件通过数学方法确定。在物理上，物体可被看作由无数个微元体组成，一个典型微元体的重量为 ΔG，坐标为(x_i, y_i, z_i)，如图 2-1 所示，对 y 轴应用合力矩定理

$$G = \Delta G_1 + \Delta G_2 + \cdots + \Delta G_n = \sum_{i=1}^{n} \Delta G_i$$

$$Gx_C = \Delta G_1 x_1 + \Delta G_2 x_2 + \cdots + \Delta G_n x_n = \sum \Delta G_i x_i$$

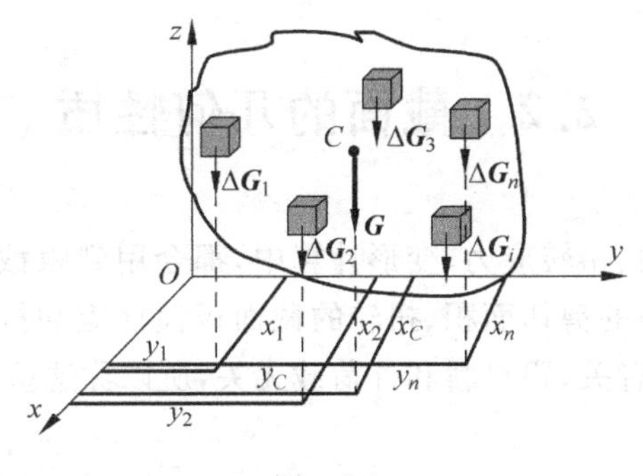

图　2-1

解得
$$x_C=\frac{\sum \Delta G_i x_i}{G}$$

同理对 x 轴、z 轴取矩可得

$$y_C=\frac{\sum \Delta G_i y_i}{G},\quad z_C=\frac{\sum \Delta G_i z_i}{G}$$

若物体为均质等厚度的平面图形，写成积分形式，则可以得到物体重心 G 的坐标公式。

1. 一般物体重心的坐标

$$\begin{cases} x_C=\dfrac{\int_G x\,\mathrm{d}G}{G} \\ y_C=\dfrac{\int_G y\,\mathrm{d}G}{G} \\ z_C=\dfrac{\int_G z\,\mathrm{d}G}{G} \end{cases} \tag{2-1}$$

式中：$\mathrm{d}G$——物体微小部分的重量（或所受的重力）；

x、y、z——分别为物体微小部分的空间坐标；

G——物体的总重量。

2. 均质物体重心的坐标

$$\begin{cases} x_C=\dfrac{\int_V x\,\mathrm{d}V}{V} \\ y_C=\dfrac{\int_V y\,\mathrm{d}V}{V} \\ z_C=\dfrac{\int_V z\,\mathrm{d}V}{V} \end{cases} \tag{2-2}$$

式中：$\mathrm{d}V$——均质物体微小部分体积；

x、y、z——分别为物体微小部分的空间坐标；

V——均质物体的总体积。

2.2 截面的几何性质

无论在轴向拉压、剪切、扭转应力、变形计算中，都会用到跟截面有关的一些参数，比如轴向拉压的横截面积、剪切的剪切面积、扭转的截面极惯性矩和抗扭转截面系数，而且这些参数只跟截面形状和尺寸有关，跟材料和外荷载无关，所以称这些反映截面形状和尺寸的几何量为截面的几何性质。

2.2.1 形心

简单来讲，图形的形心，就是平面图形的几何中心。具有对称中心、对称轴的图形的形心必然在对称中心、对称轴上。如图 2-2 所示，平面图形的形心坐标是

$$\begin{cases} y_C = \dfrac{\int_A y\,\mathrm{d}A}{A} \\ z_C = \dfrac{\int_A z\,\mathrm{d}A}{A} \end{cases} \tag{2-3}$$

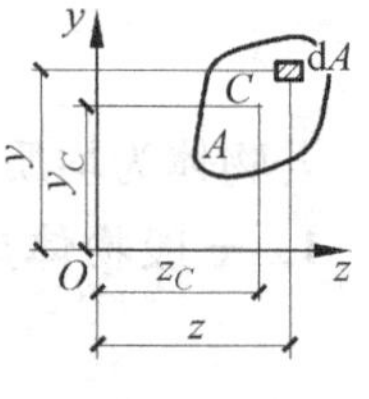

图 2-2

形心与重心的计算公式虽然相似，但意义不同。重心是物体重力的中心，其位置决定于物体重力大小的分布情况，只有均质物体的重心才与形心重合。

2.2.2 静矩

如图 2-2 所示，一个任意形状的截面，将其放在正交坐标系 yOz 中，在截面上任取一微面积 $\mathrm{d}A$，$\mathrm{d}A$ 到 z 轴的距离为 y，$y\mathrm{d}A$ 称为微面积 $\mathrm{d}A$ 对 z 轴的静矩，将图形区域内的所有微面积 $\mathrm{d}A$ 对 z 轴的静矩求代数和，也就是对 $y\mathrm{d}A$ 在整个截面上求积分，此积分即为整个截面对 z 轴的静矩；同理，$\mathrm{d}A$ 到 y 轴的距离为 z，$z\mathrm{d}A$ 称为微面积 $\mathrm{d}A$ 对 y 轴的静矩，$z\mathrm{d}A$ 在整个截面上求积分称为整个截面对 y 轴的静矩。静矩一般用字母 S 表示，对 z 轴的静矩为 S_z，对 y 轴的静矩为 S_y，且

$$\begin{cases} S_z = \int_A y\,\mathrm{d}A \\ S_y = \int_A z\,\mathrm{d}A \end{cases} \tag{2-4}$$

式中：$\mathrm{d}A$——平面图形微小部分的面积；

y、z——分别为图形微小部分在平面坐标系 yOz 中的坐标；

A——平面图形的总面积。

上式也称为平面图形对 z 轴和 y 轴的面积矩、面积一阶矩或面积一次矩。

说明：静矩是对于一定的轴而言，同一截面对不同的轴，静矩不同；静矩的值可能为正

值，可能为负值，也可能等于零。

静矩的量纲从它的表达式可以看出，是长度的三次方，常用单位为立方米(m^3)或立方毫米(mm^3)。

2.2.3　形心与静矩的关系

平面图形的形心与静矩的关系式为

$$\begin{cases} y_C = \dfrac{S_z}{A} \\ z_C = \dfrac{S_y}{A} \end{cases} \tag{2-5}$$

上式也可写成

$$\begin{cases} S_z = Ay_C \\ S_y = Az_C \end{cases} \tag{2-6}$$

上式表明，平面图形对 z 轴(或 y 轴)的静矩，等于图形的面积 A 乘以图形形心的坐标 y_C(或 z_C)。若静矩 $S_z=0$，则 $y_C=0$；若 $S_y=0$，则 $z_C=0$。所以，若图形对某一轴的静矩等于零，则该轴必然通过图形的形心；反之，若某一轴通过图形的形心，则图形对该轴的静矩必等于零。

在工程实际中，有些杆件的截面是由矩形、圆形、三角形等简单几何图形组合而成的，称为组合截面。组合截面对某轴的静矩等于各简单几何图形对该轴静矩的代数和，即

$$\begin{cases} S_z = \sum\limits_{i=1}^{n} S_{zi} = \sum\limits_{i=1}^{n} A_i y_{Ci} \\ S_y = \sum\limits_{i=1}^{n} S_{yi} = \sum\limits_{i=1}^{n} A_i z_{Ci} \end{cases} \tag{2-7}$$

式中：n——简单几何图形的个数；

A_i——第 i 个几何图形的面积；

y_{Ci}、z_{Ci}——第 i 个几何图形的形心坐标。

同理组合图形截面形心位置可以用以下公式得出

$$\begin{cases} y_C = \dfrac{\sum\limits_{i=1}^{n} A_i y_{Ci}}{A} \\ z_C = \dfrac{\sum\limits_{i=1}^{n} A_i z_{Ci}}{A} \end{cases} \tag{2-8}$$

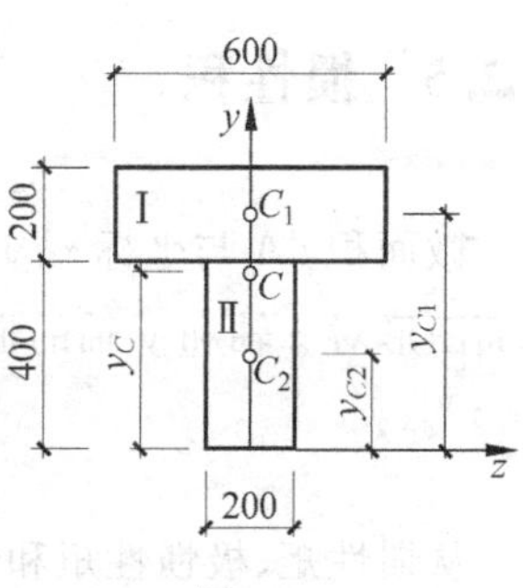

图　2-3

【例 2-1】　试确定图 2-3 所示平面图形中形心的位置。

解：如图 2-3 所示，取坐标系 yOz，由于 y 轴为对称轴，所以形心在 y 轴上，即 $z_C=0$，故只需确定 y_C。

该截面可视为由矩形Ⅰ和矩形Ⅱ组合而成，则

$$y_C=\frac{\sum_{i=1}^{n}A_i y_{Ci}}{A}=\frac{A_1 y_{C1}+A_2 y_{C2}}{A_1+A_2}$$

$$=\frac{(600\times 200)\times(100+400)+(200\times 400)\times 200}{600\times 200+200\times 400}=380(\text{mm})$$

2.2.4 惯性矩和极惯性矩

图 2-2 中，微面积 $\mathrm{d}A$ 对 z 轴(或 y 轴)的二次矩为 $y^2\mathrm{d}A$ 及 $z^2\mathrm{d}A$，称为微面积 $\mathrm{d}A$ 对 z 轴(或 y 轴)的惯性矩，而整个平面图形对 z 轴(或 y 轴)的惯性矩即为将整个图形区域内的所有微面积 $\mathrm{d}A$ 对 z 轴(或 y 轴)的惯性矩求定积分，也就是对 $y^2\mathrm{d}A$ 及 $z^2\mathrm{d}A$ 在整个平面图形上求积分 $\int_A y^2\mathrm{d}A$ 及 $\int_A z^2\mathrm{d}A$，此积分 $\int_A y^2\mathrm{d}A$ 即为整个平面图形对 z 轴(或 y 轴)的惯性矩；惯性矩一般用字母 I 表示，对 z 轴的惯性矩为 I_z，对 y 轴的惯性矩为 I_y，即

$$\begin{cases} I_z=\int_A y^2\mathrm{d}A \\ I_y=\int_A z^2\mathrm{d}A \end{cases} \tag{2-9}$$

上式也称为平面图形对 z 轴和 y 轴的面积二阶矩或面积二次矩。

如图 2-4 所示，微面积到坐标原点 O 的距离为 ρ，$\rho^2\mathrm{d}A$ 称为微面积 $\mathrm{d}A$ 对极点 O(坐标原点)的极惯性矩，整个平面图形对 O 点的极惯性矩，用 I_ρ 表示，即

$$I_\rho=\int_A \rho^2\mathrm{d}A \tag{2-10}$$

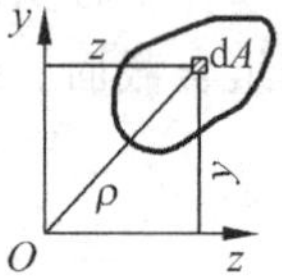

图 2-4

因为 $\rho^2=y^2+z^2$，所以

$$I_\rho=\int_A \rho^2\mathrm{d}A=\int_A (y^2+z^2)\mathrm{d}A=I_y+I_z \tag{2-11}$$

上式表明平面图形对于位于图形平面内某点的任意一对相互垂直坐标轴的惯性矩之和，等于它对该两轴交点的极惯性矩。

2.2.5 惯性积

微面积 $\mathrm{d}A$ 与坐标 z、y 的乘积 $yz\mathrm{d}A$ 称为该微面积相对于 z 轴和 y 轴的惯性积，而整个平面图形对 z 轴和 y 轴的惯性积为

$$I_{yz}=\int_A yz\mathrm{d}A \tag{2-12}$$

从惯性矩、极惯性矩和惯性积的定义可知，I_z、I_y 和 I_ρ 的值恒正，而 I_{yz} 可能为正，可能为负，也可能为零。它们的量纲均为长度的四次方。

当平面图形所选的一对正交坐标轴中，有一根坐标轴为对称轴，则平面图形对该对坐标

轴的惯性积必等于零。如图 2-5 所示，y 轴为对称轴，在 y 轴左右两侧总可以找到位置对称的微面积 dA，它们对 z 轴和 y 轴两坐标轴的惯性积大小相等，符号相反，其和为零。所以，整个平面图形对 z 轴和 y 轴的惯性积为零。

【例 2-2】 求图 2-6 中矩形对通过其形心且与两边平行的 z 轴和 y 轴的惯性矩 I_z、I_y 及惯性积 I_{yz}。

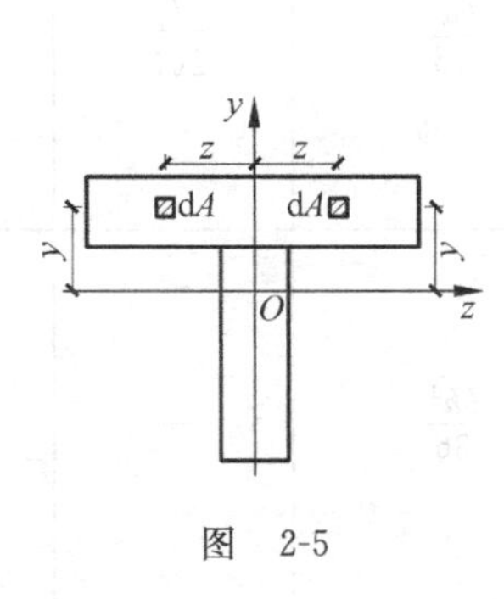

图　2-5

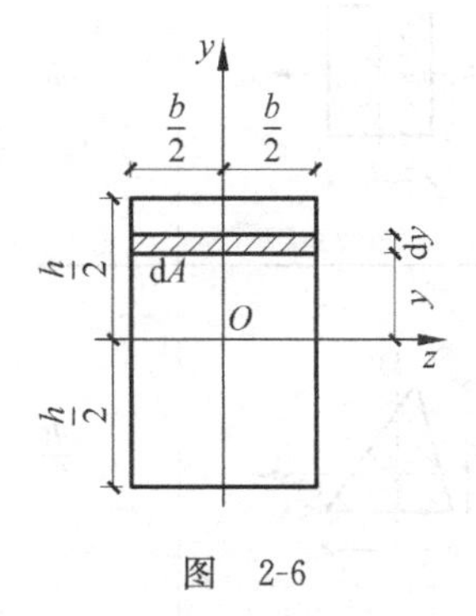

图　2-6

解：取微面积 $dA=b\mathrm{d}y$，如图 2-6 所示，则

$$I_z=\int_A y^2\mathrm{d}A=\int_{-\frac{h}{2}}^{\frac{h}{2}}y^2b\mathrm{d}y=\frac{bh^3}{12}$$

同理可得

$$I_y=\frac{hb^3}{12}$$

因为 z 轴或 y 轴为对称轴，所以惯性积

$$I_{yz}=0$$

2.2.6　惯性半径

在有些问题中，为了应用的方方便，将截面的惯性矩表示为截面面积 A 与惯性半径平方的乘积，即

$$\begin{cases}I_y=i_y^2A\\ I_z=i_z^2A\end{cases}\tag{2-13}$$

式中：i_y 和 i_z——分别称为截面相对 y 轴和 z 轴的惯性半径。上式也可以写成

$$\begin{cases}i_y=\sqrt{\dfrac{I_y}{A}}\\ i_z=\sqrt{\dfrac{I_z}{A}}\end{cases}\tag{2-14}$$

式中：A——图形的面积。惯性半径的单位为 m 或 mm。

构件截面是几何图形，表 2-1 列出了一些常用简单图形的几何性质。

表 2-1 简单截面的几何性质

编号	截面形状和形心轴位置	面积 A	惯性矩		惯性半径	
			I_y	I_z	i_y	i_z
1		bh	$\frac{hb^3}{12}$	$\frac{bh^3}{12}$	$\frac{b}{2\sqrt{3}}$	$\frac{h}{2\sqrt{3}}$
2		$\frac{bh}{2}$	—	$\frac{bh^3}{36}$	—	$\frac{h}{3\sqrt{2}}$
3		$\frac{\pi d^2}{4}$	$\frac{\pi d^4}{64}$	$\frac{\pi d^4}{64}$	$\frac{d}{4}$	$\frac{d}{4}$
4	$\alpha=\frac{d}{D}$	$\frac{\pi D^2}{4}(1-\alpha^2)$	$\frac{\pi D^4}{64}(1-\alpha^4)$	$\frac{\pi D^4}{64}(1-\alpha^4)$	$\frac{D}{4}\sqrt{1+\alpha^2}$	$\frac{D}{4}\sqrt{1+\alpha^2}$
5		$\frac{\pi r^2}{2}$	—	$\left(\frac{1}{8}-\frac{8}{9\pi^2}\right)\times\pi r^4$ $\approx 0.11r^4$	—	$0.264r$

2.3 惯性矩和惯性积的平行移轴公式

在惯性矩和惯性积部分都曾讲到是针对坐标轴而言的，坐标轴不同，它们也是不一样的，那究竟会有怎样的变化和关系呢？首先来看一下平移坐标轴的结果，也就是说变化后的坐标轴跟变化前的是平行的。

如图 2-7 所示，任意形状的截面图形，形心为 C，过形心的坐标轴为 z、y，微面积 $\mathrm{d}A$ 的坐标为(z,y)，已知截面对于 z 轴、y 轴的惯性矩和惯性积为 I_z、I_y 和 I_{yz}，则可由已知条件推出截面对于 z_1 轴、y_1 轴的惯性矩和惯性积如下。

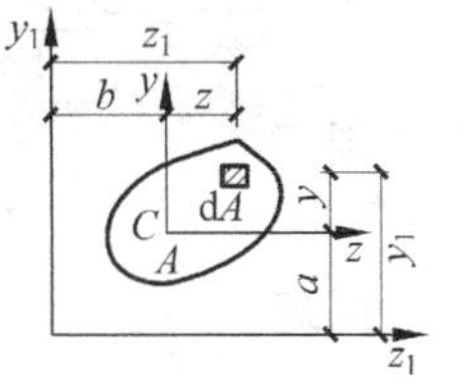

由定义

$$\begin{cases} I_{z_1} = \int_A y_1^2 \mathrm{d}A \\ I_{y_1} = \int_A z_1^2 \mathrm{d}A \\ I_{y_1 z_1} = \int_A y_1 z_1 \mathrm{d}A \end{cases}$$

图 2-7

从图 2-7 可以看出 $y_1 = y + a$，$z_1 = z + b$，代入上述表达式，得

$$\begin{aligned} I_{z_1} &= \int_A y_1^2 \mathrm{d}A = \int_A (y+a)^2 \mathrm{d}A = \int_A (y^2 + 2ay + a^2) \mathrm{d}A \\ &= \int_A y^2 \mathrm{d}A + 2a\int_A y \mathrm{d}A + a^2 \int_A \mathrm{d}A \\ &= I_z + 2aS_z + a^2 A \end{aligned}$$

因为 z 轴为形心轴，故 $S_z = 0$，则

$$I_{z_1} = I_z + a^2 A$$

同理

$$I_{y_1} = I_y + b^2 A$$

$$\begin{aligned} I_{y_1 z_1} &= \int_A (y+a)(z+b) \mathrm{d}A = \int_A yz \mathrm{d}A + b\int_A y \mathrm{d}A + a\int_A z \mathrm{d}A + ab\int_A \mathrm{d}A \\ &= I_{yz} + bS_z + aS_y + abA \end{aligned}$$

因为 z 轴、y 轴均为形心轴，故 $S_z = S_y = 0$，则

$$I_{y_1 z_1} = I_{yz} + abA$$

故惯性矩和惯性积的平行移轴公式为

$$\begin{cases} I_{z_1} = I_z + a^2 A \\ I_{y_1} = I_y + b^2 A \\ I_{y_1 z_1} = I_{yz} + abA \end{cases} \tag{2-15}$$

由上式可知，$I_{z1} > I_z$，$I_{y1} > I_y$，即截面对其形心轴的惯性矩 I_y、I_z 是截面对于所有平行轴惯性矩中的最小者。利用这一公式可使惯性矩和惯性积的计算得到简化。在使用平行移轴公式时，要注意 a 和 b 是图形的形心在平移轴后的新坐标系中的坐标，所以它们是有正负之分的。

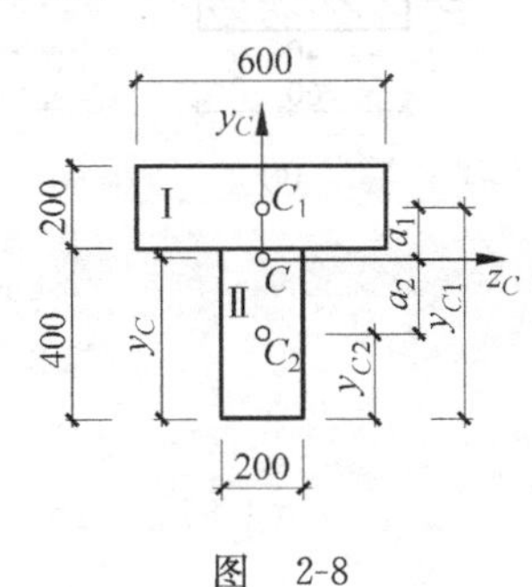

图 2-8

【例 2-3】 求图 2-8 中 T 形截面对形心轴 y_C、z_C 的惯性矩。

解：在例 2-1 中，已经确定了形心 C 的位置，图 2-3 中 $y_C = 380\text{mm}$，$z_C = 0\text{mm}$。形心轴 y_C、z_C 如图 2-8 所示。将该截面视为矩形Ⅰ和矩形Ⅱ的组合截面，则惯性矩由两部分截面惯性矩叠加而成。即

$$I_{z_C} = I_{z_C}^{\mathrm{I}} + I_{z_C}^{\mathrm{II}}$$

根据公式(2-15)

$$I_{z_C}^{\mathrm{I}} = \frac{60\times 20^3}{12} + 60\times 20\times\left[(40-38)+\frac{1}{2}\times 20\right]^2 = 2.13\times 10^5(\mathrm{cm}^4)$$

$$I_{z_C}^{\mathrm{II}} = \frac{20\times 40^3}{12} + 20\times 40\times (38-20)^2 = 3.66\times 10^5(\mathrm{cm}^4)$$

则

$$I_{z_C} = 2.13\times 10^5 + 3.66\times 10^5 = 5.79\times 10^5(\mathrm{cm}^4)$$

同理

$$I_{y_C} = I_{y_C}^{\mathrm{I}} + I_{y_C}^{\mathrm{II}} = \frac{20\times 60^3}{12} + \frac{40\times 20^3}{12} = 3.87\times 10^5(\mathrm{cm}^4)$$

单 元 习 题

2-1　确定图 2-9 所示组合图形的形心坐标。

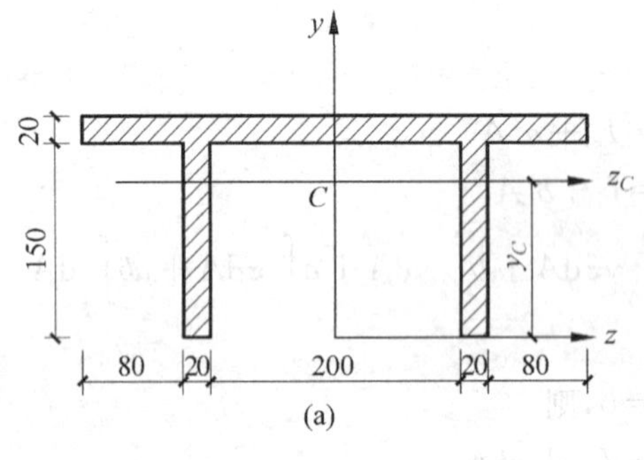

(a)

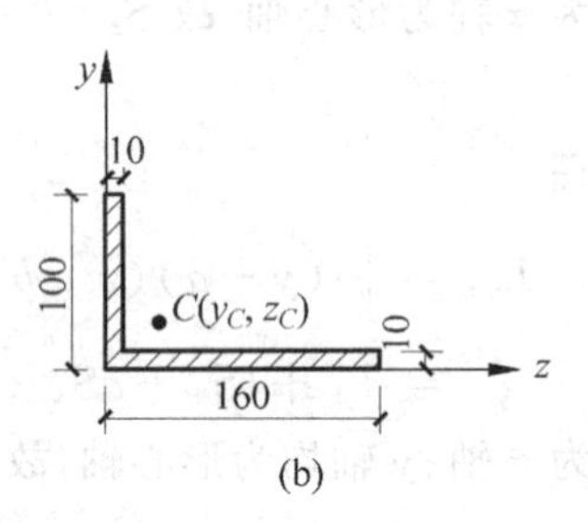

(b)

图　2-9

2-2　求图 2-10 所示图形 z 轴上方截面面积对 z 轴的静矩 S_z。

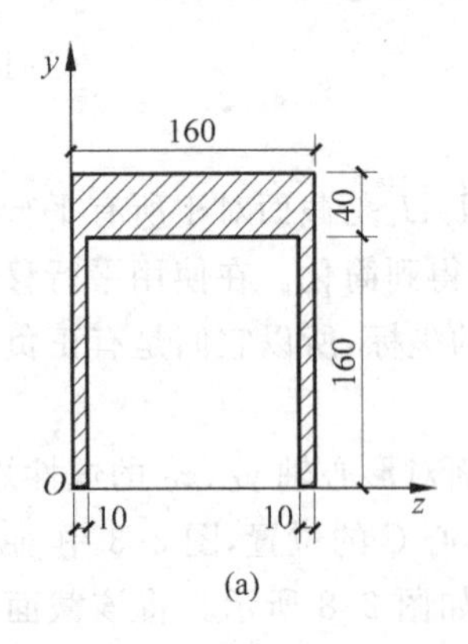

(a)

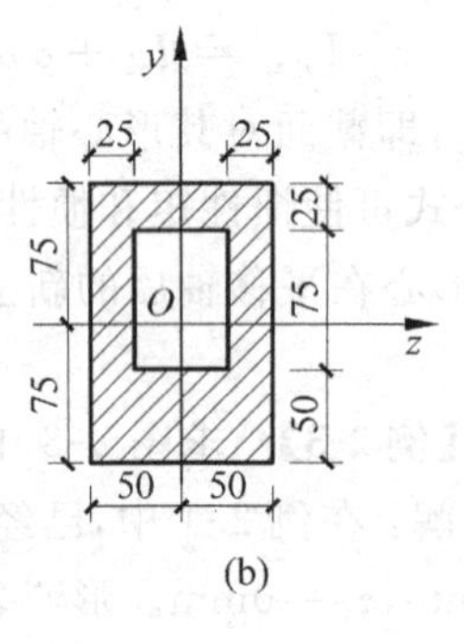

(b)

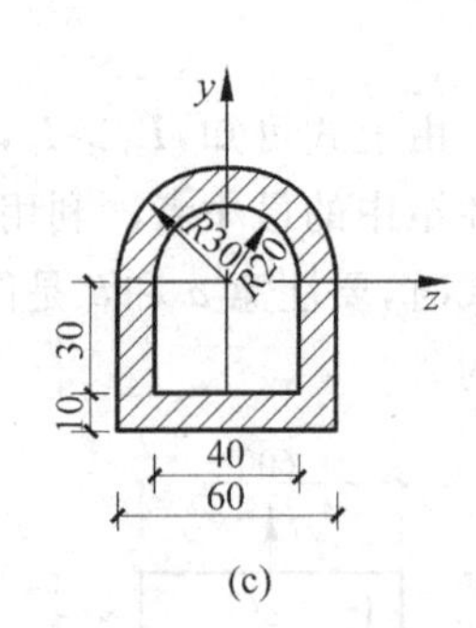

(c)

图　2-10

教学单元 3 轴向拉伸与压缩

扫描二维码下载
教学课件

掌握杆的轴力、应力、变形等概念；了解杆件轴向拉伸与压缩时内力和应力的分布情况，能够利用截面法绘制出杆件的轴力图和应力图，并确定出杆件的最大工作应力；能够利用胡克定律计算出杆件的变形量。

前面研究了物体在各种力系作用下的平衡条件，忽略物体的变形，将物体看作是刚体。而本教学单元将介绍结构或组成结构的各种构件在荷载作用下的变形和破坏规律，变形成为主要的研究内容。因此，不能再把物体视为刚体，而必须将其视为变形体。

物体在外力作用下产生变形，若将外力去掉，物体又完全恢复原来的形状，物体的这种变形，称为完全弹性变形。例如，我们拉一根弹簧，弹簧伸长，若用力不大把手松开后，弹簧恢复原状，这时的弹簧为完全弹性体。如果用力过大，松开手后，弹簧不完全恢复为原状，恢复原状的部分变形为弹性变形，而没有恢复原状的部分变形为塑性变形。本教学单元将研究构件在弹性范围内的小变形问题。

在工程结构中，构件在各种形式的外力作用下会产生多种变形，但这些变形总不外乎以下四种基本变形，或是几种基本变形的组合：

(1) 轴向拉伸或压缩变形；

(2) 剪切变形；

(3) 扭转变形；

(4) 弯曲变形。

3.1 轴向拉伸和压缩时的内力

3.1.1 轴向拉伸与压缩的概念

轴向拉伸与压缩是杆件受力的一种最简单、最基本的变形。在实际工程中，许多构件受到轴向拉伸和压缩的作用。

如图 3-1(a)所示的桁架中的拉杆和压杆；如图 3-1(b)所示的三角支架中，斜杆 BC 受到轴向拉力的作用，杆件沿轴线产生拉伸变形；横杆 AC 受到轴向压力的作用，杆件沿轴线产生压缩变形。另外，起吊重物的绳索、悬索桥的吊杆、千斤顶的顶杆等，都是拉伸和压缩的实例。

轴向拉(压)杆的受力特点：作用于杆件上的外力，其作用线与杆件轴线重合，都是轴向

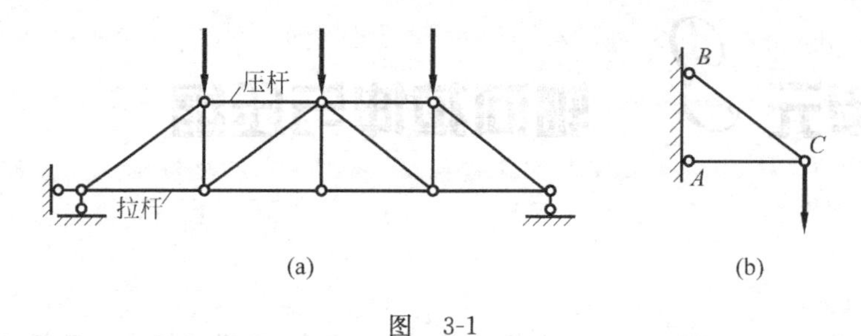

图 3-1

外力。

变形特点：杆件沿轴向方向伸长或缩短。

这种变形形式称为轴向拉伸或压缩，这类杆件称为拉(压)杆。

3.1.2 轴向拉(压)杆的内力及内力图

1. 内力的概念

物体在外力的作用下，内部质点与质点之间的相互作用叫内力。内力是由外力引起的，并随着外力的增大而增大。但对构件来说，内力的增大是有限度的，当内力超过限度时，构件就会发生破坏，所以研究构件的承载能力必须先分析其内力。

为计算出内力，通常采用的方法是：将杆件假想地切开以显示内力，并由平衡条件建立内力与外力间的关系或由外力确定内力的方法，称为截面法。截面法是分析杆件内力的最基本方法，截面法计算内力的具体步骤如下。

(1) 截开：将构件沿需要求内力的位置用假设截面截开，把构件分为两部分，取其中一部分为研究对象。

(2) 代替：画研究对象的受力图时，另一部分对研究对象的作用力用内力(力或力偶)来代替。

(3) 平衡：根据研究对象的平衡条件列平衡方程求解内力。

下面用截面法分析轴向拉(压)杆横截面上的内力。

2. 轴向拉(压)杆横截面上的内力及内力图

1) 轴力

如图 3-2(a)所示为一等截面直杆受轴向外力的作用，产生拉伸变形。现分析其任一截面 m—m 上的内力。用假设的截面在 m—m 截面处将直杆切成左、右两部分，取其中的一部分为研究对象(本例取左部分)，根据左部分处于平衡状态的条件，判断右部分对左部分的作用力，即右部分对研究对象的作用以截开面上的内力 $\boldsymbol{F}_{\mathrm{N}}$ 代替，其受力图见图 3-2(b)。根据平衡条件列平衡方程

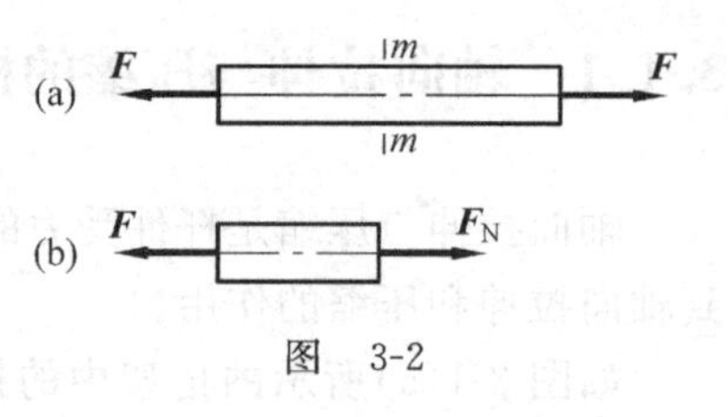

图 3-2

$$\sum F_x = 0,\quad F_{\mathrm{N}} - F = 0$$

$$F_{\mathrm{N}} = F$$

式中：F_{N}——杆件任一横截面 m—m 上的内力，内力的作用线与杆轴线重合，称为轴向内

力,简称轴力。通常用 F_N或 N 表示,计算时可先假设其为拉力。

轴力的正负号规定:拉力为正,压力为负。

在国际单位制中,轴力的单位是牛顿(N)或千牛顿(kN)。

【例 3-1】 如图 3-3(a)所示,直杆在各力的作用下处于平衡状态。求指定截面 1—1、2—2 处杆件的内力。

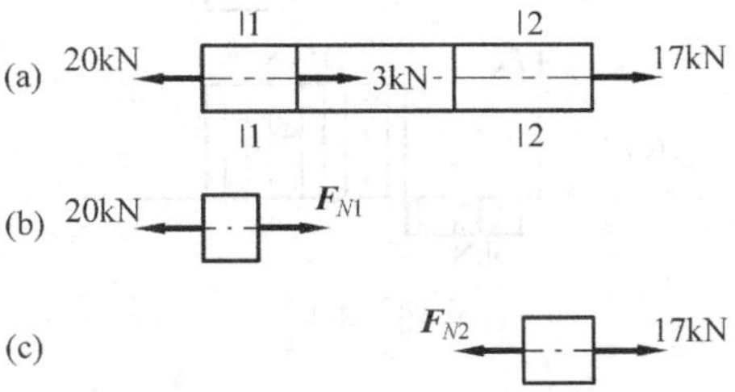

图　3-3

解:(1) 求截面 1—1 处杆件的轴力 F_{N1}。

用假设的截面在截面 1—1 处截开,取左部分为研究对象,设 1—1 截面处的杆件轴力为拉力,画出受力图,见图 3-3(b)。根据平衡条件列平衡方程

$$\sum F_x = 0, \quad F_{N1} - 20 = 0$$

$$F_{N1} = 20\text{kN} \quad (拉力)$$

(2) 求截面 2—2 处杆件的轴力 F_{N2}。

用假设的截面在截面 2—2 处截开,取右部分为研究对象,设 2—2 截面处的杆件轴力为拉力,画出受力图,见图 3-3(c)。根据平衡条件列平衡方程

$$\sum F_x = 0, \quad 17 - F_{N2} = 0$$

$$F_{N2} = 17\text{kN} \quad (拉力)$$

计算结果为正值,说明假设方向与实际方向相同。

2) 轴力图

描述沿杆长各横截面轴力变化规律的图形称为轴力图。以平行于杆轴线的坐标 x 表示杆件各横截面的位置,以垂直于杆轴线的坐标 F_N表示各横截面上轴力的大小,将各截面的轴力按一定比例在坐标系中找出并连线,就得到轴力图。轴力图可以形象地表示轴力沿杆长的变化情况,明显地找到最大轴力所在的位置和数值。

【例 3-2】 杆件受力图如图 3-4(a)所示。已知 $F_{P1}=15\text{kN}$,$F_{P2}=20\text{kN}$,忽略杆的自重,试画出杆的轴力图。

解:(1) 分段计算轴力。

按照外力的作用点将阶梯杆分为 AB 段和 BD 段。在 AB 段或 BD 段内,因无外荷载作用,所以轴力无变化,各截面轴力相等,求其中一个截面的轴力即可。

AB 段:　$\sum F_x = 0, \quad 15 - 20 - F_{N1} = 0, \quad F_{N1} = -5\text{kN}$　(压力)

BD 段:　$\sum F_x = 0, \quad 15 - F_{N2} = 0, \quad F_{N2} = 15\text{kN}$　(拉力)

(2) 画轴力图。

建立坐标系,将各截面的轴力按一定比例在坐标系中标出并连线得轴力图,见图 3-4(d)。

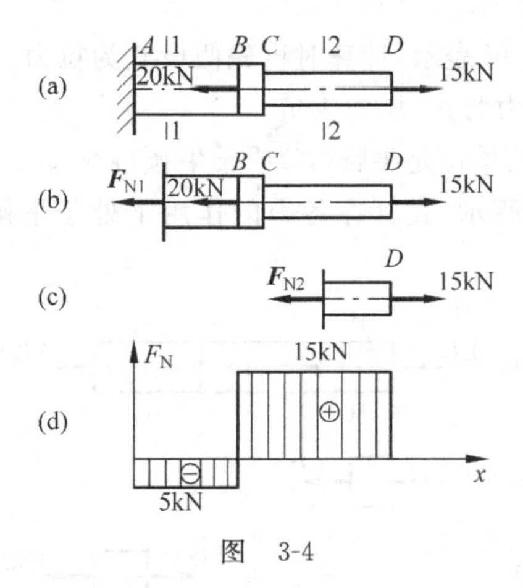

图 3-4

注意

画轴力图时要注意以下几点：

(1) 轴力图要与计算简图对齐。

(2) 图中的竖标表示相应位置截面轴力的大小，一定要与表示轴力的坐标轴平行，或与表示横截面位置的坐标轴垂直。

(3) 标明正负号和数值。在画轴力图时，可用一条基线表示横截面的位置，将正的轴力画在基线的一面，负的轴力画在基线的另一面。

3.2 轴向拉(压)杆横截面上的应力

3.2.1 应力的概念

在工程设计中，知道了杆件的内力，还不能解决杆件的强度问题。例如两根材料相同而粗细不同的杆件，承受着相同的轴向拉力，随着拉力的增加，细杆将首先被拉断，因为内力在小截面上分布的密集程度大。由此可见，判断杆件的承载能力还需要进一步研究内力在截面上分布的密集程度。

3.1 节介绍过物体在外力的作用下各质点之间的相互作用力称为内力，而物体某一点单位面积上的内力称为应力。对于轴向拉(压)杆，它反映了内力在横截面上的分布密度。与截面垂直的应力称为正应力，用 σ 表示。与截面相切的应力称为剪应力，用 τ 表示。

应力的单位是：帕(Pa)、千帕(kPa)、兆帕(MPa)、吉帕(GPa)。

$$1\text{Pa} = 1\text{N/m}^2$$

$$1\text{kPa} = 10^3\text{Pa}$$

$$1\text{MPa} = 1\text{N/mm}^2 = 10^6\text{Pa}$$

$$1\text{GPa} = 10^9\text{Pa}$$

3.2.2 轴向拉(压)杆横截面上的应力

为了确定轴向拉(压)杆横截面上的应力,可做一模拟试验。取一等直杆,如图 3-5 所示。

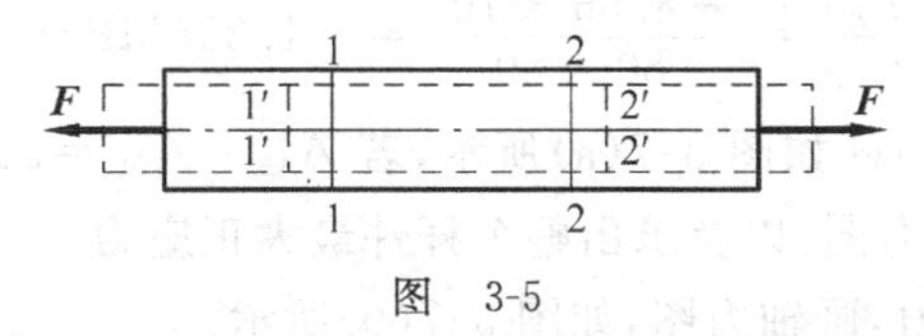

图 3-5

在其表面绘制 1—1、2—2 横向线以及许多纵向线,再在两端施加拉力使其产生拉伸变形,可观察到两个现象:①纵向线都伸长了,且伸长量相等;②横向线变形为 1′—1′、2′—2′后仍然是平行的直线,且与杆轴线垂直,只是相邻两横向线间的距离加大了。根据这些现象,可以做出平面假设:变形前是平面的横截面,变形后仍保持为平面,且垂直于杆轴线。

由平面假设,杆变形后两横截面沿杆轴线作相对平移,即杆的任意两横截面间纵向线段的变形是均匀的。由材料的均匀性假设及杆的应力与变形的线性关系可推知,杆在横截面上的分布内力(应力)是均匀分布的。即横截面上各点的正应力 σ 是相等的。

根据这一假设可以得出结论:轴向拉(压)杆横截面上只存在正应力 σ,且沿截面均匀分布。

既然正应力在横截面上均匀分布,设杆横截面面积为 A,横截面上轴力为 N,则拉(压)杆横截面上任意点的应力为

$$\sigma = \frac{N}{A} \tag{3-1}$$

正应力 σ 的正负号与轴力 N 的正负号相同。拉伸时正应力取正值,压缩时正应力取负值。

【例 3-3】 如图 3-6(a)所示铰接支架,AB 杆为 $d=15\text{mm}$ 的圆截面杆,BC 杆为 $a=80\text{mm}$ 的正方形截面杆,$F=5\text{kN}$,试计算各杆横截面上的应力。

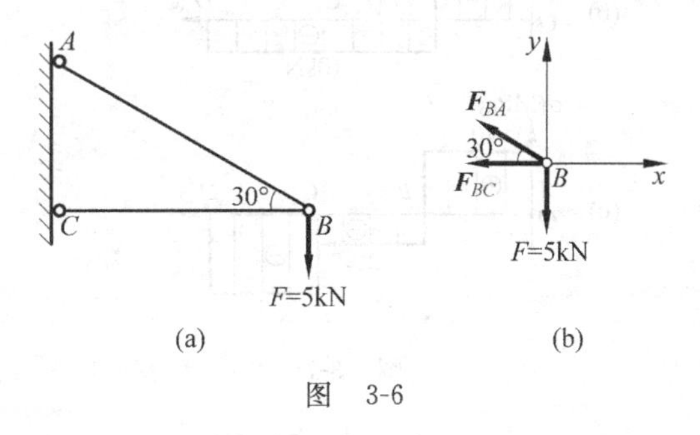

图 3-6

解:(1) 计算各杆的轴力。

取节点 B 为研究对象,画其受力图,如图 3-6(b)所示。由静力平衡条件得

$$\sum F_x = 0, \quad -F_{BA}\cos 30° - F_{BC} = 0$$

$$\sum F_y = 0, \quad F_{BA}\sin 30° - F = 0$$

求出

$$F_{BA} = 10\text{kN} \quad (拉)$$

$$F_{BC} = -8.66\text{kN} \quad (压)$$

(2) 计算各杆应力。

$$\sigma_{BA}=\frac{F_{BA}}{A_{BA}}=\frac{10\times10^{3}}{\frac{1}{4}\pi\times15^{2}}=56.62(\text{MPa})\quad(拉)$$

$$\sigma_{BC}=\frac{F_{BC}}{A_{BC}}=\frac{-8.66\times10^{3}}{80\times80}=-1.35(\text{MPa})\quad(压)$$

【例 3-4】 轴向拉(压)杆如图 3-7(a)所示,若 $A_{AB}=A_{BC}=500\text{mm}^2$,$A_{CD}=200\text{mm}^2$,求各杆段的正应力并绘制应力图,以及求出整个杆件最大正应力。

解:(1) 求出各段轴力,画轴力图,如图 3-7(b)所示。

(2) 求出各段应力。

AB 段:

$$\sigma_{AB}=\frac{F_{AB}}{A_{AB}}=\frac{20\times10^{3}}{500\times10^{-6}}=40(\text{MPa})\quad(拉)$$

BC 段:

$$\sigma_{BC}=\frac{F_{BC}}{A_{BC}}=\frac{-10\times10^{3}}{500\times10^{-6}}=-20(\text{MPa})\quad(压)$$

CD 段:

$$\sigma_{CD}=\frac{F_{CD}}{A_{CD}}=\frac{-10\times10^{3}}{200\times10^{-6}}=-50(\text{MPa})\quad(压)$$

(3) 画应力图,如图 3-7(c)所示。

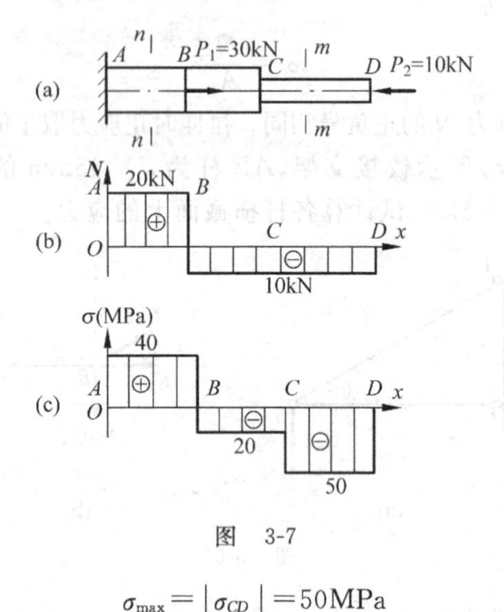

图 3-7

所以 $\sigma_{\max}=|\sigma_{CD}|=50\text{MPa}$

3.3 轴向拉(压)杆的变形、泊松比和胡克定律

杆件在轴向拉伸或压缩时,产生的主要变形是沿轴线方向上的伸长或缩短,同时杆的横向尺寸也有缩小或增大。下面讨论拉(压)杆的变形特点。

3.3.1 纵向变形

杆件在轴向拉(压)变形时长度的改变量称为纵向变形,用 Δl 表示,若杆件原来长度为 l,变形后长度为 l_1,则纵向变形为

$$\Delta l = l_1 - l$$

如图 3-8(a)所示,拉伸时纵向变形 Δl 为正值;如图 3-8(b)所示,压缩时纵向变形 Δl 为负值。纵向变形单位是米(m)或毫米(mm)。纵向变形只反映杆件的总变形量,它并不能确切表明杆件的局部变形程度,下面用单位长度内的纵向变形来反映杆件各处的变形程度,称为纵向线应变或应变,用 ε 表示。即

$$\varepsilon = \frac{\Delta l}{l} \tag{3-2}$$

纵向线应变的正负号与 Δl 相同。拉伸时为正值,压缩时为负值。纵向线应变应是无量纲的量。

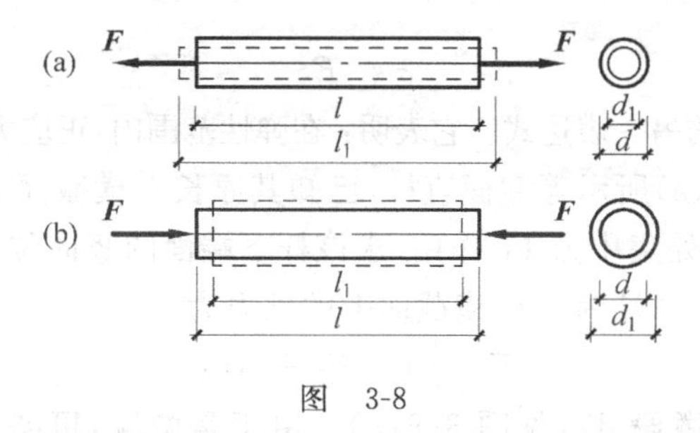

图 3-8

3.3.2 横向变形

杆件在轴向拉(压)变形时,横向尺寸的改变量称为横向变形。若杆件原横向尺寸(直径)为 d,变形后的横向尺寸(直径)为 d_1,则

$$\Delta d = d_1 - d$$

横向线应变

$$\varepsilon' = \frac{\Delta d}{d} \tag{3-3}$$

横向变形、横向线应变的正负号与纵向变形、纵向线应变的正负号正好相反,拉伸时为负值,压缩时为正值。

3.3.3 泊松比

实验表明,当杆件的变形在弹性范围内时,材料的横向线应变 ε' 和纵向线应变 ε 的比值的绝对值是一个常数,称为材料的横向变形系数或泊松比,用 μ 表示,即

$$\mu = \left|\frac{\varepsilon'}{\varepsilon}\right| \quad 或 \quad \varepsilon' = -\mu\varepsilon \tag{3-4}$$

3.3.4 胡克定律

实验表明，在弹性限度内，杆的纵向变形 Δl 与杆的轴力 N、杆的原长 l 成正比，而与杆的横截面面积 A 成反比，即

$$\Delta l \propto \frac{Nl}{A}$$

引进比例系数 E，则有

$$\Delta l = \frac{Nl}{EA} \tag{3-5}$$

式中：E——材料的拉(压)弹性模量，它反映材料抵抗拉压变形的能力，其单位与应力的单位相同，其数值随材料而异，可由试验确定；

EA——杆件的抗拉压刚度，它反映了杆件抵抗拉压变形的能力。

式(3-5)就是胡克定律的表达式。

将式(3-5)变换后得

$$\sigma = E\varepsilon \tag{3-6}$$

式(3-6)是胡克定律的另一表达式。它表明：在弹性范围内，正应力与纵向线应变成正比。

【例 3-5】 如图 3-9(a)所示等截面直杆，已知其原长 l，横截面 A，材料的容重 γ，弹性模量 E，受杆件自重和下端处集中力 $\boldsymbol{F}_{\mathrm{P}}$ 作用，求该杆下端面的竖向位移。

解：见图 3-9(b)，距 B 端为 x 处横截面上的轴力为

$$F_{\mathrm{N}}(x) = F_{\mathrm{P}} + A\gamma x$$

距 B 端为 x 处取一微段 $\mathrm{d}x$，见图 3-9(c)。由于是微段，可略去两端面内力的微小差值，则微段的变形为

$$\mathrm{d}\Delta l = \frac{F_{\mathrm{N}}(x)\mathrm{d}x}{EA}$$

积分得全杆的变形即为 B 端的竖向位移。

$$\Delta l = \int_0^l \mathrm{d}\Delta l = \int_0^l \frac{F_{\mathrm{N}}(x)}{EA}\mathrm{d}x = \int_0^l \frac{F_{\mathrm{P}} + A\gamma x}{EA}\mathrm{d}x = \frac{F_{\mathrm{P}}l}{EA} + \frac{\gamma l^2}{2E} \quad (\downarrow)$$

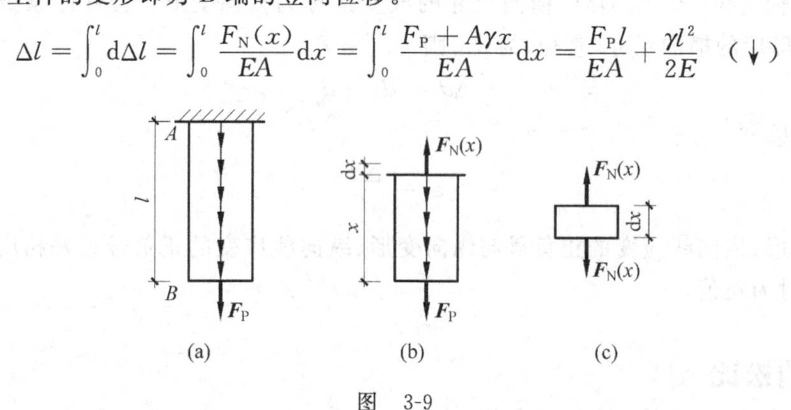

图 3-9

【例 3-6】 阶梯状直杆受力如图 3-10 所示，试求杆的总变形量。已知其横截面面积分别为 $A_{CD}=300\mathrm{mm}^2$，$A_{AB}=A_{BC}=500\mathrm{mm}^2$，$E=200\mathrm{GPa}$。试求杆的总变形量。

解：在例 3-4 中，已经绘制出直杆的轴力图和应力图，并求得直杆的最大正应力。本例可直接计算各杆段的变形量。

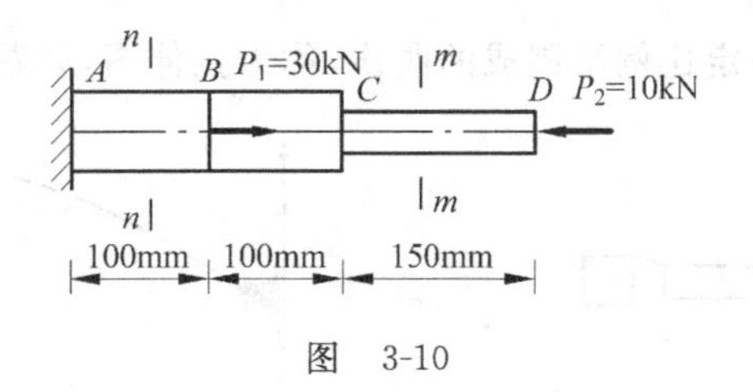

图 3-10

由于杆内轴力、面积有变化,所以用公式 $\Delta l=\dfrac{Nl}{EA}$ 计算杆长度的变形量时,应按 N、E、A 的变化情况分段分别计算每段长度的变形量,最后求代数和,即得全杆长度的变形量。

$$\Delta l_{BC}=\frac{F_N^{BC}l_{BC}}{EA_{BC}}=\frac{-10\times10^3\times0.1}{200\times10^9\times500\times10^{-6}}=-1\times10^{-5}(\mathrm{m})$$

$$\Delta l_{AB}=\frac{F_N^{AB}l_{AB}}{EA_{AB}}=\frac{20\times10^3\times0.1}{200\times10^9\times500\times10^{-6}}=2\times10^{-5}(\mathrm{m})$$

$$\Delta l_{CD}=\frac{F_N^{CD}l_{CD}}{EA_{CD}}=\frac{-10\times10^3\times0.15}{200\times10^9\times300\times10^{-6}}=-2.5\times10^{-5}(\mathrm{m})$$

计算直杆的总变形量

$$\Delta l=\Delta l_{AB}+\Delta l_{BC}+\Delta l_{CD}=(2-1-2.5)\times10^{-5}=-0.015(\mathrm{mm})$$

负号表示整个杆缩短了 0.015mm。

3.4 材料在拉伸和压缩时的力学性能

材料受外力后所表现出来的强度和变形方面的性质称为材料的力学性质。例如前面所涉及的弹性模量、泊松比等。材料的力学性质是根据材料的拉伸、压缩试验来测定的。工程中使用的材料种类很多,习惯上根据试件在拉伸时塑性变形的大小区分为塑性材料和脆性材料两类。如低碳钢、低合金钢、铜等为塑性材料;如砖、混凝土、铸铁等为脆性材料。这两类材料的力学性能有明显的差别。

由于低碳钢在塑性材料中具有代表性,而铸铁在脆性材料中具有代表性,下面将主要介绍这两种材料的拉伸、压缩试验。

3.4.1 低碳钢拉伸时的力学性质

低碳钢拉伸试验是在常温、静载的条件下进行的。拉伸试验是研究材料的力学性质时最常用的试验。为便于比较试验结果,试验时采用国家规定的标准试件,如图 3-11 所示。试件的工作段长度(称为标距)l 与截面直径 d 的比例规定为:$l=5d$ 或 $l=10d$;如截面为矩形,截面面积为 A,则 $l=11.3\sqrt{A}$ 或 $l=5.65\sqrt{A}$。

1. 应力—应变图

将低碳钢的标准试件夹在万能试验机上,开动试验机后,试件受到由零缓慢增加的拉力 F,并同时发生变形。在试验机上可以读出试件所受拉力 F 的大小,以及相应的纵向伸长 Δl,并间隔性地记录下 F 和 Δl 的值,直至试件拉断为止。以拉力 F 为纵坐标,Δl 为横坐标，将 F 和 Δl 的关系按一定比例绘制成的曲线，称为拉伸图，如图 3-12 所示。

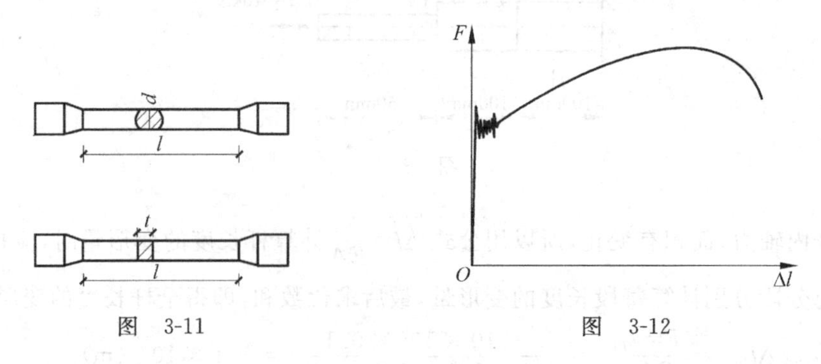

图 3-11　　图 3-12

由于荷载 F 和 Δl 的对应关系与试件尺寸有关，为了消除这一影响，反映材料本身的力学性质，将纵坐标 F 改为正应力 $\sigma=\dfrac{N}{A}$，横坐标 Δl 改为线应变 $\varepsilon=\dfrac{\Delta l}{l}$。于是，拉伸图就变成如图 3-13 所示的应力—应变图。

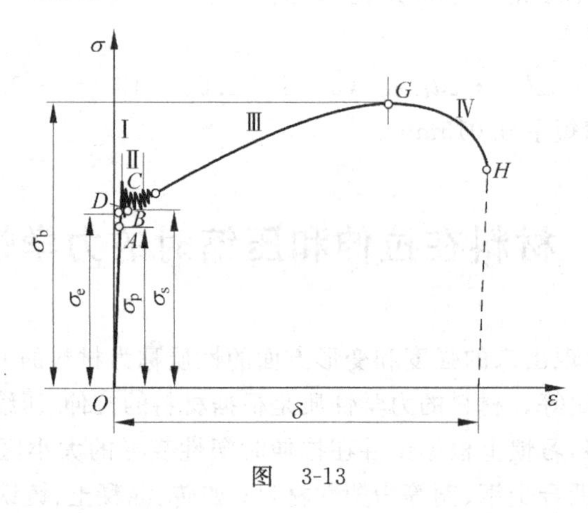

图 3-13

2. 拉伸过程的四个阶段

低碳钢的拉伸过程可分为四个阶段（Ⅰ～Ⅳ），现根据应力—应变图来说明各阶段中出现的力学性能。

(1) 弹性阶段（图 3-13 中的 OB 段）：在此阶段内如果把荷载逐渐卸载至零，则试件的变形完全消失，可见这一阶段，变形是完全弹性的，因此称为弹性阶段。这一阶段的最高点 B 对应的应力称为弹性极限，用 σ_e 表示。

图 3-13 中的 OA 为直线，表明 σ 和 ε 成正比，A 点对应的应力值称为比例极限，用 σ_P 表示。常用的 Q_{235} 钢，其比例极限 $\sigma_P=200\text{MPa}$。

当应力不超过比例极限 σ_P 时，σ 和 ε 成正比，直线 OA 的斜率即为材料的弹性模量 E。即

$$\tan\alpha=\frac{\sigma}{\varepsilon}=E$$

图 3-13 中可看出 AB 段微弯，不再是直线，说明 AB 段内，σ 和 ε 不再成正比，即材料不满足胡克定律，但变形仍然是完全弹性。由于 A、B 两点非常接近，在实际工程应用中对 σ_P

和 σ_e 未加严格区分，认为在弹性内应力与应变成正比。

(2) 屈服阶段(图 3-13 中的 BC 段)：当应力超过 B 点对应值以后，应变迅速增加，而应力在很小的范围内波动，其图形上出现了接近水平的锯齿形阶段 BC，这一阶段称为屈服阶段，屈服阶段的最低点 D 所对应的应力称为屈服极限，用 σ_s 表示。在此阶段材料失去了抵抗变形的能力，产生显著的塑性变形。应力和应变不再呈线性关系，胡克定律不再适用。如果试件表面光滑，这时，可以看到试件表面出现与试件轴线大约成 45°的斜线，称为滑移线，如图 3-14 所示。这是由于在 45°斜面上存在最大剪应力，造成材料内部晶粒之间相互滑移所致。

(3) 强化阶段(图 3-13 中的 CG 段)：经过屈服阶段后，材料又恢复了抵抗变形的能力，此时，增加荷载才会继续变形，这个阶段称为强化阶段。强化阶段最高点 G 对应的应力称为强度极限，用 σ_b 表示。它是材料所能承受的最大应力。

(4) 颈缩阶段(图 3-13 中的 GH 段)：当应力达到强度极限后，试件在某一薄弱处横截面尺寸急剧减小，出现“颈缩”现象，如图 3-15 所示。此时，试件继续变形所需的拉力相应减少，达到 H 点，试件被拉断。

图 3-14　　　　图 3-15

3. 强度指标

(1) 当材料的应力达到屈服极限 σ_s 时，杆件虽未断裂，但产生了显著的变形，影响到构件的正常使用，所以屈服极限 σ_s 是衡量材料强度的一个重要指标。

(2) 材料的应力达到强度极限 σ_b 时，出现“颈缩”现象并很快断裂，所以，强度极限 σ_b 也是衡量材料强度的一个重要指标。

4. 塑性指标

试件拉断后，弹性变形消失，残留下塑性变形。试件标距由 l 变为 l_1，断口处的横截面积由原来的 A 变为 A_1，则工程中反映材料塑性的两个塑性指标分别为

延伸率：

$$\delta = \frac{l_1 - l}{l} \times 100\% \tag{3-7}$$

截面收缩率：

$$\psi = \frac{A - A_1}{A} \times 100\% \tag{3-8}$$

工程中常把 $\delta > 5\%$ 的材料称为塑性材料；把 $\delta < 5\%$ 的材料称为脆性材料。

5. 冷作硬化

在拉伸试验中，当应力达到强化阶段任一点 b 时，逐渐卸载至零，则可以看到，荷载和变形仍保持直线关系，且卸载直线 cb 基本上与弹性阶段的 Oa 平行，如图 3-16 所示，b 点对应的总变形为 $\Delta l_p + \Delta l_e$，回到 c 点后，弹性变形 Δl_e 消失，余留部分 Δl_p 为塑性变形。

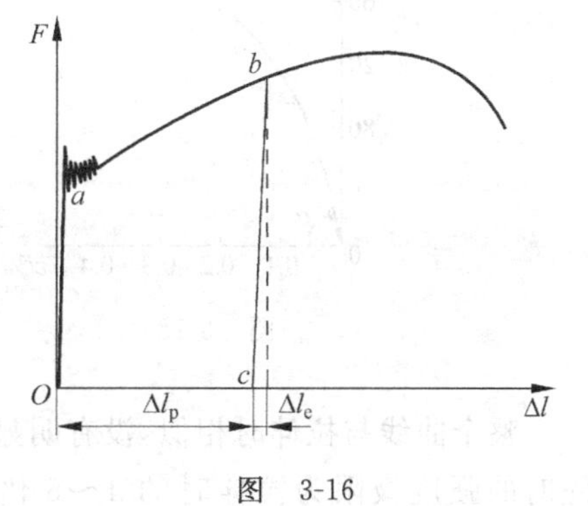

图 3-16

如果卸载后重新加载，则荷载与变形曲线将大致

沿着卸载时的同一直线 cb 上升到 b 点，b 点以后的曲线与原来的 $F—\Delta l$ 曲线相同。由此可见卸载后再加载，材料的比例极限与屈服极限都得到了提高，而塑性降低，这种现象称为冷作硬化。工程中常利用冷作硬化来提高钢筋的强度，达到节约钢材的目的。

3.4.2 低碳钢压缩时的力学性能

低碳钢压缩试件一般采用圆柱体，高为直径的 1.5～3 倍。低碳钢压缩时的应力—应变图如图 3-17 所示，虚线为拉伸试验的应力—应变图。比较两者，可以看出，在屈服阶段以前，低碳钢拉伸与压缩的应力—应变曲线基本重合，两者的比例极限、屈服极限、弹性模量均相同。过了屈服极限后，试件出现了显著的塑性变形，越压越扁，由于上下压板与试件之间的摩擦力约束了试件两端的变形，试件被压成了鼓形。随着压力增加，其受压面积也增加，试件只压扁而不破坏。因此，不能测出强度极限。

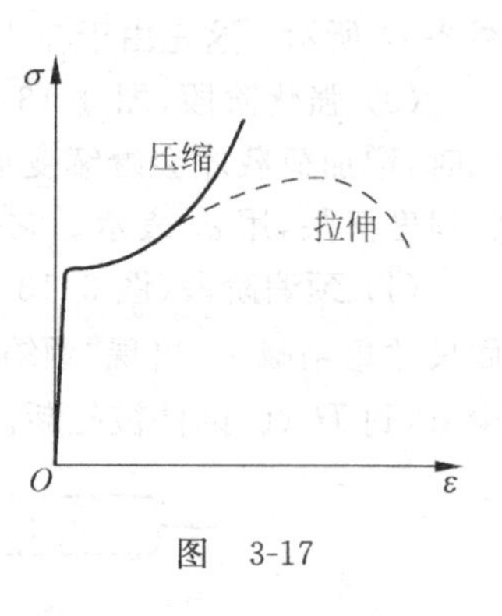

图 3-17

3.4.3 铸铁的拉伸和压缩试验

1. 铸铁的拉伸试验

将铸铁的标准拉伸试件按低碳钢拉伸试验同样的方法进行测验，得到铸铁拉伸的应力—应变图，如图 3-18 所示。图中没有明显的直线部分，没有屈服阶段和“颈缩”现象。拉断时应变很小，为 0.4%～0.5%，断裂时的应力就是强度极限，是脆性材料衡量强度的唯一指标。在工程计算中通常以产生 0.1%的总应变所对应的曲线的割线斜率来表示材料的弹性模量，即 $E=\tan\alpha$。

2. 铸铁的压缩试验

图 3-19 所示是铸铁压缩时的应力—应变曲线。

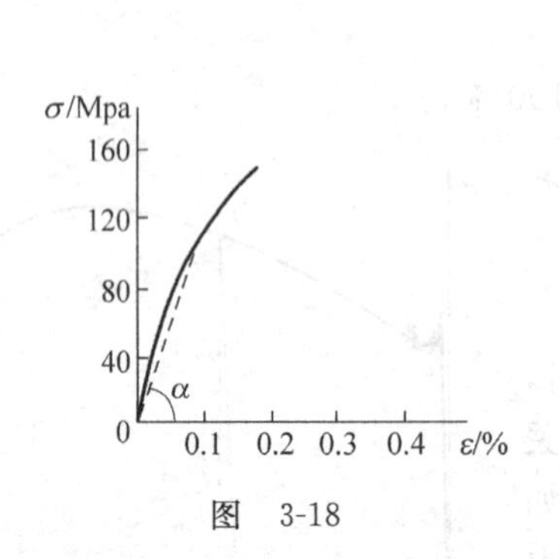

图 3-18

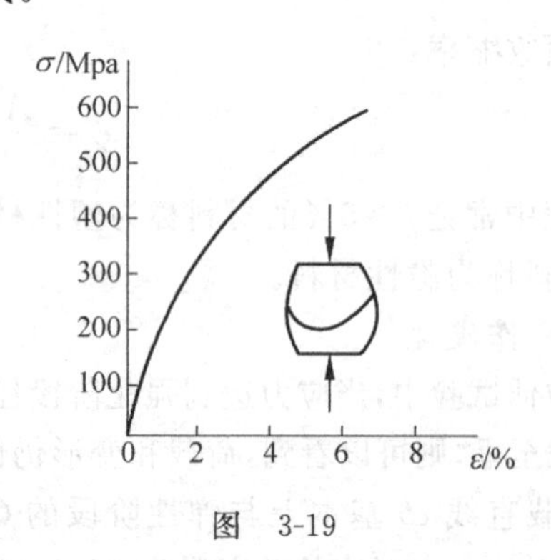

图 3-19

整个曲线与拉伸时相似，没有明显的屈服阶段。但压缩时塑性变形比较明显。铸铁压缩时的强度极限为拉伸时的 4～5 倍。破坏时不同于拉伸时沿横截面，而是沿与轴线成

45°～55°的斜截面破坏。这说明铸铁的抗剪能力低于抗压能力，其压缩破坏是由于抗剪强度低而造成的。由于脆性材料的抗压能力比抗拉能力强，通常用作受压构件，例如基础、墩台、柱、墙体等。

3.5 拉(压)杆的强度条件及应用

3.5.1 许用应力与安全系数

构件受到荷载作用后，截面上所产生的应力称为工作应力。工作应力随外力的增加而增加。对于某种材料制成的构件而言，工作应力的增加是有限度的，当工作应力超过一定的限度时，构件就会破坏。引起构件破坏时的应力称为极限应力，用 σ^0 表示。

为了确保构件能安全正常地使用，必须给构件以必要的安全储备。因此，规定将极限应力 σ^0 缩小至原值的$\frac{1}{K}$作为衡量材料承载能力的依据，称为许用应力，用$[\sigma]$表示。即

$$[\sigma]=\frac{\sigma^0}{K} \tag{3-9}$$

式中：K 为大于 1 的系数，称为强度安全系数，其数值由各设计规范规定。

3.5.2 轴向拉(压)杆的强度条件

为了保证杆件安全可靠，杆内最大工作应力不得超过材料的许用应力，即

$$\sigma_{\max}=\frac{N}{A}\leqslant[\sigma] \tag{3-10}$$

式(3-10)为拉(压)杆的强度条件。

根据强度条件，可以解决工程实际中有关强度的三类问题。

(1) 校核强度。已知荷载、构件截面尺寸及材料的许用应力，则可直接按式(3-10)对构件作强度校核。

(2) 设计截面尺寸。已知荷载、材料的许用应力，根据式(3-10)可确定构件的截面面积，进而确定截面尺寸。

(3) 计算许可荷载。已知构件截面尺寸及材料的许用应力，可由强度条件计算出构件所能承受的最大轴力，进而确定许可荷载。

【例 3-7】 用绳索起吊钢筋混凝土预制板，如图 3-20(a)所示。板重 $G=10\text{kN}$，绳索的直径 $d=40\text{mm}$，许用应力$[\sigma]=10\text{MPa}$，试校核绳索的强度。

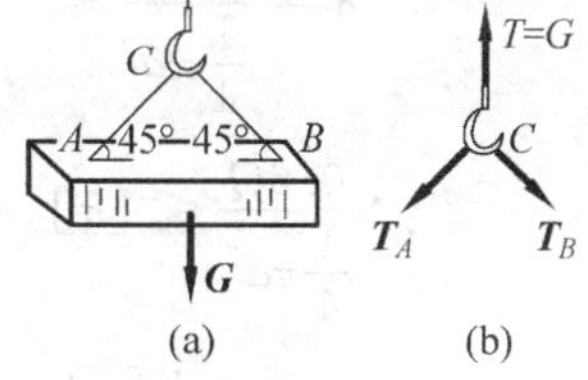

图 3-20

解：(1) 取吊钩为研究对象，受力图如图 3-20(b)所示，则

$$\sum F_x=0,\quad T_B\cos45^\circ-T_A\cos45^\circ=0$$

$$\sum F_y=0,\quad T-T_A\sin45^\circ-T_B\sin45^\circ=0$$

$$T=G=10\text{kN}$$

求出 $T_A=T_B=7.07\text{kN}$

(2) 校核强度。绳索内最大工作应力为

$$\sigma = \frac{T_A}{A} = \frac{7.07 \times 10^3}{\frac{1}{4}\pi \times 40^2} = 5.63(\text{MPa}) < [\sigma]$$

所以，绳索满足强度条件。

【例 3-8】 图 3-21 所示为一轴心受压柱的基础。已知轴心压力 $F_P = 500\text{kN}$，基础埋深 $H = 1.8\text{m}$，基础和土的平均容重 $\gamma = 19.6\text{kN/m}^3$，地基土的许用应力 $[\sigma] = 0.2\text{MPa}$，试计算基础所需底面积。

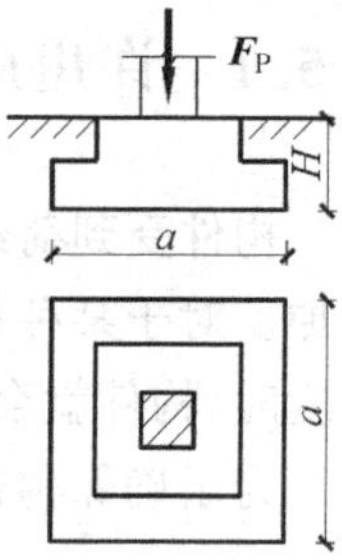

解：基础底面积所承受的压力为柱子传来的压力 F_P 和基础的自重 $G = \gamma HA$。根据强度条件

$$\sigma = \frac{F_P + G}{A} = \frac{F_P + \gamma HA}{A} \leqslant [\sigma]$$

$$\frac{F_P}{a^2} + \gamma H \leqslant [\sigma]$$

$$a \geqslant \sqrt{\frac{F_P}{[\sigma] - \gamma H}} = \sqrt{\frac{500 \times 10^3}{0.2 - 19.6 \times 1.8 \times 10^{-3}}} = 1742.25(\text{mm})$$

图 3-21

取 $a = 1750\text{mm}$，则 $A = a^2 = 1750^2 = 3062500(\text{mm}^2) = 3.0625(\text{m}^2)$。

【例 3-9】 图 3-22 所示起重机的 BC 杆由钢丝绳 AB 拉住，钢丝绳直径 $d = 25\text{mm}$，$[\sigma] = 160\text{MPa}$，试求起重机的最大起重量。

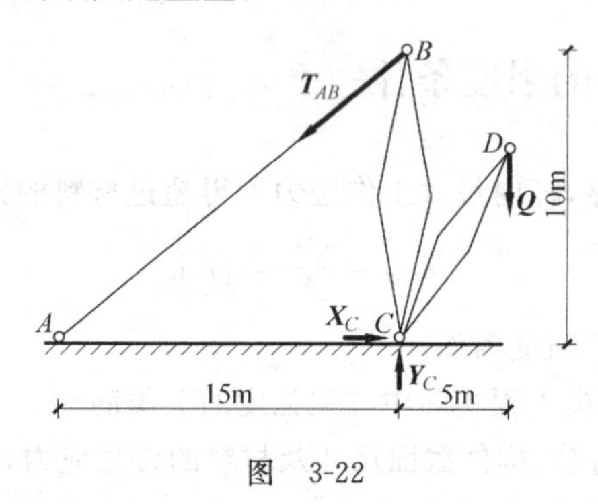

图 3-22

解：(1) 取 BCD 为研究对象，如图 3-22 所示，则

$$\sum M_C(\boldsymbol{F}_i) = 0, \quad -Q \times 5 + T_{AB} \times \frac{15}{\sqrt{15^2 + 10^2}} \times 10 = 0$$

$$T_{AB} = 0.6Q$$

(2) 根据强度条件

$$\sigma = \frac{T_{AB}}{\frac{1}{4}\pi d^2} \leqslant [\sigma]$$

$$\frac{0.6Q}{\frac{1}{4}\pi d^2} \leqslant [\sigma]$$

$$Q \leqslant \frac{\pi d^2 [\sigma]}{4 \times 0.6} = \frac{\pi \times 25^2 \times 160}{4 \times 0.6} = 130.83 \times 10^3(\text{N}) = 130.83(\text{kN})$$

所以，起重机的最大起重量为 130.83kN。

单 元 习 题

3-1　计算图 3-23 中各杆 1—1、2—2、3—3 截面的轴力。

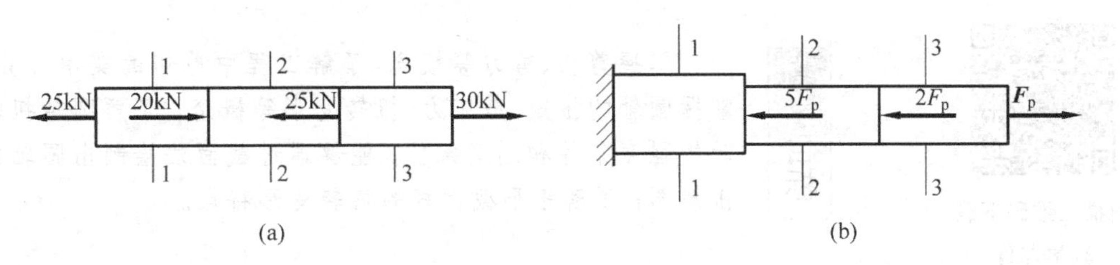

图　3-23

3-2　画出图 3-24 中各杆的轴力图。

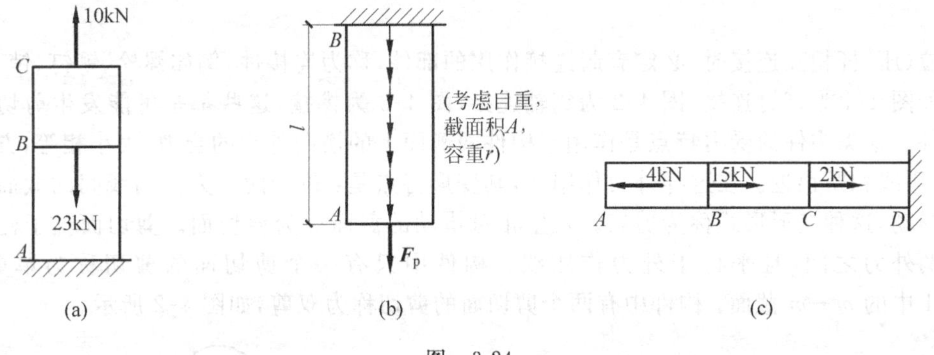

图　3-24

3-3　计算图 3-25 所示杆件各段横截面上的正应力并绘制出应力图；计算杆的纵向总变形 Δl 力（材料的弹性模量为 E）。

3-4　阶梯圆杆受力如图 3-26 所示，已知 $d_1=30\text{mm}$，$d_2=20\text{mm}$；材料的弹性模量 $E=200\text{GPa}$。试求：(1)杆的轴力图；(2)杆的应力图；(3)杆的最大正应力；(4)杆的总变形。

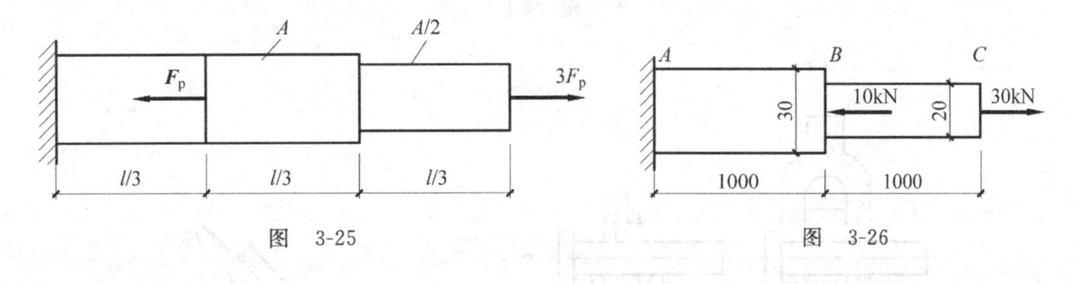

图　3-25　　　　图　3-26

教学单元 4 剪切与扭转

扫描二维码下载教学课件

掌握剪切、剪力等概念，了解工程中剪切的实用计算；掌握圆轴的扭矩、剪应力、扭转变形等概念；了解圆轴扭转时的强度条件和刚度条件；能够通过截面法绘制出圆轴的扭矩图；了解矩形截面杆的扭转变形特点。

4.1 剪切与挤压

拉(压)杆相互连接时，必定有起连接作用的部件，称为连接件，例如螺栓、铆钉、销、榫头等。如图 4-1 为铆钉连接，图 4-2 为销轴连接，图 4-3 为榫接，这些都是可能发生剪切变形的构件。这类构件的受力特点是作用于构件两侧面上的横向外力的合力，大小相等，方向相反，作用线相距很近。在这样外力作用下，其变形特点是：位于两外力作用线间的截面发生相对错动，这种变形形式称为剪切。发生相对错动的截面称为剪切面。剪切面位于构成剪切的两外力之间，且平行于外力作用线。构件中只有一个剪切面的剪切称为单剪，如图 4-1 中的 $m—m$ 截面；构件中有两个剪切面的剪切称为双剪，如图 4-2 所示。

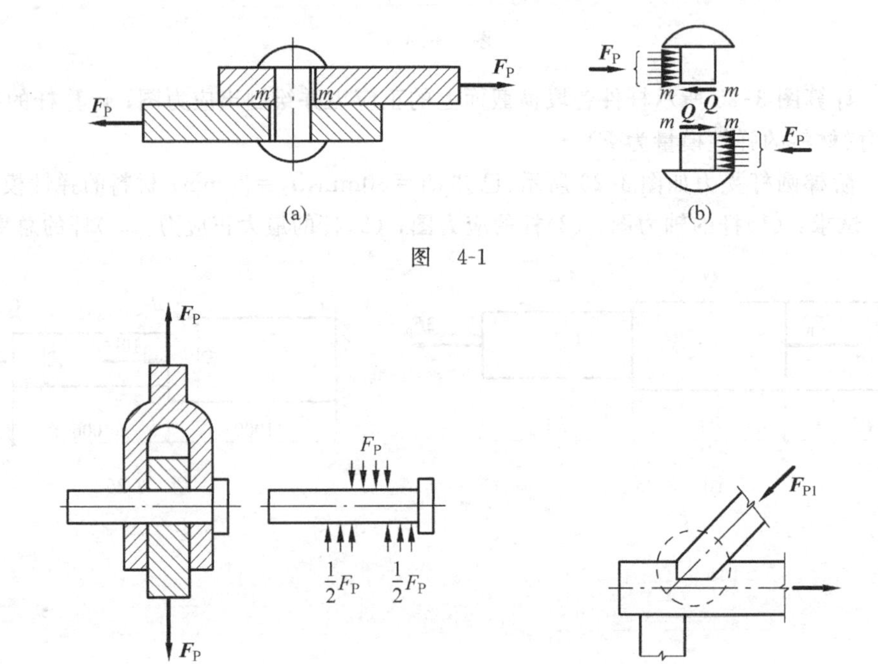

图 4-1

图 4-2

图 4-3

4.1.1 剪切及剪切实用计算

如图 4-1(a)所示，当两块钢板受拉时，螺栓受到钢板传来的两组横向力，每组力的合力等于 F_P。螺栓在这样大小相等、方向相反、作用线平行又很接近的两组力作用下，将会沿剪切面 $m—m$ 发生剪切变形。现用截面法分析剪切面上的内力，沿 $m—m$ 截面将螺栓切成两部分，取其中的上半部分为研究对象，画受力图，见图 4-1(b)。由平衡条件可知，剪切面上存有与外力大小相等，方向相反，且平行于截面的内力，称为剪力，用 Q 表示。

由 $$\sum F_x = 0,\quad -Q + F_P = 0$$

得 $$Q = F_P$$

剪力 Q 在剪切面上的分布集度称为剪应力，用 τ 表示。剪应力在剪切面上的分布较复杂，在实际计算中假定剪应力在剪切面上均匀分布，则

$$\tau = \frac{Q}{A} \tag{4-1}$$

为了保证受剪构件安全正常地工作，剪切面上的剪应力不得超过许用剪切应力，即得剪切强度条件为

$$\tau = \frac{Q}{A} \leqslant [\tau] \tag{4-2}$$

式中：A——剪切面积；

$[\tau]$——材料的许用剪切应力，$[\tau]$可从相关手册或规范中查得。

与轴向拉、压强度条件一样，根据剪切强度条件也可以解决 3 类问题：剪切强度校核、剪切面尺寸的选择、确定连接件的许可荷载。

4.1.2 挤压及挤压实用计算

连接件除了有剪切破坏外，还伴随有挤压现象。如图 4-4(a)所示的铆钉连接中，钢板的圆孔可能被挤压成椭圆形或螺栓的侧表面被压溃。这种在接触面上传递压力而产生局部变形的现象叫挤压。接触面的面积称为挤压面，如图 4-4(b)所示。作用于挤压面上的压力称为挤压力，用 $\boldsymbol{F}_{pc}$ 表示。

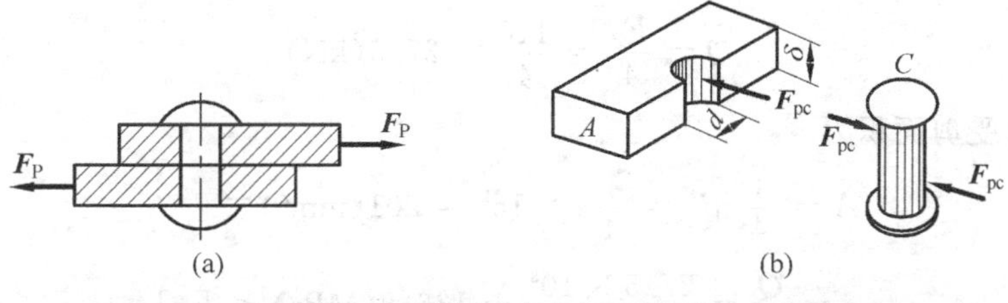

图 4-4

挤压力在接触面上的分布集度称为挤压应力，用 σ_c 表示。挤压应力在挤压面上的分布较复杂，实用计算中假定挤压应力在挤压面上均匀分布，则

$$\sigma_c = \frac{F_{pc}}{A_c}$$

A_c 为挤压面的计算面积，当挤压面为平面时，A_c 直接用接触面的面积；当接触面为半圆柱面时，取圆柱体的直径平面面积。如图 4-4(b)所示，$A_c = d\delta$。

为了保证挤压面有足够的挤压强度。挤压应力不得超过许用挤压应力，即挤压强度条件为

$$\sigma_c = \frac{F_{pc}}{A_c} \leqslant [\sigma_c] \tag{4-3}$$

式中：$[\sigma_c]$——材料的许用挤压应力，可从有关手册或规范中查得。

可见，对于连接件，必须同时进行剪切和挤压强度验算。另外，用螺栓或铆钉连接的杆件，由于螺栓孔削弱了截面面积，还应该对截面削弱处进行抗拉强度校核。

【例 4-1】 试校核图 4-5 所示连接件的强度。已知拉力 $F_P = 110\text{kN}$，铆钉直径 $d = 16\text{mm}$，钢板厚度 $t = 10\text{mm}$，钢板宽度 $b = 86\text{mm}$，钢板和铆钉的材料相同，其许用剪切应力 $[\tau] = 140\text{MPa}$，许用挤压应力 $[\sigma_c] = 320\text{MPa}$，许用拉应力 $[\sigma] = 180\text{MPa}$。

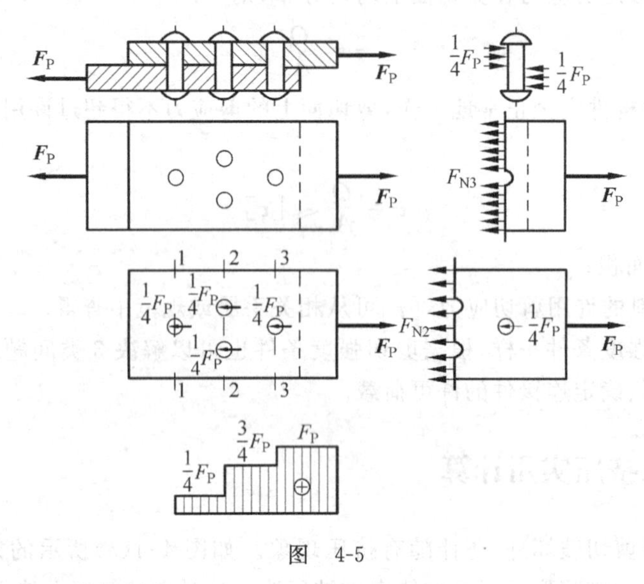

图 4-5

解：(1) 铆钉的剪切强度校核。

取一个铆钉为研究对象，其受力图如图 4-5 所示。假设每个铆钉的剪切变形相同，则每个铆钉所受的剪力为

$$Q = \frac{F_P}{4} = \frac{110}{4} = 27.5(\text{kN})$$

每个铆钉受剪面积为

$$A = \frac{1}{4}\pi d^2 = \frac{1}{4}\pi \times 16^2 = 201(\text{mm}^2)$$

$$\tau = \frac{Q}{A} = \frac{27.5 \times 10^3}{201} = 136.8(\text{MPa}) < [\tau]$$

所以铆钉的剪切强度满足。

(2) 铆钉的挤压强度校核。

每个铆钉与钢板接触处的挤压力为

$$F_{pc} = \frac{F_P}{4} = \frac{110}{4} = 27.5(\text{kN})$$

挤压面的计算面积为

$$A_c = dt = 16 \times 10 = 160(\text{mm}^2)$$

根据挤压强度条件

$$\sigma_c = \frac{F_{pc}}{A_c} = \frac{27.5 \times 10^3}{160} = 171.9(\text{MPa}) < [\sigma_c]$$

可见挤压强度满足。

(3) 校核钢板的抗拉强度。

两块钢板受力和开孔情况相同,分析一块钢板即可。取上面一块钢板为研究对象,画其受力图。如图 4-5 所示,1—1 截面和 3—3 截面都只有一个孔,受拉面积相同,但 3—3 截面轴力较大所以 1—1 截面不必进行强度计算。2—2 截面有两个孔,面积和轴力都与 3—3 截面不同,也需对此受拉面进行强度计算。

截面 3—3 $F_{N3} = F_P$

$$\sigma_{3-3} = \frac{F_P}{(b-d)t} = \frac{110 \times 10^3}{(86-16) \times 10} = 157.1(\text{MPa}) < [\sigma]$$

截面 2—2 $F_{N2} = F_P - \frac{1}{4}F_P = \frac{3}{4}F_P$

$$\sigma_{2-2} = \frac{\frac{3}{4}F_P}{(b-2d)t} = \frac{\frac{3}{4} \times 110 \times 10^3}{(86-2 \times 16) \times 10} = 152.8(\text{MPa}) < [\sigma]$$

所以,钢板满足抗拉强度。

经过校核,整个连接件满足强度要求。

4.2 扭转概述

在日常生活和工程实际中,经常会遇到以扭转为主要变形的物体。例如汽车的方向盘(图 4-6),驾驶员转动方向盘时,相当于在转向轴的 A 端施加一作用面与转向轴垂直的力偶,与此同时,转向轴的 B 端受到来自转向器的阻抗力偶的作用,在这两个力偶作用下,位于两个力偶间的转向轴产生了扭转变形。又如用螺丝刀拧紧螺丝时的螺丝刀杆(图 4-7),通过手柄在螺丝刀上端施加一个主动力偶,在螺丝刀下端螺丝对刀杆作用一个阻抗力偶,处于两力偶作用的刀杆各截面均绕刀杆轴线发生相对转动。这些物体都以扭转为主要变形,其他变形为次要变形。工程中常把以扭转变形为主要变形的圆形杆件称为轴。

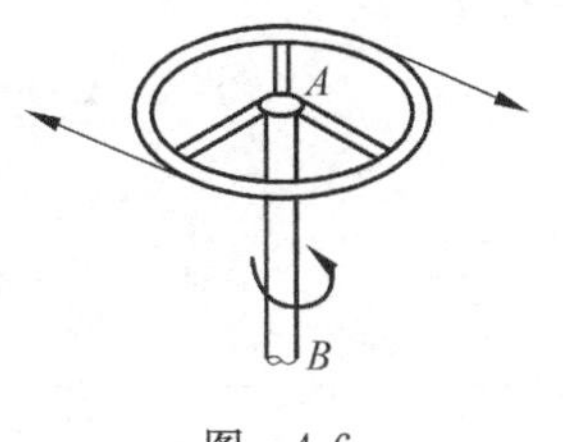

图 4-6

综合上述实例可知,杆件扭转的受力特点是:在杆件两端作用有大小相等、转向相反、作用面垂直于杆件轴线的力偶。其变形特点是:位于两力偶作用面之间的杆件各个截面均绕轴线发生相对转动。各横截面绕轴线转过的相对转角称为扭转角。如图 4-8 中的 φ

表示杆件受扭后，两个横截面之间绕杆轴线发生相对转动，即 B 截面相对 A 截面的扭转角。同时纵向线倾斜了一个微小角度，这个角度的改变量即纵向线倾斜的角度 γ 称为剪应变或者剪切角。

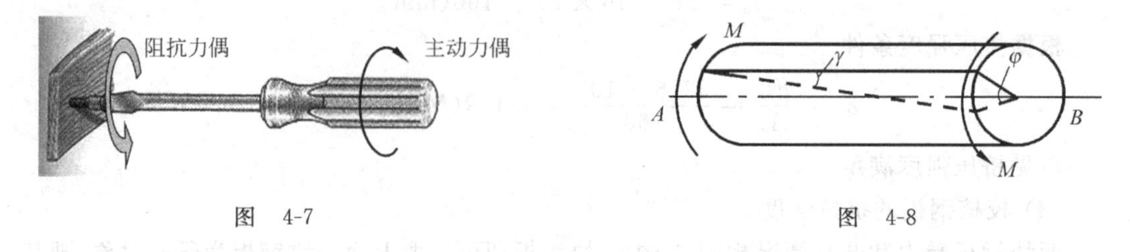

图 4-7　　　　图 4-8

4.3 圆轴扭转时横截面上的内力

4.3.1 圆轴扭转时横截面上的内力——扭矩

设有一圆轴如图 4-9(a)所示，在外力偶作用下处于平衡状态，仍用截面法求任意 1—1 截面上的内力。

(1) 将轴在 1—1 处截开，取其中一半部，例如取左半部为研究对象，见图 4-9(b)。

(2) 根据平衡条件可知，1—1 截面上必存在一个内力偶矩 T，与外力偶矩 M 使左半部保持平衡。此内力偶矩称为扭矩，用 T 表示。

(3) 由空间力系对 x 轴的力矩平衡方程得

$$\sum M_x = 0,\quad T - M = 0$$

求得

$$T=M$$

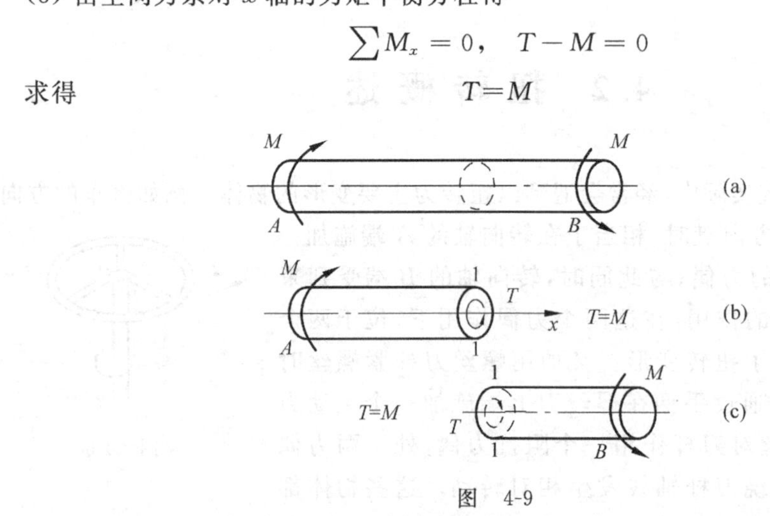

图 4-9

取右半部为研究对象，也可得相同的结果，见图 4-9(c)。但扭矩的转向相反，这是因为作用与反作用的关系。为使取左、右两半部求出同一截面上的内力符号相同，对扭矩 T 的正负号作如下规定：采用右手螺旋法则，使右手四指的握向与扭矩的转向相同，若拇指的指向离开截面，则该扭矩为正；反之，若拇指指向截面，则该扭矩为负，如图 4-10 所示。

扭矩的单位为 N · m 或 kN · m。

与计算轴力的方法类似，用截面法计算扭矩时，通常假定扭矩为正。

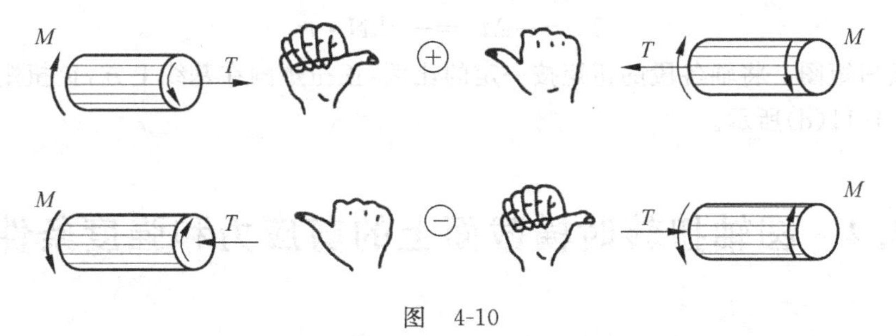

图 4-10

4.3.2 扭矩图

为了清楚地表示出轴的各个截面上扭矩的变化情况，通常将扭矩随截面位置的变化规律绘制成图，称为扭矩图。扭矩图的做法、规则及注意点与轴力图相同。下面以实例说明。

【例 4-2】 如图 4-11(a)所示，轴受外力偶作用，其外力偶矩分别为 $M_1=3\text{kN}\cdot\text{m}$，$M_2=5\text{kN}\cdot\text{m}$，$M_3=2\text{kN}\cdot\text{m}$。试绘出该轴的扭矩图。

解：(1) 分段计算扭矩。根据外力偶的作用面将其分为 AC、CB 段。

AC 段：用假想截面在 AC 段内沿任意截面Ⅰ—Ⅰ切开，取左半部分为研究对象，假定未知扭矩 T_1 为正，采用右手螺旋法则确定其方向，画其受力图，如图 4-11(b)所示，由平衡方程 $\sum M_x=0$ 得

$$T_1-M_1=0$$

$$T_1=M_1=3\text{kN}\cdot\text{m}$$

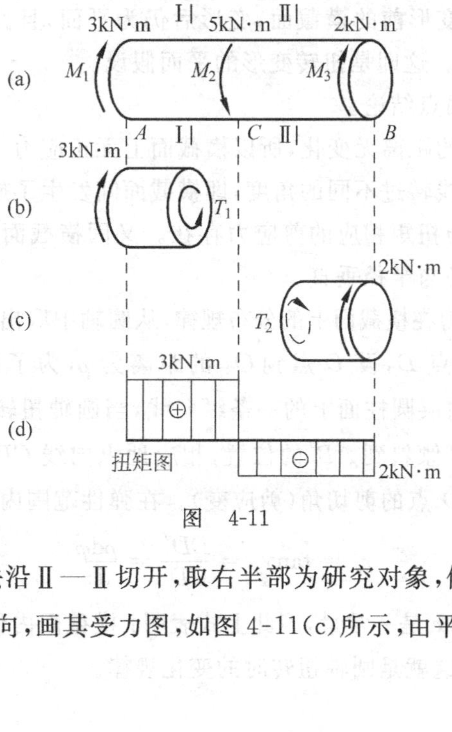

图 4-11

CB 段：用同样的方法沿Ⅱ—Ⅱ切开，取右半部分为研究对象，假定未知扭矩 T_2 为正，采用右手螺旋法则确定其方向，画其受力图，如图 4-11(c)所示，由平衡方程 $\sum M_x=0$ 得

$$T_2 + M_3 = 0$$

$$T_2 = -M_3 = -2\text{kN} \cdot \text{m}$$

(2) 画扭矩图。将轴各段的扭矩按一定的比例，正扭矩画在基线上方，负扭矩画在基线下方，如图 4-11(d)所示。

4.4 圆轴扭转时横截面上的剪应力和强度条件

4.4.1 圆轴扭转时横截面上的剪应力

为解决圆轴扭转的强度问题，在求得横截面上的扭矩之后，还要进一步研究横截面上的应力。为此，需从几何变形、物理关系和静力平衡关系三个方面综合研究，以便建立横截面上的应力计算公式。

1. 几何变形方面

如图 4-12 所示的圆轴，在其表面画两条与轴线平行的纵向线和两条圆周线，然后在两端施加外力偶 M，使圆轴产生扭转变形，在变形微小的情况下，可观察到如下现象。

(1) 两条纵向线倾斜了相同的角度。

(2) 两圆周线的大小、形状、间距保持不变，只是绕轴线转过不同的角度，原来轴表面上的小矩形变成了平行四边形。

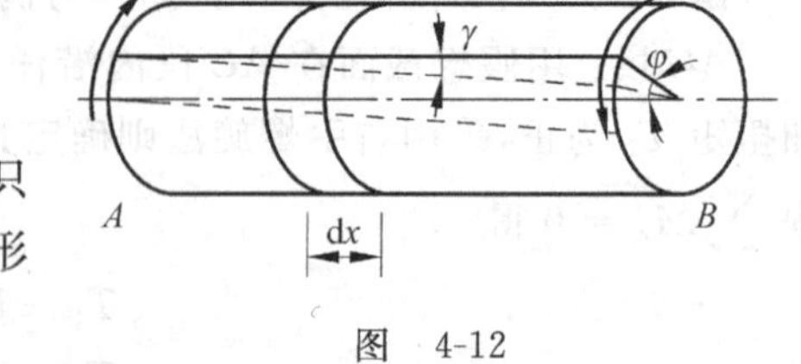

图 4-12

根据观察的现象，对圆轴内部的变形情况推断，作如下假设：圆轴在扭转变形前的横截面，变形后仍为平面，且大小、形状、间距无变化，只是绕轴线转过了一个角度。这即是扭转变形的平面假设。

根据平面假设，可得两点结论。

(1) 由于相邻截面间的距离无变化，所以横截面上无正应力。

(2) 由于各截面绕轴线转过不同的角度，即横截面间发生了旋转式的相对错动，出现了剪切变形，横截面上必有与扭矩相应的剪应力存在。又因横截面大小、形状无变化，即半径长度无变化，所以剪应力必与半径垂直。

为了进一步研究剪应力在横截面上的分布规律，从圆轴中取出一微段 dx 研究，如图 4-13 所示。在横截面上任取一点 D，设 D 点到 O_2 的距离为 ρ，为了便于分析，将 D 取在半径 O_2B 上，CD 为 D 点所在内层圆柱面上的一条纵向线，当圆轴扭转变形后，B 截面相对 A 截面转动了一个角度 dφ，AB 倾斜到 AB' 的位置，相应地纵向线 CD 倾斜了一微小角度 γ_ρ 转到 CD' 的位置，γ_ρ 也就是 D 点的剪切角(剪应变)。在弹性范围内，γ_ρ 很小，由几何关系可知

$$\gamma_\rho = \tan\gamma_\rho = \frac{DD'}{CD} = \frac{\rho\mathrm{d}\varphi}{\mathrm{d}x} \tag{4-4}$$

在同一横截面内 dφ/dx 是一常量，因此上式表明：横截面内任一点的剪应变 γ_ρ，与该点到圆心的距离 ρ 成正比。这就是圆轴扭转时的变化规律。

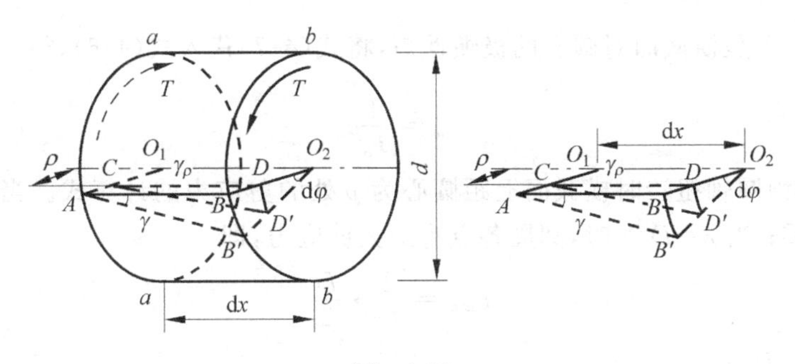

图 4-13

2. 物理关系

试验证明：在弹性范围内剪应力和剪应变成正比。这就是剪切胡克定律，其表达式为

$$\tau_\rho = G\gamma \tag{4-5}$$

式中：G——剪切弹性模量。

剪切弹性模量由试验测定，应用时可从有关设计手册中查得。其单位和应力相同。

将式(4-4)代入式(4-5)，得

$$\tau_\rho = G\frac{\mathrm{d}\varphi}{\mathrm{d}x}\rho \tag{4-6}$$

上式表明：在横截面上任一点处的剪应力的大小，与该点到圆心的距离成正比。在圆心处剪应力为零，距圆心越远剪应力越大，距圆心等距离的圆周上各点的剪应力相等，在周边上各点的剪应力最大。剪应力沿直线的变化规律如图 4-14 所示。

3. 静力平衡关系

式(4-6)中的 $\mathrm{d}\varphi/\mathrm{d}x$ 是未知的，所以必须利用静力平衡条件确定 $\mathrm{d}\varphi/\mathrm{d}x$，以建立剪应力的计算公式。如图 4-15 所示，在横截面上距圆心为 ρ 处，取一微面积 $\mathrm{d}A$，微面积上的微内力系的合力为 $\tau_\rho \mathrm{d}A$，其对圆心的力矩等于 $\tau_\rho\rho\mathrm{d}A$，横截面上所有这些微力矩总和就等于横截面的扭矩 T，即

$$T = \int_A \rho \cdot \tau_\rho \mathrm{d}A$$

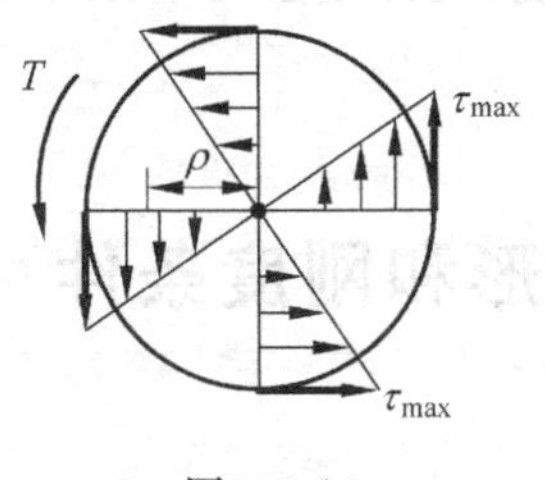

图 4-14

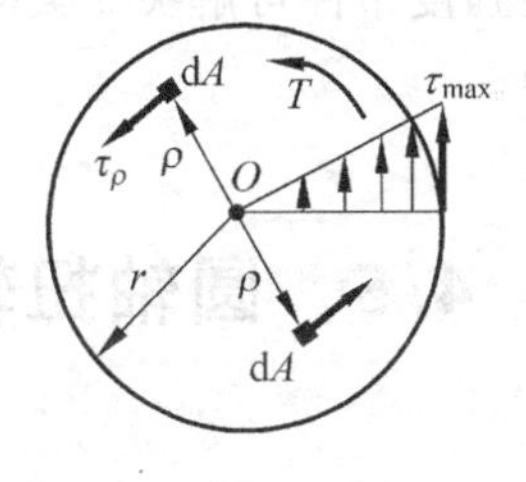

图 4-15

将式(4-6)代入上式，得

$$T = \int_A G\frac{\mathrm{d}\varphi}{\mathrm{d}x}\rho^2\mathrm{d}A = G\frac{\mathrm{d}\varphi}{\mathrm{d}x}\int_A \rho^2\mathrm{d}A$$

$$\frac{\mathrm{d}\varphi}{\mathrm{d}x} = \frac{T}{GI_\rho} \tag{4-7}$$

$I_\rho = \int_A \rho^2 \mathrm{d}A$ 是横截面对圆心的极惯性矩，将式(4-7)代入式(4-6)，得

$$\tau_\rho = \frac{T}{I_\rho}\rho \tag{4-8}$$

式(4-8)即为圆轴扭转时横截面上距圆心为 ρ 处的剪应力的计算式。当 $\rho=0$ 时，圆心处的剪应力为零；当 $\rho=D/2$ 时，圆周各点有最大剪应力，即

$$\tau_{\max} = \frac{T}{I_\rho} \cdot \frac{D}{2} \tag{4-9}$$

若令 $W_n = \dfrac{I_\rho}{D/2}$ 代入上式，则有

$$\tau_{\max} = \frac{T}{W_n} \tag{4-10}$$

式中：W_n——抗扭截面系数，其单位为 mm^3 或 m^3。

式(4-8)～式(4-10)的适用条件如下。

(1) 试验证明，前述平面假设只对圆截面直杆是正确的，所以上述公式只适用于等直圆杆。

(2) 在推导公式时，应用了剪切胡克定律，所以只有在 $\tau_{\max}$ 不超过材料的剪切比例极限时，上述公式才适用。空心圆轴截面在任一点的剪应力计算及分布规律与实心圆轴相同，其剪应力分布规律如图 4-16 所示。

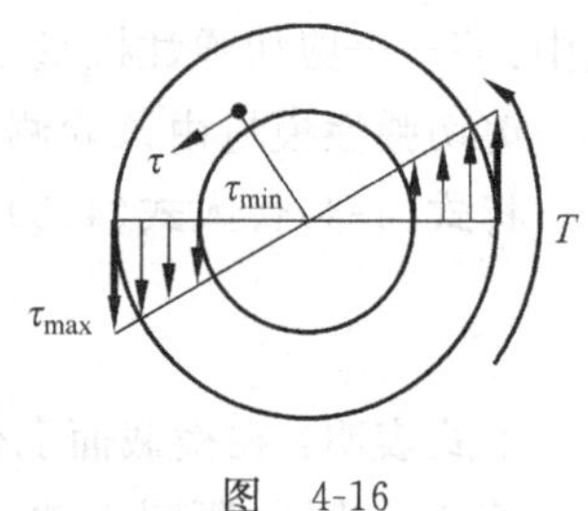

图 4-16

4.4.2 圆轴扭转时的强度条件

要保证圆轴扭转变形时不发生破坏，就应使其横截面上的最大剪应力 $\tau_{\max}$ 不能超过材料的许用剪应力[τ]，即

$$\tau_{\max} = \frac{T}{W_n} \leqslant [\tau] \tag{4-11}$$

式(4-11)称为圆轴扭转时的强度条件。材料的许用剪应力[τ]可从有关的手册中查出。

利用圆轴的强度条件可解决 3 类问题：校核强度、设计截面尺寸、计算许可使用传递的功率或外力偶矩。

4.5 圆轴扭转时的变形和刚度条件

4.5.1 圆轴扭转时的变形

圆轴扭转变形通常是用两横截面的相对转角 φ 来度量。据式(4-7)得

$$\mathrm{d}\varphi = \frac{T}{GI_\rho}\mathrm{d}x$$

于是相距为 l 的两截面间的相对扭转角为

$$\varphi=\int_{l}\mathrm{d}\varphi=\int_{0}^{l}\frac{T}{GI_{\rho}}\mathrm{d}x$$

当轴在 l 范围内，T、G 和 I_{ρ} 均为常数时，两端面间的相对扭转角为

$$\varphi=\frac{T}{GI_{\rho}}\int_{0}^{l}\mathrm{d}x=\frac{Tl}{GI_{\rho}} \tag{4-12}$$

式中：φ——单位是 rad；

GI_{ρ}——圆轴的抗扭刚度，反映圆轴抵抗扭转变形的程度。

当轴在 l 范围内，T、G 和 I_{ρ} 有变化，则应根据变化情况分段，分别计算每段两端面间的相对扭转角，最后代数和，即得全轴两端面间的相对扭转角，即

$$\varphi=\sum\frac{T_{i}l_{i}}{G_{i}I_{\rho i}} \tag{4-13}$$

4.5.2 刚度条件

圆轴扭转时除要满足强度条件外，其变形也要限制在规定范围内，即满足刚度条件。通常规定其单位长度扭转角的最大值不得超过单位长度的许可扭转角$[\theta]$，即

$$\theta_{\max}=\frac{\varphi}{l}=\frac{T_{\max}}{GI_{\rho}}\leqslant[\theta] \tag{4-14}$$

式中：θ——单位是 rad/m，因其常用单位为 1°/m，则上式应写为

$$\theta_{\max}=\frac{\varphi}{l}=\frac{T_{\max}}{GI_{\rho}}\times\frac{180}{\pi}\leqslant[\theta] \tag{4-15}$$

式(4-14)、式(4-15)即为圆轴扭转时的刚度条件。利用刚度条件可解决 3 类问题：刚度校核、设计截面尺寸、计算许可外力偶矩。

【例 4-3】 如图 4-17 所示，圆轴两端受 $M=1000\text{N}\cdot\text{m}$ 的外力偶作用，产生扭转变形，圆轴材料的剪切弹性模量 $G=8\times10^{4}\text{MPa}$，$[\tau]=50\text{MPa}$，$[\theta]=1°/\text{m}$，试按强度和刚度确定轴的直径。

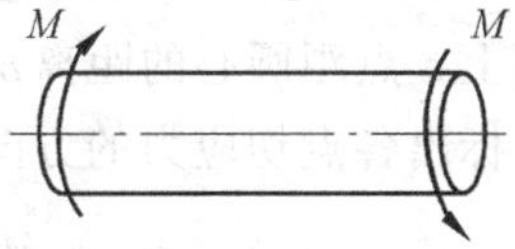

图 4-17

解：(1) 计算扭矩。

$$T=M=1000\text{N}\cdot\text{m}$$

(2) 按强度条件确定直径 D。

由 $$\tau_{\max}=\frac{T}{W_{\text{n}}}=\frac{16\times10^{6}}{\pi D^{3}}\leqslant50$$

得 $$D\geqslant\sqrt[3]{\frac{16\times10^{6}}{\pi\times50}}=46.71(\text{mm})$$

(3) 按刚度条件确定 D。

$$\theta=\frac{T}{GI_{\rho}}=\frac{32\times10^{6}}{\pi D^{4}\times8\times10^{4}}\times\frac{180}{\pi}\leqslant1$$

$$D\geqslant\sqrt[4]{\frac{32\times180\times10^{9}}{\pi^{2}\times8\times10^{4}}}=51.98(\text{mm})$$

要使轴同时满足强度和刚度条件，需取轴的直径 $D=52\text{mm}$。

单 元 习 题

4-1 求图 4-18 所示各轴中指定截面上的扭矩，并画出扭矩图。

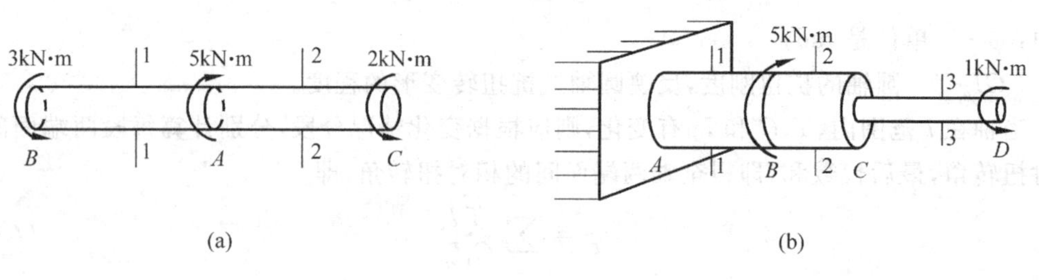

图 4-18

4-2 图 4-19 所示的圆轴上布置有四个轮子，主动轮 $M_A=7\text{kN}\cdot\text{m}$，从动轮 $M_B=3\text{kN}\cdot\text{m}$、$M_C=M_D=2\text{kN}\cdot\text{m}$。

（1）作扭矩图。

（2）将主动轮 A 和从动轮 B 的位置互换后，作扭矩图。

（3）比较以上两个扭矩图，从强度观点看，四个轮子哪种布置比较合理？

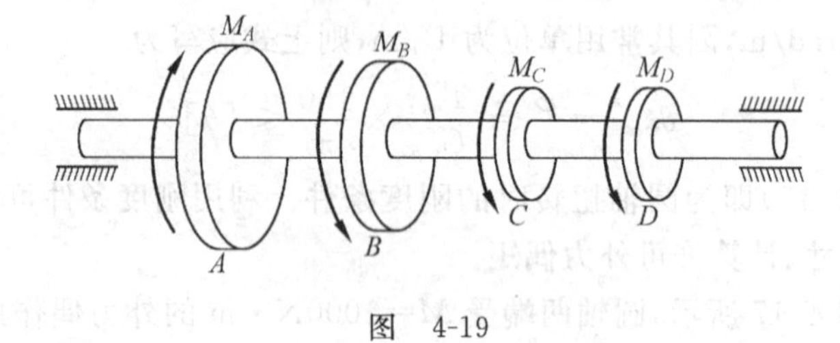

图 4-19

4-3 图 4-20 所示空心圆轴的直径 $D=100\text{mm}$，受两个外偶矩 $M=8\text{kN}\cdot\text{m}$ 作用，C 截面上 a 点距圆心的距离 $\rho=40\text{mm}$，b 点在圆周上。试求 a、b、O 三点处的切应力数值，并在图中标出各点切应力的方向。

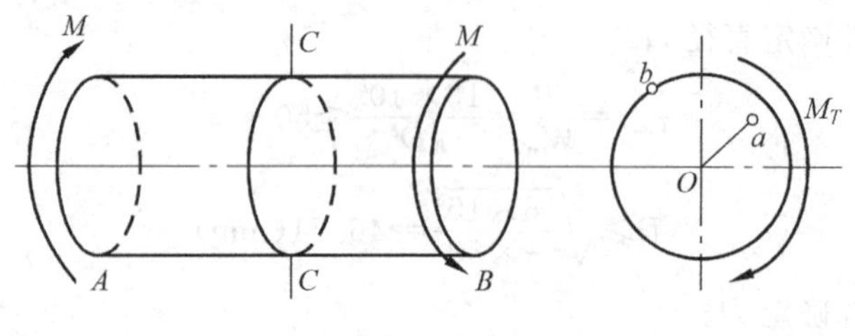

图 4-20

教学单元 5 平面体系的几何组成分析

扫描二维码下载
教学课件

掌握几何不变体系、几何可变体系、刚片、自由度、约束、实铰与虚铰的概念；掌握平面几何不变体系的基本组成规则及其运用；了解体系的几何组成与静力特性之间的关系。

5.1 平面体系的几何组成分析

5.1.1 平面几何组成分析的目的

土建工程中的结构必须是几何不变体系，通过对体系进行几何组成分析，可以达到如下目的。

(1) 判别某个体系是否为几何不变体系，以决定其能否作为工程结构使用。

(2) 研究并掌握几何不变体系的组成规则，以便合理布置构件，使所设计的结构在荷载作用下能够维持平衡。

(3) 根据体系的几何组成状态，确定结构是静定的还是超静定的，以便选择相应的计算方法。

5.1.2 几何可变体系、几何不变体系

杆件结构是由若干杆件按照一定的组成方式互相连接而构成的一种体系。体系受荷载作用时，材料会产生应变，因而体系就会产生变形。在几何组成分析中，这种变形是很小的，我们不考虑这种由于材料的应变所产生的变形，这样，杆件体系可分为两类：几何可变体系和几何不变体系。

1. 几何可变体系

在不考虑材料应变的条件下，即使不大的荷载作用，也会产生机械运动而不能保持其原有形状和位置的体系[图 5-1(a)、(c)]。

2. 几何不变体系

在不考虑材料应变的条件下，任意荷载作用后，其位置和形状均能保持不变的体系[图 5-1(b)、(d)]。

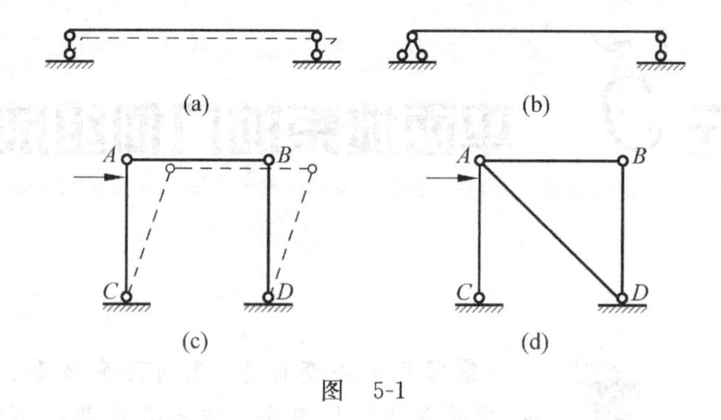

图 5-1

5.1.3 几何组成分析的基本概念

1. 刚片

在进行几何组成分析时，由于不考虑材料的变形，因而组成结构的各杆件或已经判明是几何不变的部分，均可视为刚体。本单元只讨论平面体系的几何组成分析，对于平面体系的任何杆件都可看成是不变形的平面刚体，简称为刚片。显然，每一杆件或每根梁、柱都可以看作是一个刚片，建筑物下的地基或地球也可看作是一个大刚片，某一几何不变部分也可视为一个刚片。这样，平面杆系的几何分析就在于分析体系各个刚片之间的连接方式能否保证体系的几何不变性。

2. 自由度

自由度是指确定体系位置所需要的独立坐标(参数)的数目。例如，一个点在平面内运动时，其位置可用两个坐标来确定，因此平面内的一个点有两个自由度[图 5-2(a)]。又如，一个刚片在平面内运动时，其位置要用 x、y、θ 三个独立参数来确定，因此平面内的一个刚片有三个自由度[图 5-2(b)]。

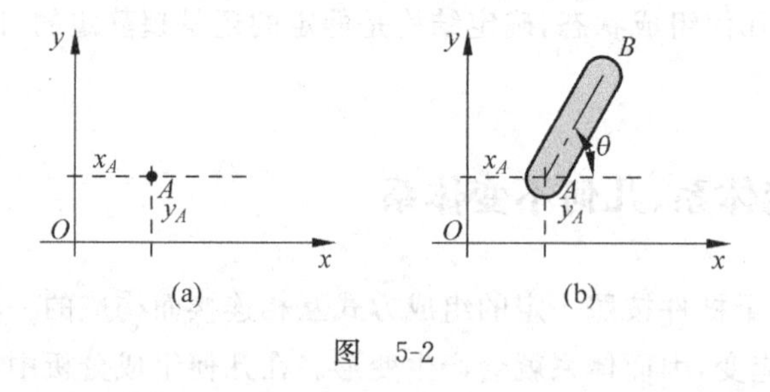

图 5-2

由此看出，体系几何不变的必要条件是自由度等于或小于零。那么，如何适当、合理地给体系增加约束，使其成为几何不变体系是下文要解决的问题。

3. 约束

约束是指限制物体或体系运动的各种装置。对于一个具有自由度的刚片，当加入某些约束装置时，它的自由度将减少。凡减少一个自由度的装置称为一个约束，并依次类推。约束主要有以下几种形式。

1) 链杆

一根两端用铰链连接两个刚片的杆件称为链杆，如直杆、曲杆、折杆，一根链杆为一个约束。若图 5-2(b)增加一根链杆把 A 点与地基相连，如图 5-3(a)所示，杆件只能绕铰 A 或随链杆绕地基转动。原来杆件有三个自由度，而现在只有两个自由度，就是说链杆 AC 使杆件 AB 减少了一个自由度，所以一根链杆相当于一个自由度。

2）固定铰支座

图 5-3(b)所示固定铰支座加在刚片 AB 的 A 点后，刚片只能绕铰 A 转动，原来杆件有三个自由度，而现在只有一个，固定铰支座使杆件减少了两个自由度，所以相当于两个约束，即一个固定铰支座相当于两根链杆。

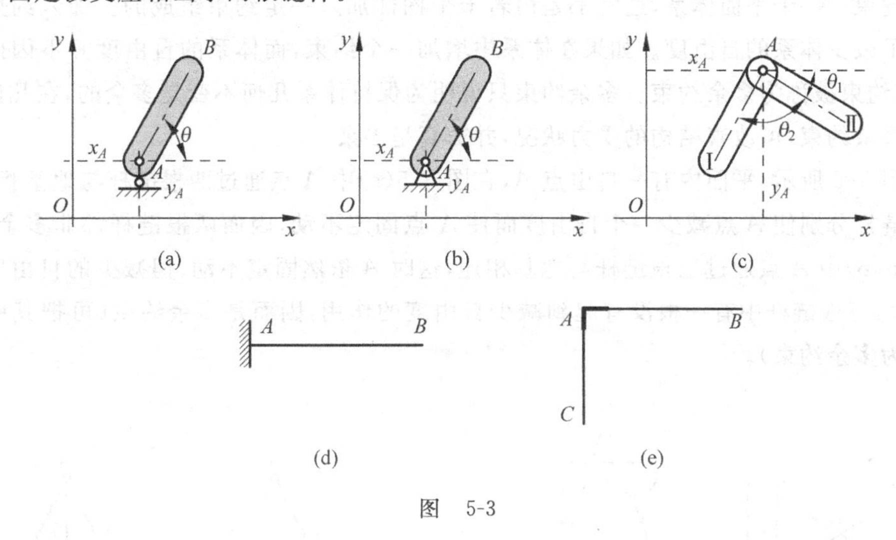

图　5-3

3）单铰与复铰

连接两个刚片的铰称为单铰，如图 5-3(c)所示，刚片Ⅰ、Ⅱ通过单铰 A 相连后，刚片Ⅰ在平面内有三个自由度，而刚片Ⅱ只能绕刚片Ⅰ转动，两刚片相连后共四个自由度。而两刚片在没有被连接前有六个自由度，单铰使体系减少了两个自由度，相当于两个约束。即一个单铰相当于两根链杆。

连接多于两个刚片的铰称为复铰，由单铰的约束分析可推知，连接三个刚片的复铰相当于两个单铰，可以减少四个自由度；连接 n 个刚片的复铰相当于$(n-1)$个单铰，可以减少$2(n-1)$个自由度。

4）固定端支座

如图 5-3(d)所示，AB 杆件原来有三个自由度，而现在无自由度。固定端支座使杆件减少了三个自由度，即相当于三个约束。

5）刚结点

如图 5-3(e)所示，两根杆件 AB 与 AC 通过刚结点 A 连接，在没有连接前，两者共有六个自由度，用刚结点连接后，只有三个自由度。一个刚结点使体系减少了三个自由度，即相当于三个约束。

6）虚铰

前述已知一个单铰相当于两个约束，两根链杆也相当于两个约束，因此两根链杆相当于一个单铰。如果两个刚片用两根链杆连接[图 5-4(a)]，则这两根链杆的作用就和一个位于两杆交点的铰的作用完全相同。我们常称连接两个刚片的两根链杆相当于一个虚铰，虚铰的位置即在这两根链杆的交点上，如图 5-4(a)的 O 点，因为在这个交点 O 处并没有真正的铰，所以称它为虚铰。

如果连接两个刚片的两根链杆并没有相交，则虚铰在这两根链杆延长线的交点上，如图 5-4(b)所示。

4. 必要约束、多余约束

为保持体系几何不变必须有的约束叫必要约束；为保持体系几何不变并不需要的约束叫多余约束。一个平面体系，通常都是由若干个构件加入一定约束组成的。加入约束的目的是为了减少体系的自由度。如果在体系中增加一个约束，而体系的自由度并不因此而减少，则该约束被称为多余约束。多余约束只说明为保持体系几何不变是多余的，在几何体系中增设多余约束，可改善结构的受力状况，并非真是多余。

如图 5-5 所示，平面内有一自由点 A，在图 5-5(a)中 A 点通过两根链杆与地基相连，这时两根链杆分别使 A 点减少一个自由度而使 A 点固定不动，因而两根链杆都非多余约束。在图 5-5(b)中 A 点通过三根链杆与地基相连，这时 A 依然固定不动，但减少的自由度仍然为 2，显然三根链杆中有一根没有起到减少自由度的作用，因而是多余约束(可把其中任意一根作为多余约束)。

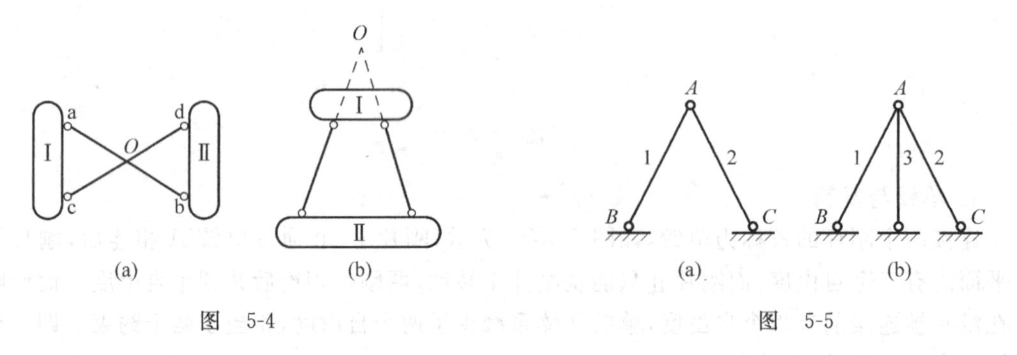

(a) (b) (a) (b)

图 5-4 图 5-5

又如图 5-6(a)表示动点 A 加一根水平的支座链杆 1，还有一个竖向运动的自由度。由于约束数目不够，是几何可变体系。

图 5-6(b)是用两根不在一直线上的支座链杆 1 和 2，把 A 点联结在地基上，点 A 上下、左右的移动自由度全被限制住了，不能发生移动。故图 5-6(b)是约束数目恰好够的几何不变体系，即为无多余约束的几何不变体系。

图 5-6(c)是在图 5-6(b)上又增加一根水平的支座链杆 3，这链杆 3，就保持几何不变而言，是多余的。故图 5-6(c)是有一个多余约束的几何不变体系。

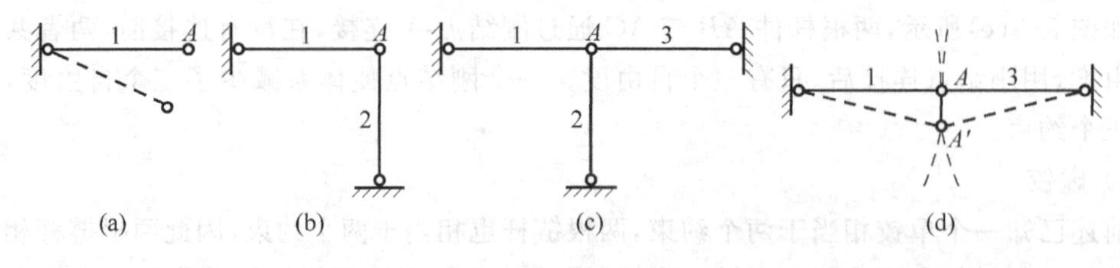

(a) (b) (c) (d)

图 5-6

图 5-6(d)是用在一条水平直线上的两根链杆 1 和 3 把 A 点联结在地基上，保持几何不变的约束数目是够的。但是这两根水平链杆对限制 A 点的水平位移，有一根是多余的，而且对限制 A 点的竖向位移都不起作用。在图 5-6(d)两根链杆处于水平线上的瞬时，A 点可以发生很微小的竖向位移到 A' 处，这时，链杆 1 和 2 不再在一直线上，A' 点就不继续向下移动了。这种在某一瞬时，可发生微小几何变形的体系，叫瞬时可变体系，简称瞬变体系。瞬变体系是约束数目够，由于约束的布置不恰当，而形成的瞬时可变体系。由于瞬变体系能产生很大的内力，所以它不能用作建筑结构。

5.2 几何不变体系的简单组成规则

基本规则是几何组成分析的基础，组成平面几何不变体系的基本规则可归纳为以下 3 个。

5.2.1 二元体规则

图 5-7(a)所示为一个三角形铰结体系，假如链杆Ⅰ固定不动，那么通过前面的学习，我们已知它是一个几何不变体系。

将图 5-7(a)中的链杆Ⅰ看作一个刚片，成为图 5-7(b)所示的体系，从而得出如下规则。

规则 1(二元体规则)：一个点与一个刚片用两根不共线的链杆相连，则组成无多余约束的几何不变体系。

由两根不共线的链杆(或相当于链杆)连接一个结点的构造，称为二元体[如图 5-7(b)中的 BAC]。

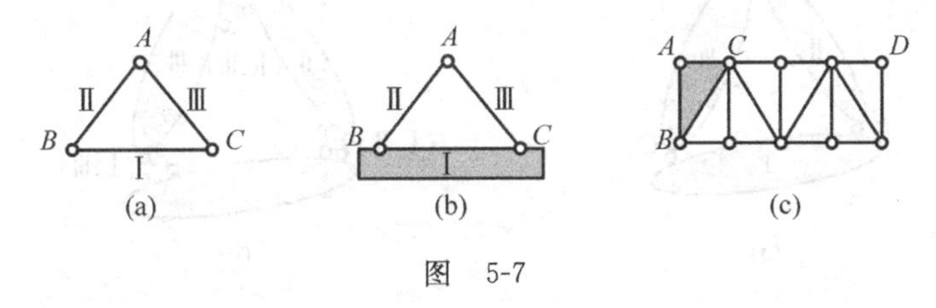

图 5-7

推论 1：在一个平面杆件体系上增加或减少若干个二元体，都不会改变原体系的几何组成性质。

如图 5-7(c)所示的桁架，就是在铰接三角形 ABC 的基础上，依次增加二元体而形成的一个无多余约束的几何不变体系。同样，我们也可以对该桁架从 D 点起依次拆除二元体而成为铰接三角形 ABC。

5.2.2 两刚片规则

将图 5-7(a)中的链杆Ⅰ和链杆Ⅱ都看作是刚片，成为图 5-8(a)所示的体系。从而得出如下规则。

规则2(两刚片规则)：两刚片用不在一条直线上的一铰、一链杆连接，则组成无多余约束的几何不变体系。

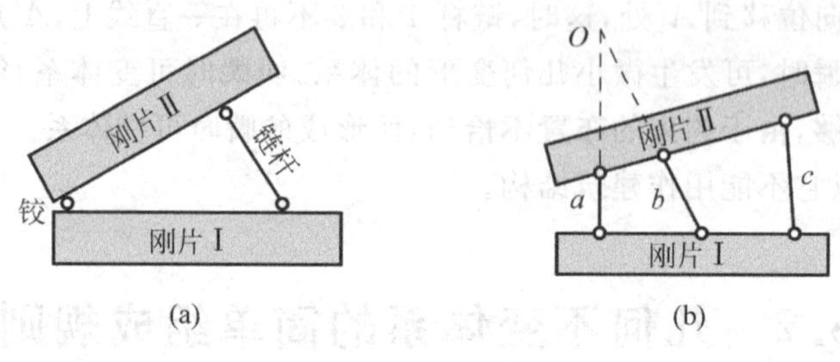

图 5-8

如果将图5-8(a)中连接两刚片的铰用虚铰代替，即用两根不共线、不平行的链杆 a、b 来代替，成为图5-8(b)所示体系，则有如下推论。

推论2：两刚片用不完全平行也不交于一点的三根链杆连接，则组成无多余约束的几何不变体系。

5.2.3 三刚片规则

将图5-7(a)中的链杆Ⅰ、链杆Ⅱ和链杆Ⅲ都看作是刚片，成为图5-9(a)所示的体系，从而得出如下规则。

规则3(三刚片规则)：三刚片用不在一条直线上的三个铰两两连接，则组成无多余约束的几何不变体系。

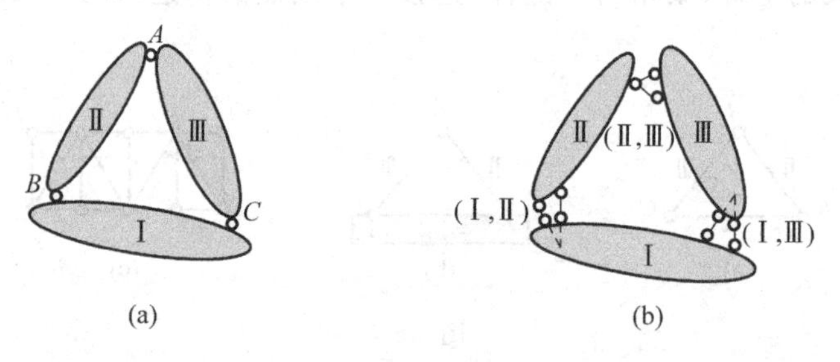

图 5-9

如果将图5-9(a)中连接三刚片之间的铰 A、B、C 全部用虚铰代替，即都用两根不共线、不平行的链杆来代替，成为图5-9(b)所示体系，则有如下推论。

推论3：三刚片分别用不完全平行也不共线的二根链杆两两连接，且所形成的三个虚铰不在同一条直线上，则组成无多余约束的几何不变体系。

从以上叙述可知，这三个规则及其推论，实际上都是三角形规律的不同表达方式，即三个不共线的铰，可以组成无多余约束的三角形铰结体系。规则1(及推论1)给出了固定一个节点的装配格式，如图5-7(b)所示的体系中，A 点通过不共线的链杆Ⅱ和链杆Ⅲ固定在基本刚片Ⅰ上；规则 2(及推论 2)给出了固定一个刚片的装配格式，如图 5-8(a)、(b)所示的体系中，用不在一条直线上的铰、链杆，或者用不交于一点的三根链杆将刚片Ⅱ固定在刚片Ⅰ上；规则 3(及推论 3)给出了固定两个刚片的装配格式，如图 5-9(a)、(b)所示的体系中，通过不共线的三个铰或者虚铰将刚片Ⅱ、刚片Ⅲ固定在刚片Ⅰ上。

5.2.4　平面体系的几何组成分析举例

几何组成分析能判断体系是否几何不变，并确定几何不变体系中多余约束的个数。故通常略去自由度计算这一步骤，而直接进行几何组成分析。

进行几何组成分析的基本依据是前述三个规则。要用这三个规则去分析形式多样的平面杆系，关键在于选择哪些部分作为刚片、哪些部分作为约束是问题的难点所在，通常可以作如下选择。

一根杆件或某个几何不变部分(包括地基)，都可选作刚片；体系中的铰都是约束；凡是用三个或三个以上铰结点与其他部分相连的杆件或几何不变部分，必须选作为刚片；只用两个铰与其他部分相连的杆件或几何不变部分，根据分析需要，可将其选作为刚片，也可选作为链杆约束；图 5-10(a)中虚线(连接两铰心的直线)所示为连接两刚片的等效链杆；在选择刚片时，要联想到组成规则的约束要求(铰或链杆的数目和布置)，同时考虑哪些是连接这些刚片的约束。

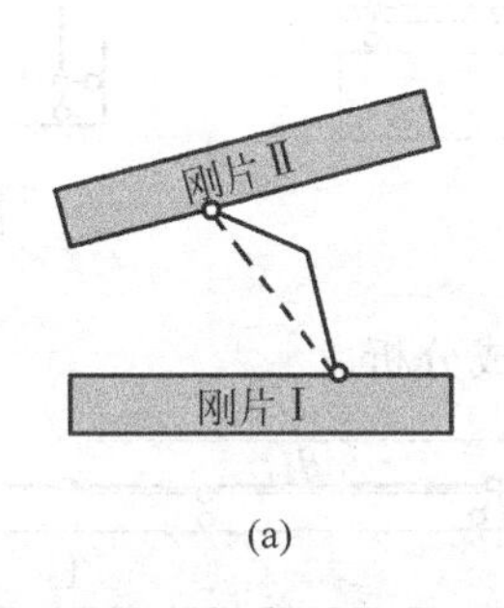

(a)

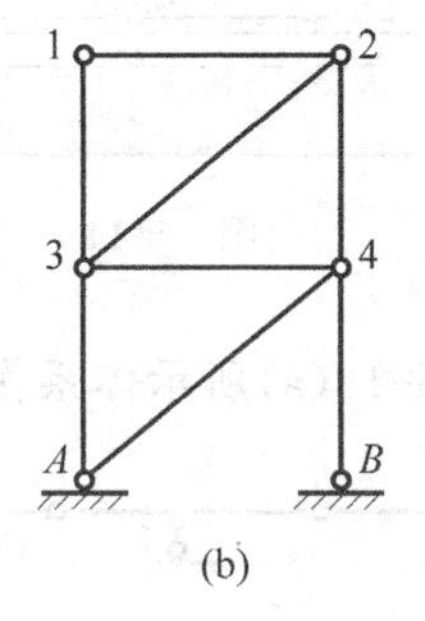

(b)

图　5-10

平面体系几何组成分析的思路虽然灵活多样，但也有一定规律可循。对于比较简单的体系，可以选择两个或三个刚片，直接按规则分析其几何组成。对于复杂体系，可以采用以下方法。

(1) 当体系上有二元体时，应去掉二元体简化体系，以便于应用规则。但需注意，每次只能去掉体系外围的二元体(符合二元体的定义)，而不能从中间任意抽取。例如图 5-10(b)结点 1 处有一个二元体，拆除后，结点 2 处暴露出二元体；再拆除后，又可在结点 3 处拆除二元体，剩下为三角形 $AB4$。它是几何不变的，故原体系为几何不变体系。也可以继续在结点 4 处拆除二元体，剩下的只是大地了，这说明原体系相对于大地是不动的，即为几何不变。

(2) 从一个刚片(例如地基或铰结三角形等)开始,依次增加二元体,尽量扩大刚片范围,使体系中的刚片个数尽量少,便于应用规则。仍以图 5-10(b)为例,将地基视为一个刚片,依次增加二元体,结点 4 处有一个二元体,增加在地基上,地基刚片扩大,依次扩充结点 3 处二元体,结点 2 处二元体,结点 1 处二元体,即体系为几何不变。

(3) 如果体系的支座链杆只有三根,且不全平行也不交于同一点,则地基与体系本身的连接已符合两刚片规则,即一个体系只由三根既不交于一点又不完全平行的链杆与地基相连,并不改变原体系的几何组成性质。因此可去掉支座链杆和地基而只对体系本身进行分析。例如图 5-11 所示体系,除去支座 3 根链杆,不需再分析刚片Ⅰ(地基),只需分析图 5-11 中的刚片Ⅱ是否几何不变即可。

(4) 当体系的支座链杆多于三根时,应考虑把地基作为一刚片,将体系本身和地基一起用三刚片规则进行分析。否则会得出错误的结论。例如图 5-12 所示体系,若不考虑四根支座链杆和地基,将 ABC、DEF 作为刚片Ⅰ、Ⅱ,它们只由两根链杆 1、2 连接,从而得出几何可变体系的结论显然是错误的。正确的方法是再将地基作为刚片Ⅲ,对整个体系用三刚片规则进行分析,结论是无多余约束的几何不变体系。

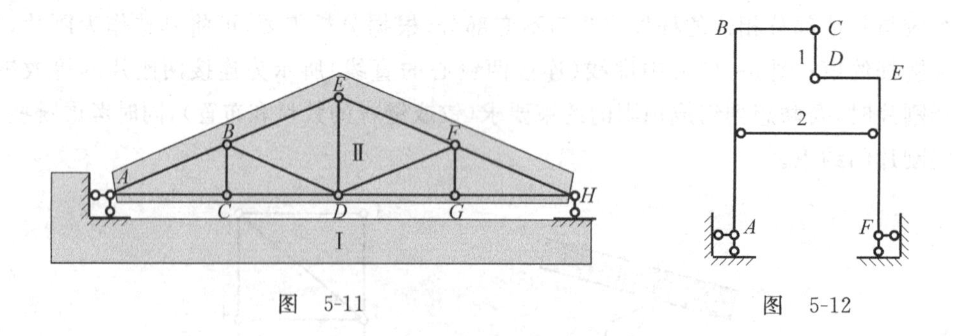

图 5-11　　　　图 5-12

【例 5-1】 对图 5-13(a)所示体系作几何组成分析。

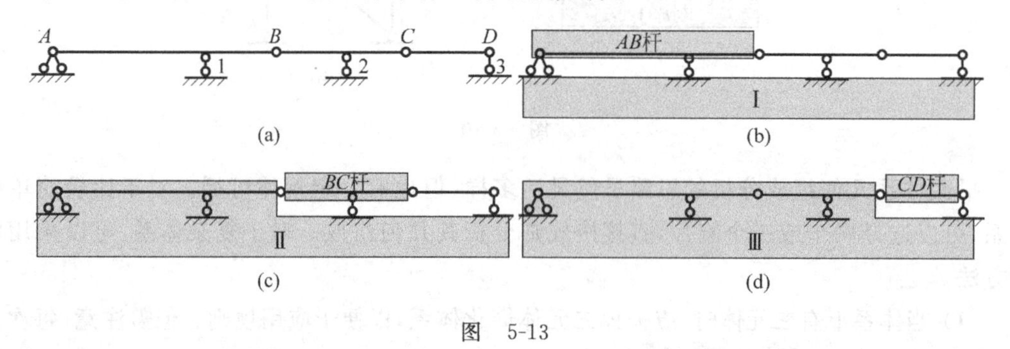

图 5-13

解:首先将地基视为刚片Ⅰ,并将杆 AB 作为另一刚片,由铰 A 和链杆 1 联结,按“两刚片规则”,链杆 1 延长线不通过铰 A,组成几何不变部分,如图 5-13(b)所示;以此部分作为一个扩大的刚片Ⅱ,杆 BC 作为另一刚片,由铰 B 和链杆 2 联结,还是按“两刚片规则”,构成一个更扩大的刚片Ⅲ,如图 5-13(c)、(d)所示;再将杆 CD 作为另一刚片,由铰 C 和链杆 3 联结,依然符合“两刚片规则”,故整个体系是无多余约束的几何不变体系。

本题可以看出此类体系装配方式:从地基出发进行装配。先取地基作为基本刚片,将周围某个部件(一个结点、一个刚片或两个刚片)按照规则固定在基本刚片之上,形成一个扩大的基本刚片。然后,由近及远、由小到大、逐个按照基本法则进行装配,直至形成整个体系。

【例 5-2】 对图 5-14(a)所示体系作几何组成分析。

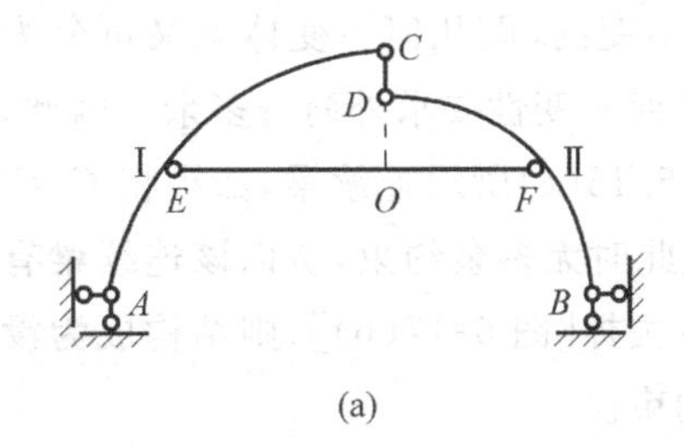

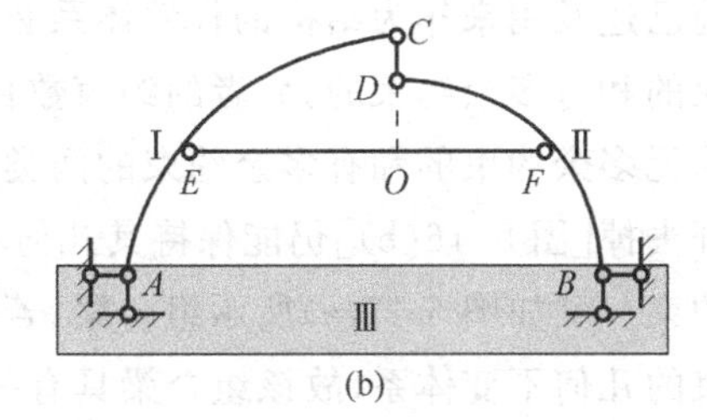

图　5-14

解:分别将图 5-14(a)中的 AC、BD 以及地基分别视为刚片Ⅰ、Ⅱ、Ⅲ,如图 5-14(b)所示。刚片Ⅰ和Ⅲ以铰 A 相连,B 铰是联系刚片Ⅱ和Ⅲ的约束,刚片Ⅰ和刚片Ⅱ是用 CD、EF 两链杆相连,相当于一个虚铰 O。则连接三刚片的三个铰(A、B、O)不在一直线上,符合"三刚片规则",故体系为几何不变且无多余约束。

【例 5-3】 试对图 5-15(a)所示桁架作几何组成分析。

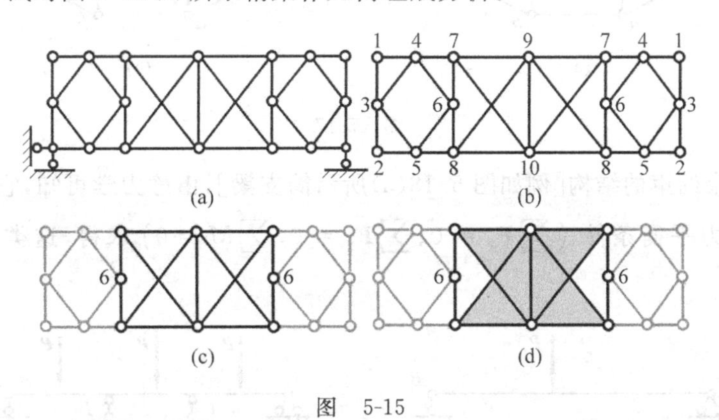

图　5-15

解:此体系的支座链杆只有三根,且不完全平行也不交于一点,按"两刚片规则",桁架与地基组成几何不变部分,故可只分析桁架本身是否为几何不变,如图 5-15(b)所示。

按照"二元体规则",依次减少二元体 1-3-4、2-3-5、4-6-7、5-6-8,桁架剩余部分如图 5-15(c)所示;然后以铰接三角形 7-9-10 为基本单元,增加二元体 8-9-10 组成几何不变体系,当增加到结点 6 时,如图 5-15(d)所示,二元体的两杆共线,故此体系为瞬变体系,不能作为结构。

本题可以看出此类体系装配方式:先在内部一个或几个刚片作为基本刚片,将其周围的部件按照基本法则进行装配,形成一个或几个扩大的基本刚片。最后将扩大的基本刚片再与地基装配起来,从而形成整个体系。

5.3 静定结构与超静定结构的概念

前已述及用来作为结构的杆件体系必须是几何不变的，而几何不变体系又可分为无多余约束的和有多余约束的，后者的约束数目除满足几何不变性要求外尚有多余。因此，结构可分为无多余约束的和有多余约束的两类。例如图 5-16(a)所示连续梁，如果将 C、D 两支座链杆去掉[图 5-16(b)]仍能保持其几何不变性，且此时无多余约束，所以该连续梁有两个多余约束。又如图 5-17(a)所示组合梁，若将链杆 ab 去掉[图 5-17(b)]，则结构成为没有多余约束的几何不变体系，故该组合梁具有一个多余约束。

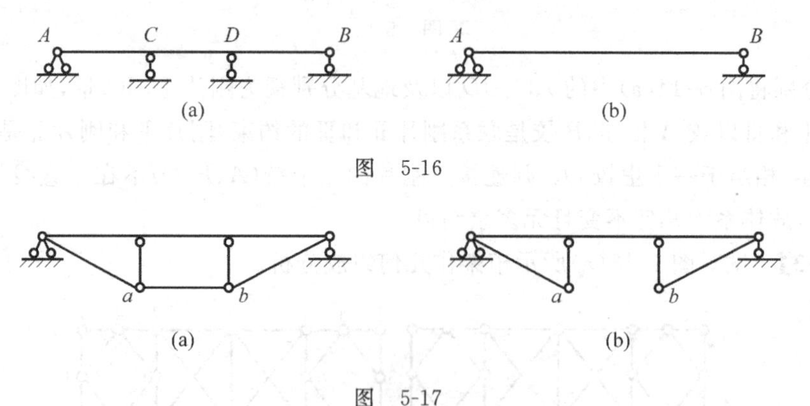

图 5-16

图 5-17

对于无多余约束的结构[例如图 5-18(a)所示简支梁]，由静力学可知，它的全部反力和内力都可由静力平衡条件 $\left(\sum F_x = 0、\sum F_y = 0、\sum M = 0\right)$ 求得，这类结构称为静定结构。

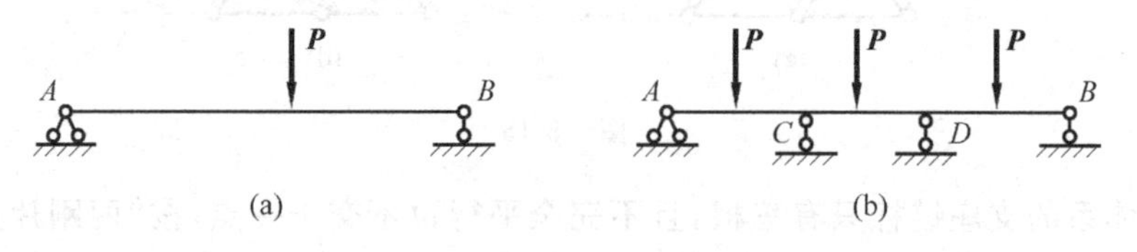

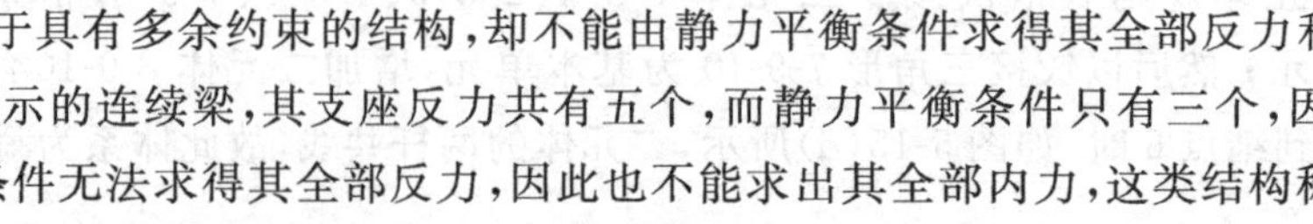

图 5-18

但是，对于具有多余约束的结构，却不能由静力平衡条件求得其全部反力和内力。例如图 5-18(b)所示的连续梁，其支座反力共有五个，而静力平衡条件只有三个，因而仅利用三个静力平衡条件无法求得其全部反力，因此也不能求出其全部内力，这类结构称为超静定结构。超静定结构只有考虑到物体受力后的变形，在静力平衡方程之外，再列出某些补充方程，其反力或内力求解问题方可解决。

总之，静定结构是没有多余约束的几何不变体系，超静定结构是有多余约束的几何不变体系。结构的超静定次数就等于几何不变体系的多余约束个数。

单元习题

试对图 5-19 所示平面体系进行几何组成分析。

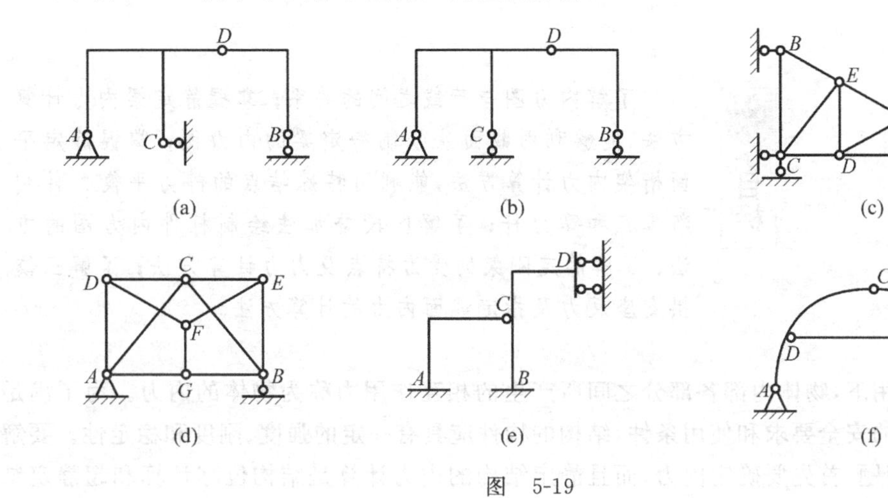

图　5-19

教学单元 6 静定结构构件的内力

扫描二维码下载
教学课件

了解内力图与荷载之间的关系；掌握静定梁内力计算方法，能够利用截面法绘制静定梁的内力图；掌握静定平面桁架内力计算方法，能利用特殊结点的静力平衡条件判断零杆和等力杆；了解区段叠加法绘制杆件内力图的方法；了解静定刚架的受力特点及内力计算方法；了解三铰拱支座反力及指定截面内力的计算方法。

在外力作用下，物体内部各部分之间所产生的相互作用力称为物体的内力。为了满足建筑工程结构的安全要求和使用条件，结构的构件应具有一定的强度、刚度和稳定性。要解决强度、刚度问题，首先要确定内力，而且静定结构的内力计算是结构位移计算和超静定结构内力计算的基础。因此，熟练地掌握静定结构的内力计算方法，深入了解各种结构的力学性能，对于学习不同类型建筑的结构布置方法至关重要。本单元结合几种常见的典型结构形式（如梁、刚架、桁架、拱等）讨论静定结构的内力计算问题。

6.1 梁的弯曲内力

如图 6-1 所示，当构件承受垂直于其轴线的外力，或位于其轴线所在平面内的力偶作用时，其轴线由原来的直线变为曲线（称为挠曲线），这种变形称为弯曲变形。产生弯曲变形的构件，称为受弯构件，水平的受弯构件一般称为梁。本单元主要研究梁发生平面弯曲（即梁具有纵向对称面，所有外力均作用在纵向对称面内，挠曲线也在纵向对称面内）时的内力。

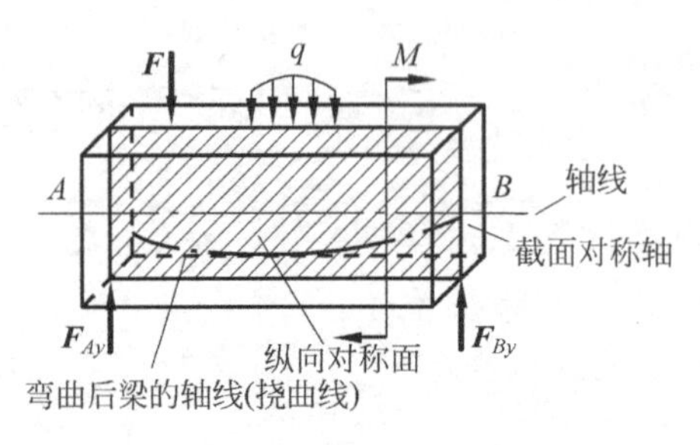

图 6-1

6.1.1 内力概述

求解构件内力最基本的方法是截面法。构件在外力作用下,整体处于平衡,则任意局部处于平衡,因此,可用一假想的平面截取脱离体,用平衡条件求解。梁在外力作用下,发生平面弯曲时的内力有弯矩、剪力、轴力。

如图 6-2(a)所示的梁 AB 在外力(荷载和支座反力)作用下处于平衡状态,现讨论距左支座为 x 处的横截面 $m—m$ 上的内力。假设外力作用在通过杆件轴线的同一平面内。

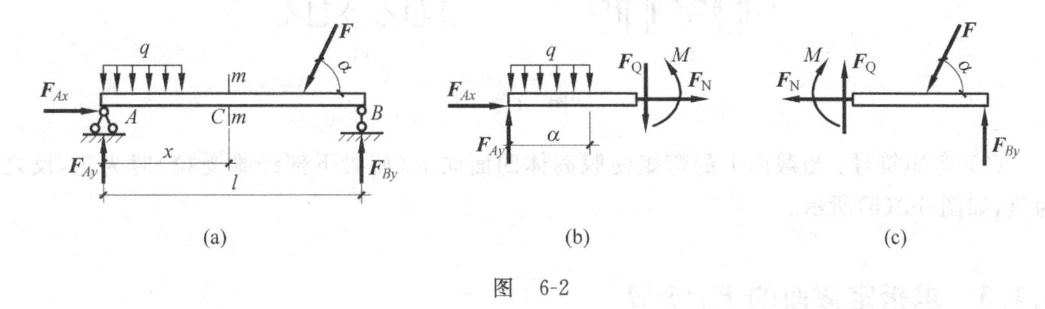

图 6-2

在 $m—m$ 处用一假想截面将梁 AB 截开分成左右两段,以左段为研究对象(即视为脱离体),右段视为左段的约束。实际状态中两段间既不能相对移动,也不能相对转动,为了维持其平衡,此时的约束力应用沿杆件轴线方向和垂直于杆件轴线方向的两个力和一个力偶表示。这两个力和一个力偶就是横截面 $m—m$ 上的内力。由图 6-2(b)、(c)可以看出,内力总是成对出现的,它们等值、反向地作用在截面左、右两段的 $m—m$ 横截面上。

沿杆件轴线方向的内力 $\boldsymbol{F}_N$ 称为轴力。规定轴力使所研究的杆段受拉时为正,反之为负,具体介绍详见本书教学单元 3。本单元只介绍梁在平面平行力系作用下的内力求解方法。

沿杆件横截面(垂直杆件轴线)方向的内力 $\boldsymbol{F}_Q$ 称为剪力,它使梁发生相对错动,产生剪切的效果;位于纵向对称面上的内力偶矩 M 称为弯矩,它使梁发生弯曲变形。

使用截面法,由左段的平衡条件

$$\sum F_y = 0, \quad F_{Ay} - qa - F_Q = 0$$

得

$$F_Q = F_{Ay} - qa$$

$$\sum M_C = 0, \quad M + qa\left(x - \frac{a}{2}\right) - F_{Ay}x = 0 \quad (C\text{ 为截面形心})$$

得

$$M = F_{Ay}x - qa\left(x - \frac{a}{2}\right)$$

如取右段梁为脱离体,所得 F_Q、M 与取左段梁所得 F_Q、M 的数值相同,而方向相反。因为,它们是作用力与反作用力的关系。

6.1.2 F_Q与M的正负号规定

对剪力和弯矩的正负号规定如下。

(1) 剪力符号：当截面上的剪力使脱离体有顺时针方向转动趋势时为正，反之为负，如图 6-3(a)所示。

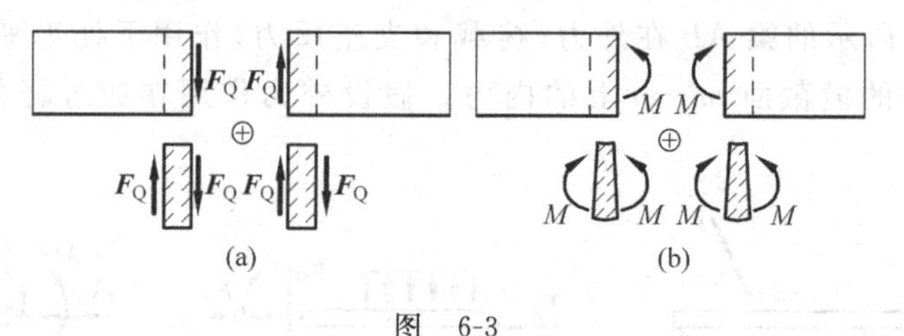

图 6-3

(2) 弯矩符号：当截面上的弯矩使脱离体凹面向上(使梁下部纤维受拉)时为正，反之为负，如图 6-3(b)所示。

6.1.3 求指定截面的F_Q与M

【例 6-1】 如图 6-4(a)所示简支梁，试求截面B处的剪力和弯矩。

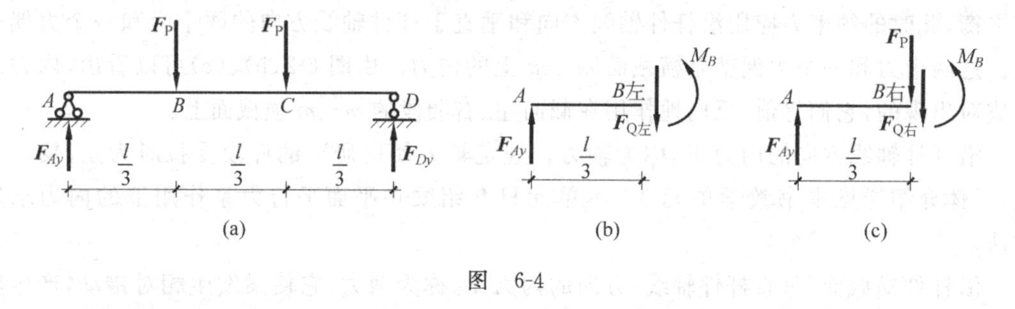

图 6-4

解：(1) 求梁的支座反力。

由对称性可知：$F_{Ay}=F_{Dy}=F_P$。

(2) 求B截面上的剪力和弯矩。

在截面B处将梁截开，取左段为研究对象，由于截面B处有集中力$\boldsymbol{F}_P$，故截面B处的剪力有两种情况，即：截面B左侧剪力$\boldsymbol{F}_{Q左}$，如图 6-4(b)所示；截面B右侧剪力$\boldsymbol{F}_{Q右}$，如图 6-4(c)所示。

由图 6-4(b)可知，$\sum F_y=0, F_{Ay}-F_{Q左}=0$，故 $F_{Q左}=F_{Ay}=F_P$。

由图 6-4(c)可知，$\sum F_y=0, F_{Ay}-F_P-F_{Q右}=0$，故 $F_{Q右}=0$。

由 $\sum M_B=0, M_B-F_{Ay}\cdot\dfrac{l}{3}=0$，故 $M_B=\dfrac{F_P l}{3}$。

【例 6-2】 如图 6-5(a)所示外伸梁，试求截面 B 处的剪力和弯矩。

解：(1) 求梁的支座反力。

由整体平衡条件，得

$$\sum M_A = 0,\quad F_{By} \cdot l - q \cdot \frac{3l}{2} \cdot \frac{3l}{4} = 0$$

故

$$F_{By} = \frac{9ql}{8}$$

(2) 求 B 截面处的剪力和弯矩。

在截面 B 处将梁截开，取右段为研究对象，由于截面 B 处有支座反力，故截面 B 上的剪力有两种情况：截面 B 左侧剪力为 $F_{Q左}$，如图 6-5(b)所示；截面 B 右侧剪力为 $F_{Q右}$，如图 6-5(c)所示。

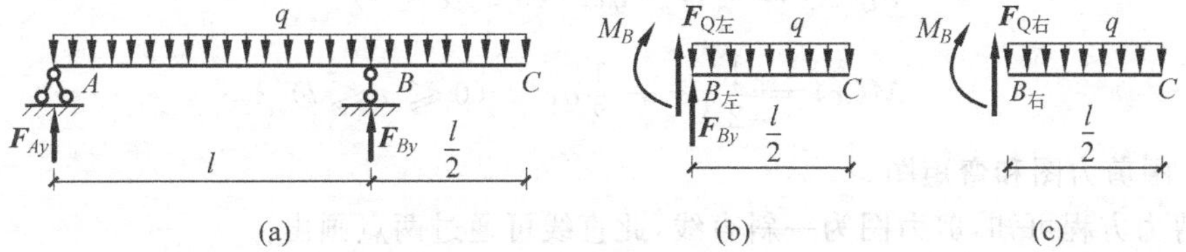

(a)　(b)　(c)

图　6-5

如图 6-5(b)所示，由 $\sum F_y = 0, F_{Q左} + F_{By} - q \times \frac{l}{2} = 0$，得 $F_{Q左} = \frac{ql}{2} - \frac{9ql}{8} = -\frac{5}{8}ql$。

如图 6-5(c)所示，由 $\sum F_y = 0, F_{Q右} - q \times \frac{l}{2} = 0$，得 $F_{Q右} = \frac{1}{2}ql$。

由 $\sum M_B = 0, -M_B - q \times \frac{l}{2} \times \frac{l}{4} = 0$，得 $M_B = -\frac{1}{8}ql^2$。

注意

在用截面法求截面内力时，不能先将梁上的荷载用等效力系代替。

通过例题，总结梁上横截面的内力有以下规律。

(1) 横截面上的剪力在数值上等于该截面左侧(或右侧)梁上外力在垂直于杆轴方向上投影的代数和。

(2) 横截面上的弯矩在数值上等于该截面左侧(或右侧)梁上外力对该截面形心的力矩代数和。

利用上述规律，可直接写出任意截面上内力的数值大小，然后判断正负号；求剪力时，左上右下取正，反之取负；求弯矩时，左顺右逆取正，反之取负。

6.2　列方程作梁的内力图

一般情况下，梁各个截面上的剪力和弯矩是不同的，它们随截面位置不同而变化。我们把 $F_Q = F_Q(x)$ 和 $M = M(x)$ 分别称为梁的剪力方程和弯矩方程。为了形象地表示内力变化规律，通常把剪力和弯矩沿梁轴的变化规律用图形来表示，如以 x 为横坐标轴，以 F_Q 或 M 为纵坐标轴，可分别绘制 $F_Q=F_Q(x)$ 和 $M=M(x)$ 的图形。这种图形分别称为梁的剪力图和弯矩图。

下面举例说明列剪力方程、弯矩方程以及绘制剪力图、弯矩图的方法。

【例 6-3】 如图 6-6(a)所示简支梁，试作梁的剪力图和弯矩图。

解：(1) 求支座反力。

由对称性可知：$$F_{Ay}=F_{By}=\frac{1}{2}ql \quad (\uparrow)$$

(2) 列剪力方程和弯矩方程。

取梁的左端为坐标原点，则

$$F_Q(x)=\frac{1}{2}ql-qx \quad (0\leqslant x\leqslant l)$$

$$M(x)=\frac{1}{2}qlx-\frac{1}{2}qx^2 \quad (0\leqslant x\leqslant l)$$

(3) 画剪力图和弯矩图。

由剪力方程可知，剪力图为一斜直线，此直线可通过两点画出。

当 $x=0, F_Q=\frac{1}{2}ql$；当 $x=l, F_Q=-\frac{1}{2}ql$。

做剪力图，如图 6-6(b)所示。

由弯矩方程可知，弯矩图为一抛物线，此抛物线至少需要知道三点的值才能确定。

当 $x=0, M(x)=0$；当 $x=l, M(x)=0$。

当 $x=\frac{l}{2}, M(x)=\frac{1}{2}ql\cdot\frac{l}{2}-\frac{1}{2}q\left(\frac{l}{2}\right)^2=\frac{1}{8}ql^2$。

所作弯矩图如图 6-6(c)所示。

【例 6-4】 如图 6-7(a)所示简支梁在 C 处受集中力 $\boldsymbol{F}_P$ 作用，试绘制梁的剪力图和弯矩图。

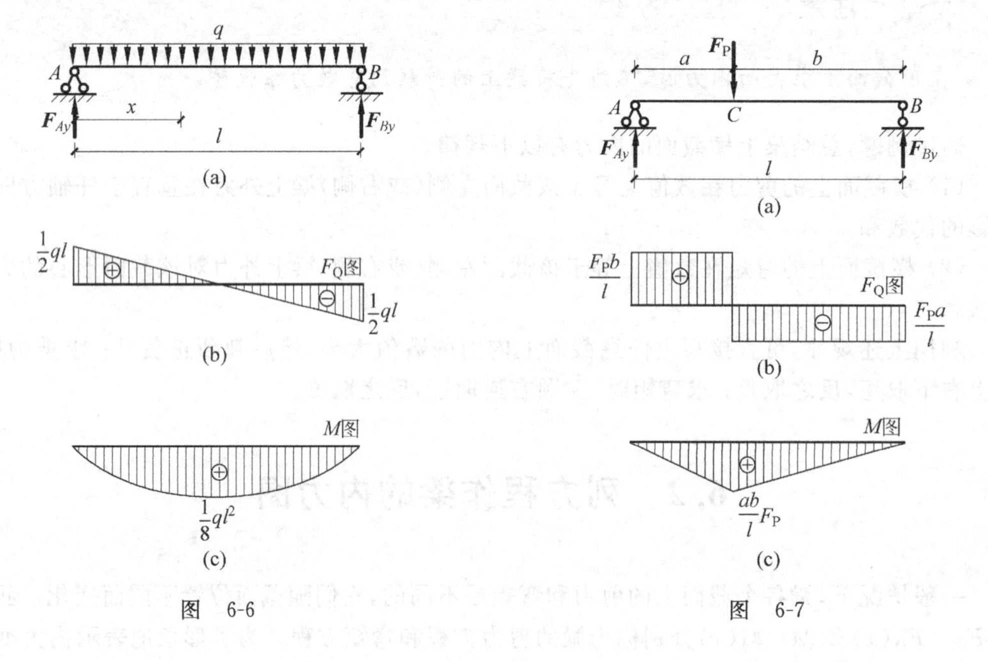

图 6-6　　　　图 6-7

解：(1) 求支座反力。

由 $\sum M_B = 0$ 和 $\sum M_A = 0$ 分别求得

$$F_{Ay} = \frac{F_P b}{l} \quad (\uparrow), \quad F_{By} = \frac{F_P a}{l} \quad (\uparrow)$$

(2) 列剪力方程和弯矩方程。

由于在截面 C 处作用集中力 F_P，故将梁分成 AC 和 CB 两段，则

AC 段：

$$F_Q(x) = F_{Ay} = \frac{F_P b}{l} \quad (0 \leqslant x \leqslant a)$$

$$M(x) = F_{Ay}x = \frac{F_P b}{l}x \quad (0 \leqslant x \leqslant a)$$

CB 段：

$$F_Q(x) = F_{Ay} - F_P = -\frac{F_P a}{l} \quad (a \leqslant x \leqslant l)$$

$$M(x) = F_{Ay}x - F_P(x-a) = \frac{F_P a}{l}(l-x) \quad (a \leqslant x \leqslant l)$$

(3) 画剪力图和弯矩图。

由剪力方程和弯矩方程作梁的剪力图和弯矩图，分别如图 6-7(b)、(c)所示。从图中可以看出：在集中力作用处，剪力图发生突变，突变量等于该集中力的大小。

【例 6-5】 如图 6-8(a)所示简支梁在截面 C 处受集中力偶作用，试作梁的剪力图和弯矩图。

解：(1) 求支座反力。

由 $\sum M_B = 0$ 和 $\sum M_A = 0$ 分别求得

$$F_{Ay} = -\frac{M_0}{l} \quad (\downarrow), \quad F_{By} = \frac{M_0}{l} \quad (\uparrow)$$

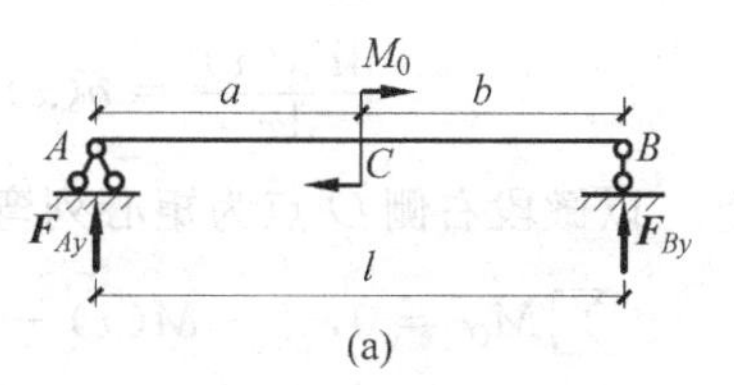

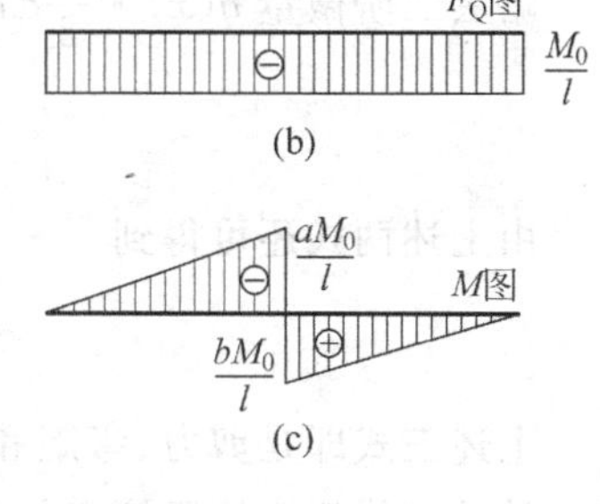

图 6-8

(2) 分段列剪力方程和弯矩方程。

AC 段：

$$F_Q(x) = F_{Ay} = -\frac{M_0}{l} \quad (0 \leqslant x \leqslant a)$$

$$M(x) = F_{Ay}x = -\frac{M_0}{l}x \quad (0 \leqslant x \leqslant a)$$

CB 段：

$$F_Q(x) = F_{Ay} = -\frac{M_0}{l} \quad (a \leqslant x \leqslant l)$$

$$M(x) = F_{Ay}x + M_0 = M_0 - \frac{M_0}{l}x \quad (a \leqslant x \leqslant l)$$

(3) 画剪力图和弯矩图。

由剪力方程和弯矩方程作梁的剪力图和弯矩图，分别如图 6-8(b)、(c)所示。从图中可以看出：在集中力偶作用处，弯矩图发生突变，突变量等于该力偶的力偶矩。

6.3 简易法作梁的内力图

6.3.1 $F_Q(x)$、M 与 q 之间的微分关系

图 6-9(a)为一承受集中荷载 $\boldsymbol{F}_n$ 和均布荷载 $q=q(x)$作用的梁段，在此规定荷载向上为正，反之为负。取梁段的左端为坐标原点，任意截取长度为 $\mathrm{d}x$ 的微段来分析，如图 6-9(b)所示。

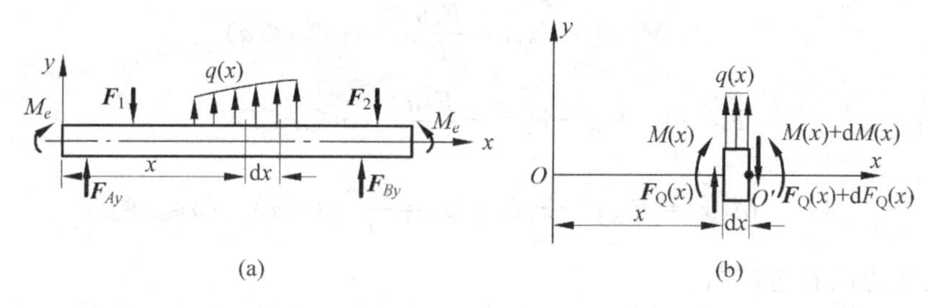

图 6-9

设左侧截面的剪力、弯矩分别为 $F_Q(x)$、$M(x)$，设右侧截面的剪力、弯矩分别为 $F_Q(x)+\mathrm{d}F_Q(x)$、$M(x)+\mathrm{d}M(x)$。由于 $\mathrm{d}x$ 很小，微段上作用的分布荷载可看成是均布的。

由微段梁的平衡条件

$$\sum F_y = 0,\quad F_Q(x)+q(x)\mathrm{d}x-[F_Q(x)+\mathrm{d}F_Q(x)]=0$$

$$\frac{\mathrm{d}F_Q(x)}{\mathrm{d}x}=q(x) \tag{6-1}$$

以微段右侧 O' 点为矩心列弯矩平衡条件

$$\sum M_{O'} = 0,\quad -M(x)-F_Q(x)\mathrm{d}x-q(x)\mathrm{d}x\cdot\frac{1}{2}\mathrm{d}x+[M(x)+\mathrm{d}M(x)]=0$$

略去二阶微量 $q(x)\cdot\frac{1}{2}\mathrm{d}x^2$ 后得

$$\frac{\mathrm{d}M(x)}{\mathrm{d}x}=F_Q(x) \tag{6-2}$$

由上述两式还可得到

$$\frac{\mathrm{d}^2M(x)}{\mathrm{d}x^2}=q(x) \tag{6-3}$$

上述三式即是剪力、弯矩和分布荷载集度之间的微分关系。其几何意义是：剪力图上某点处的切线斜率等于该点处分布荷载的集度；弯矩图上某点处的切线斜率等于该点处剪力的大小。此外，当 $F_Q(x)=0$ 时，弯矩图上有极值点。

6.3.2 梁内力图的规律

表 6-1 和表 6-2 分别为简支梁、悬臂梁在简单荷载作用下的内力图规律表。

表 6-1　简单荷载作用下的简支梁内力图规律表

	跨中集中荷载	集中荷载	均布荷载	集中力偶
计算简图	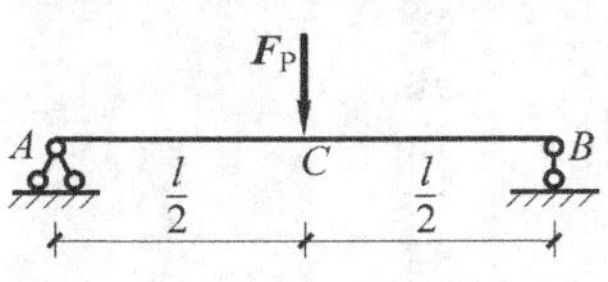 F_P；A，C，B；$\frac{l}{2}$，$\frac{l}{2}$	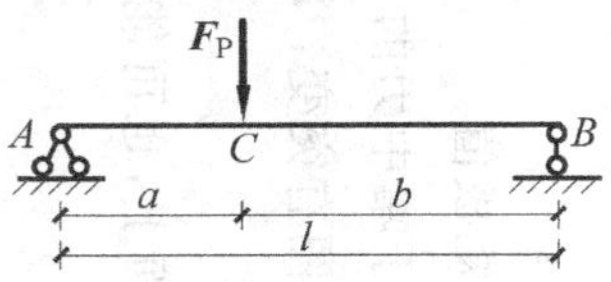 F_P；A，C，B；a，b，l	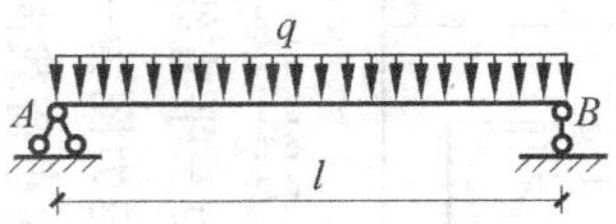 q；A，B；l	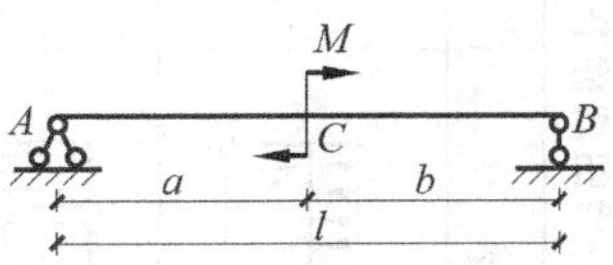 M；A，C，B；a，b，l
剪力图	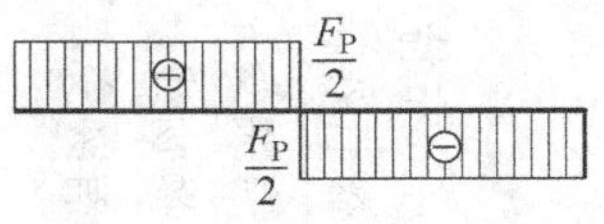 ⊕ $\frac{F_P}{2}$；⊖ $\frac{F_P}{2}$	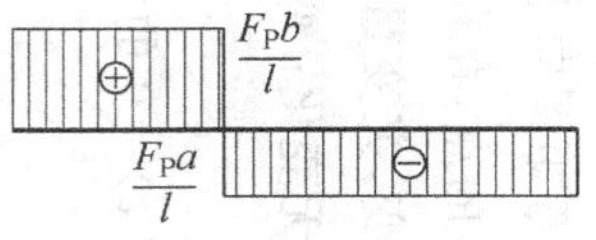 ⊕ $\frac{F_Pb}{l}$；⊖ $\frac{F_Pa}{l}$	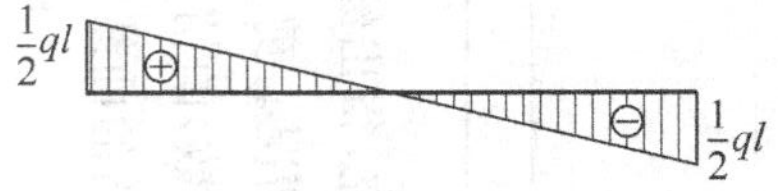 ⊕ $\frac{1}{2}ql$；⊖ $\frac{1}{2}ql$	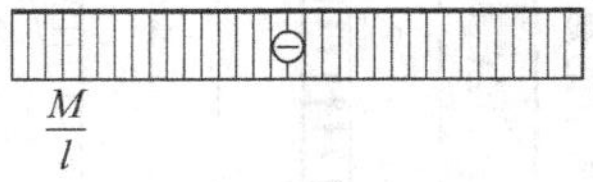 ⊖ $\frac{M}{l}$
弯矩图	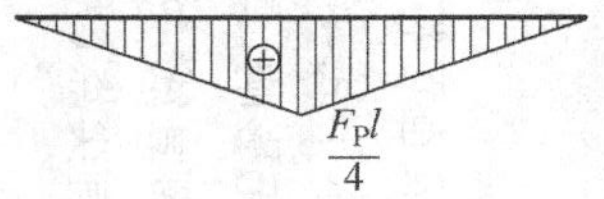 ⊕ $\frac{F_Pl}{4}$	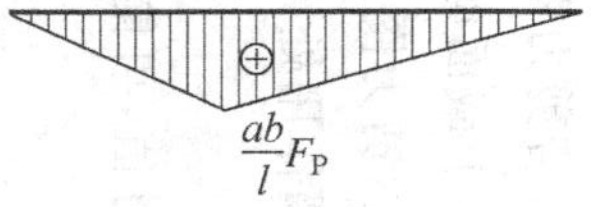 ⊕ $\frac{ab}{l}F_P$	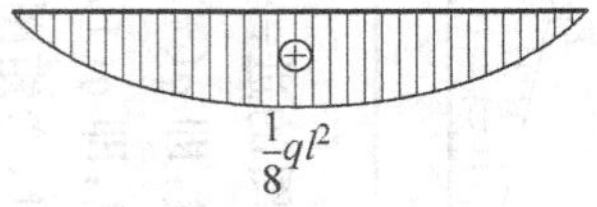 ⊕ $\frac{1}{8}ql^2$	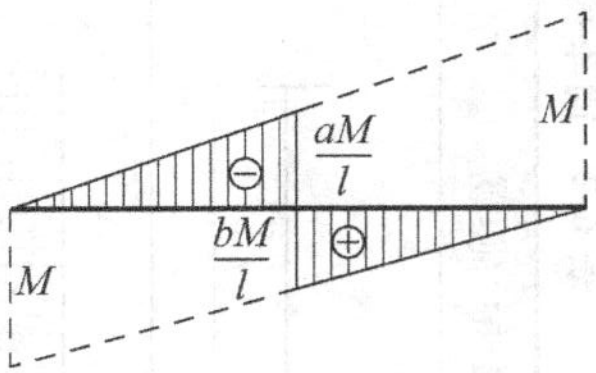 ⊖ $\frac{aM}{l}$；⊕ $\frac{bM}{l}$；M，M

表 6-2　简单荷载作用下的悬臂梁内力图规律表

	集 中 荷 载	均 布 荷 载	集 中 力 偶
计算简图	F_P B A l	q B A l	M B C A a b l
剪力图	⊖ F_P	⊖ ql	
弯矩图	F_Pl ⊖	$\frac{1}{2}ql^2$ ⊖	M ⊕

通过对剪力图、弯矩图的进一步的研究，得出绘制内力图的规律。

(1) 梁上无分布荷载，即 $q(x)=0$ 的情况。剪力图为一平直线，弯矩图为一斜直线。

(2) 梁上有均布荷载，即 $q(x)=q_0$（常数）的情况。剪力图为一斜直线，弯矩图为二次抛物线。当均布荷载向下时，弯矩图为向下凸的曲线；当均布荷载向上时，弯矩图为向上凸的曲线。

(3) 在梁的某段上，若剪力为正值，弯矩曲线下降，若剪力为负值，弯矩曲线上升；若剪力图下降，弯矩图向下凸，若剪力图上升，弯矩图向上凸。

(4) 在弯矩图上对应于截面剪力为零的点，存在弯矩极值。

(5) 在集中力作用处，剪力图发生突变，突变量等于集中力的大小；弯矩图发生转折，并出现尖角。在集中力偶作用处，剪力图无变化；弯矩图有突变，其突变值等于该集中力偶的大小。

(6) 最大弯矩的绝对值，可能在 $F_Q(x)=0$ 的截面上，也可能在集中力或集中力偶作用处。

小知识

根据梁内力图规律表也可将梁的内力分布特点以如下口诀形式表达。

剪力图：没有荷载水平线，均布荷载斜直线；
　　　　力偶荷载无影响，集中荷载有突变。

弯矩图：没有荷载斜直线，均布荷载抛物线；
　　　　集中荷载有尖点，力偶荷载有突变。

根据以上规律，如果已知梁上的外力情况，就可知道内力图的形状，并可用控制截面把梁分成几段，只要计算出各控制截面的剪力和弯矩值，就可以画出梁的内力图，而不必列出内力方程。这种方法一般称为控制截面法，或称简易法。用简易法绘制梁内力图的步骤如下。

(1) 利用静力平衡条件求解支座反力。

(2) 在梁上集中荷载和集中力偶的作用点、均布荷载的起止点、梁的支承点以及其他特征点处用截面将梁分成几段,每一段的分界点作为绘制内力图的控制点。

(3) 分别求出各控制点处截面的剪力、弯矩值,应用内力图的规律绘制梁的内力图。

【例 6-6】 如图 6-10 所示一外伸梁,试绘制梁的剪力图和弯矩图。

解:由梁的平衡条件,求得支座反力为

$$F_{By}=20\text{kN},\quad F_{Dy}=8\text{kN}$$

根据梁上的荷载情况,将梁分为 AB、BC、CD 三段。

(1) 绘制剪力图。

利用横截面上内力的规律求得

A 点: $F_{QA}=0$

B 点: $F_{QB左}=-q\times2=-8(\text{kN})$, $F_{QB右}=-q\times2+F_{By}=12(\text{kN})$

D 点: $F_{QD}=-F_{Dy}=-8\text{kN}$

根据内力图的规律分别绘制剪力图,如图 6-10(b)所示。

AB 段:为均布荷载段,剪力图为斜直线,通过 F_{QA}、$F_{QB左}$ 画出此直线。

BC 段:无外力段,剪力图为水平线,通过 $F_{QB右}$ 画出此直线(B 处发生突变)。

CD 段:无外力段,剪力图为水平线,通过 F_{QD} 画出此直线(C 处发生突变)。

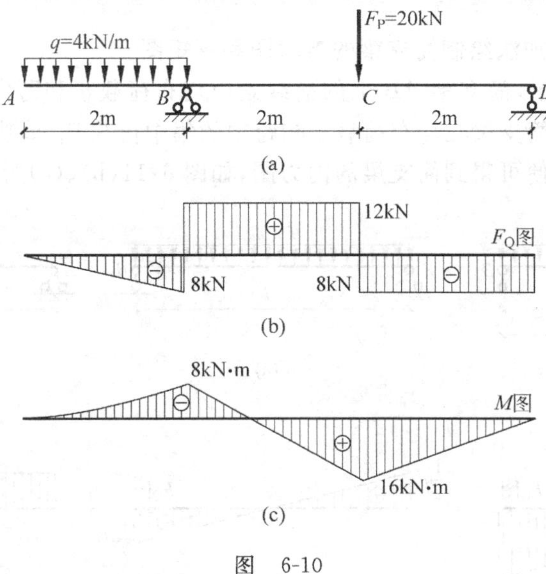

图 6-10

(2) 绘制弯矩图。

同理,利用横截面上内力的规律求得

A 点: $M_A=0\text{kN}\cdot\text{m}$

B 点: $M_B=-q\times2\times\dfrac{2}{2}=-8(\text{kN}\cdot\text{m})$

C 点: $M_C=F_{Dy}\times2=16(\text{kN}\cdot\text{m})$

D 点: $M_D=0\text{kN}\cdot\text{m}$

根据内力图的规律分别绘制弯矩图，如图 6-10(c)所示。

AB 段：为均布荷载段，弯矩图为下凸的抛物线，通过 M_A、M_B 画出此曲线的大致图形。

BC 段：无外力段，弯矩图为斜直线，通过 M_B、M_C 画出此直线。

CD 段：无外力段，弯矩图为斜直线，通过 M_C、M_D 画出此直线。

6.4 叠加法作梁的内力图

6.4.1 简支梁内力图的叠加

当梁在荷载作用下变形微小时，其跨长的改变可忽略不计，此时可用叠加原理，即由几个外力所引起的某一效应(支座反力、内力、应力、变形)，等于每个外力单独作用所引起的该效应的代数和。

注意

内力的叠加，是指内力纵坐标的叠加，而不是图形的简单拼合。

【例 6-7】 试用叠加法绘制简支梁的剪力图和弯矩图。

解：如图 6-11 所示，简支梁 *AB* 上的荷载是由均布荷载 q 和跨中的集中荷载 F_P 组合而成，根据表 6-1 所示简支梁在均布荷载 q 和跨中的集中荷载 $\boldsymbol{F}_P$ 单独作用下的剪力图和弯矩图，将对应图形叠加便可得到简支梁的内力图，如图 6-11(b)、(c)所示。

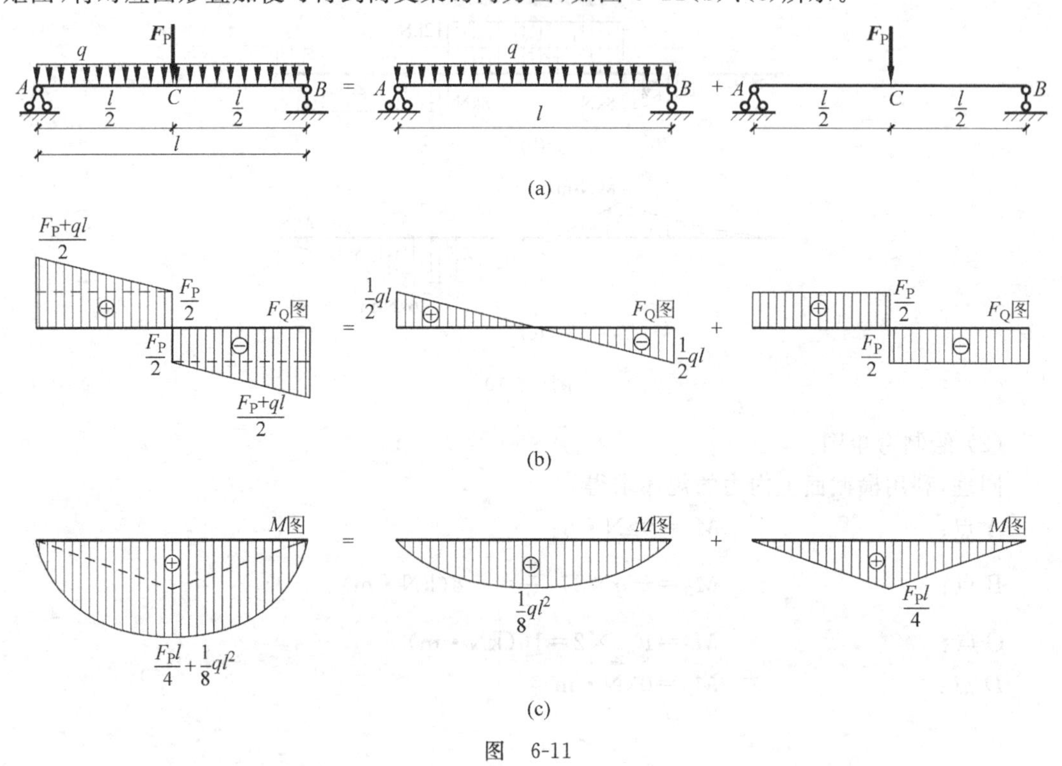

图 6-11

注意

当遇到叠加两个异号图形时，可在基线的同一侧叠加，这样可使图形重叠部分互相抵消，而剩下的便是所求得的图形，如图 6-12 所示。

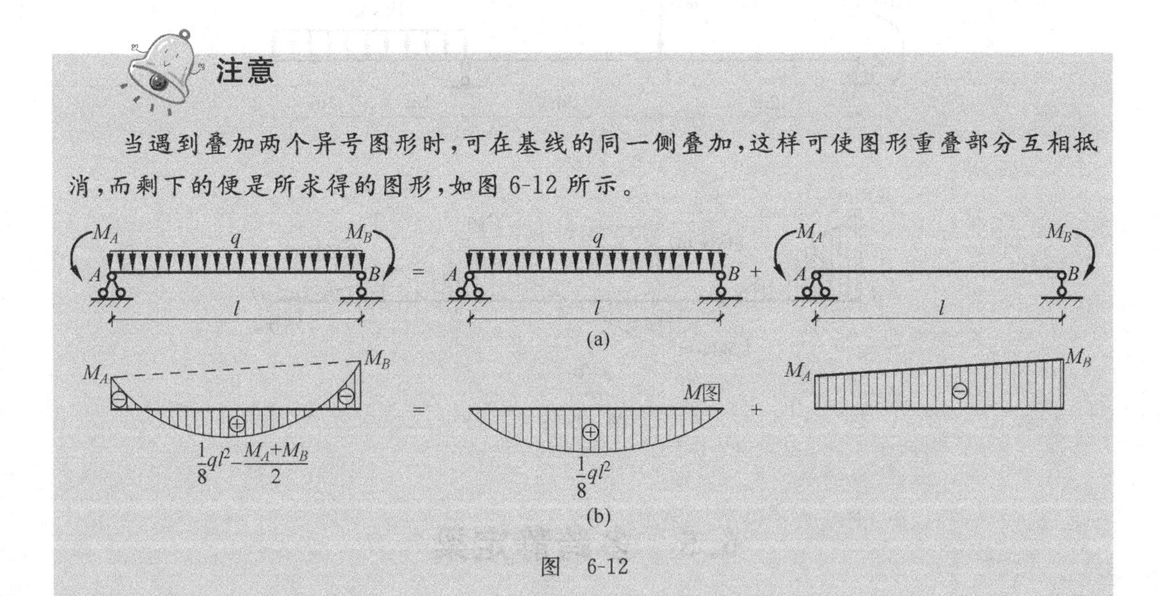

图 6-12

6.4.2 分段叠加法求梁段的弯矩图

当梁上的荷载布置比较复杂时，可以采用分段叠加法求梁的弯矩图，方法是：用控制截面把梁分成几段，先求得各控制截面的弯矩值，在弯矩图上将各控制截面弯矩值以虚直线相连；然后以虚直线为基线，叠加以对应长度为跨度的相应简支梁在跨间荷载作用下的弯矩图。

【例 6-8】 试用分段叠加法作图 6-13(a)中所示梁的弯矩图。

解：选取控制截面 A、B、C 将梁分成 AB、BD 两段。

(1) 计算控制截面的弯矩。

$$M_A=-3\text{kN}\cdot\text{m},\quad M_D=0$$

$$M_B=-\frac{1}{2}\times1\times2^2=-2(\text{kN}\cdot\text{m})$$

(2) 用分段叠加法作梁的弯矩图，如图 6-13(b)所示。

AB 段：将 A、B 两处的弯矩值以虚直线相连，然后以虚直线为基线，叠加以 AB 段长度为跨度的简支梁在跨中集中力作用下的弯矩图，即为本段 M 图。根据表 6-1 跨中集中荷载下的简支梁在跨中的弯矩值为 $1/4\times4\times4=4(\text{kN}\cdot\text{m})$，因此 AB 中点 C 的弯矩值为

$$M_C=-\frac{3+2}{2}+4=1.5(\text{kN}\cdot\text{m})$$

BD 段：先将 B、D 两处的弯矩值以虚直线相连，以虚直线为基线，叠加以 BD 段长度为跨度的简支梁在均布荷载作用下的弯矩图，即为本段 M 图。根据表 6-1 均布荷载下的简支梁在跨中的弯矩值为 $1/8\times1\times2^2=0.5(\text{kN}\cdot\text{m})$，因此 BD 中点 E 的弯矩值为

$$M_E=-\frac{2+0}{2}+0.5=-0.5(\text{kN}\cdot\text{m})$$

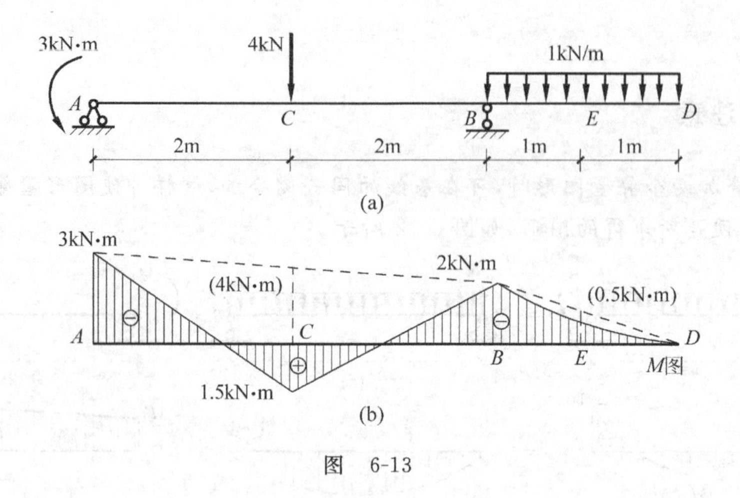

图 6-13

6.5 多跨静定梁

若干根梁用中间铰连接在一起，并以若干支座与基础相连，或者搁置于其他构件上而组成的静定梁，称为多跨静定梁。

在实际的建筑工程中，多跨静定梁常用来跨越几个相连的跨度。如在房屋建筑结构中的木檩条，就是多跨静定梁的结构形式，如图 6-14(a)所示为木檩条的构造图，其计算简图如图 6-14(b)所示。

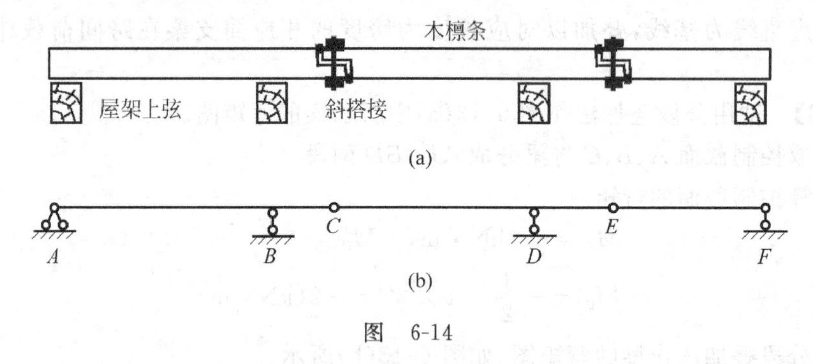

图 6-14

图 6-15(a)所示为一公路或城市桥梁中常采用的结构形式之一，也是多跨静定梁的结构形式，其计算简图如图 6-15(b)所示。

连接单跨梁的一些中间铰，在木结构中常采用斜搭接或并用螺栓连接，如图 6-14(a)所示，而在钢筋混凝土结构中其主要形式常采用企口结合，如图 6-15(a)所示。

从几何组成分析可知，图 6-15(b)中 AB 梁是直接由链杆支座与地基相连，是几何不变的。且梁 AB 本身不依赖梁 BC 和 CD 就可以独立承受荷载，所以称为基本部分。如果仅受竖向荷载作用，CD 梁也能独立承受荷载维持平衡，同样可视为基本部分。短梁 BC 是依靠基本部分的支承才能承受荷载并保持平衡，所以称为附属部分。为了更清楚地表示各部分之间的支承关系，把基本部分画在下层，将附属部分画在上层，如图 6-15(c)所示，我们称

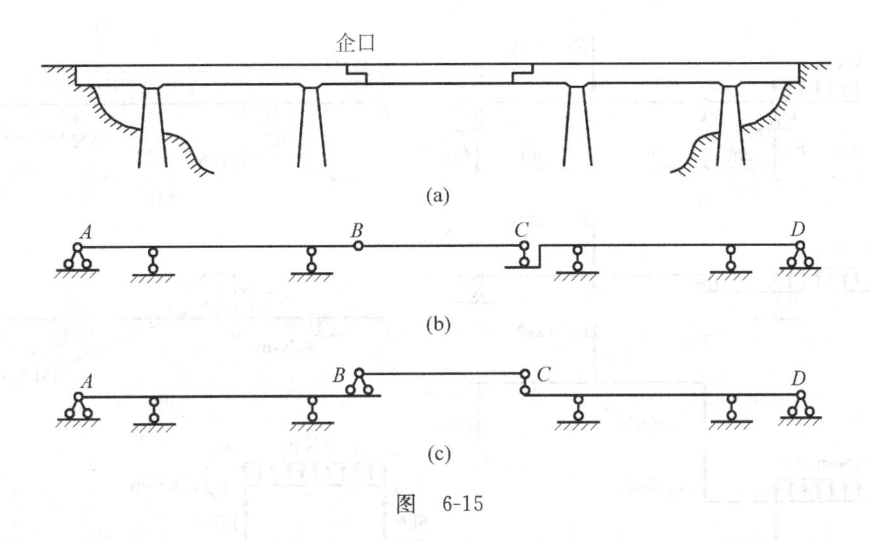

图　6-15

之为关系图或层叠图。

从受力分析来看，当荷载作用于基本部分时，只有该基本部分受力，而与其相连的附属部分不受力；当荷载作用于附属部分时，则不仅该附属部分受力，且通过铰接部分将力传至与其相关的基本部分上去。因此，计算多跨静定梁时，必须先计算附属部分，再计算基本部分，按组成顺序的逆过程进行。例如图 6-15(c)，应先从附属梁 BC 计算，再依次考虑 AB、CD 梁。这样便把多跨梁化为单跨梁，分别进行计算，从而可避免解算联立方程。再将各单跨梁的内力图连在一起，便得到多跨静定梁的内力图。

【例 6-9】 试作图 6-16(a)所示多跨静定梁的内力图。

解：(1) 作层叠图。

如图 6-16(b)所示，AC 梁为基本部分，CD 梁是通过铰 C 连接在 AC 梁上，要依靠 AC 梁才能保证其几何不变性，所以 CD 梁为附属部分。

(2) 计算支座反力。

从层叠图看出，应先从附属部分 CD 开始取脱离体，如图 6-16(c)所示。

$$\sum M_C = 0,\quad F_{Dy} \times 6 - 12 \times 3 = 0$$

$$\sum M_D = 0,\quad 12 \times 3 - F_{Cy} \times 6 = 0$$

$$F_{Dy} = 6\text{kN}\quad (\uparrow),\quad F_{Cy} = 6\text{kN}\quad (\uparrow)$$

将 F_{Cy} 反向，作用于梁 AC 上，计算基本部分

$$\sum M_A = 0,\quad -4 \times 4 \times 4 \times \frac{1}{2} + F_{By} \times 4 - 6 \times 6 = 0$$

$$\sum M_B = 0,\quad 4 \times 4 \times 4 \times \frac{1}{2} - 6 \times 2 - F_{Ay} \times 4 = 0$$

$$F_{Ay} = 5\text{kN}\quad (\uparrow),\quad F_{By} = 17\text{kN}\quad (\uparrow)$$

校核：由整体平衡条件得 $F_y = -4 \times 4 - 12 + 5 + 17 + 6 = 0$，无误。

(3) 绘制剪力图和弯矩图分别如图 6-16(d)和图 6-16(e)所示。绘制 AB 段弯矩图时，也可取简支梁 AB，其上受均布荷载和 B 端的杆端弯矩作用，如图 6-16(f)所示。然后用叠加法绘制该段的弯矩图。

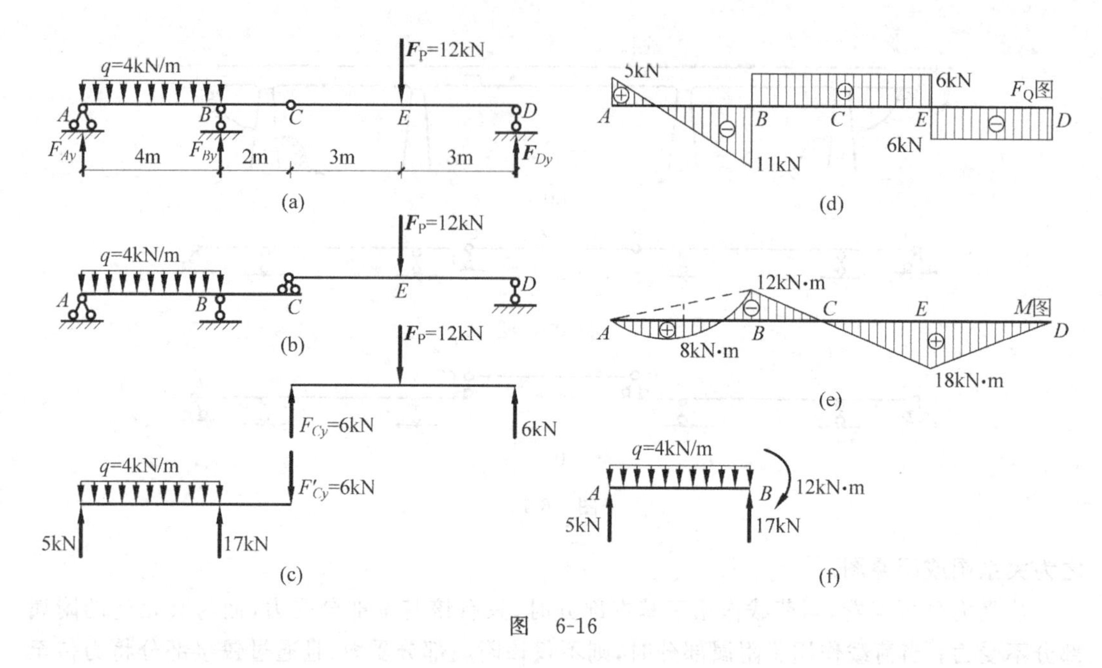

图 6-16

相同荷载下多跨静定梁比相同跨度的简支梁的跨中弯矩要小，且支座处受到弯矩作用，但弯矩的分布比较均匀，此即多跨静定梁的受力特征。多跨静定梁虽然比相应的多个简支梁要经济些，但构造要复杂些。一个具体工程，是采用单跨静定梁，还是多跨静定梁或其他形式的结构，需要作技术、经济比较后，从中选出最佳方案。

6.6 静定平面桁架

6.6.1 桁架的概念和特点

桁架是由若干根直杆在杆端用铰相互连接而成的结构。若组成桁架的各杆件不在同一平面内称为空间桁架；若组成桁架的各杆件在同一平面内，则称为平面桁架。例如，工程中广泛采用的屋架、桁架桥、高压输电塔等。实际桁架的结点可以是榫接、焊接、铆接等，受力情况比较复杂，计算时应进行简化，忽略次要因素对桁架作如下假设。

(1) 桁架的结点都是铰结点。

(2) 各杆件的轴线都是直线并通过铰的中心。

(3) 荷载和反力都作用在结点上。

符合上述假设的桁架称为理想桁架。桁架中每一杆件都是二力杆(即杆件内只有轴力)或零杆。在计算时，规定杆件轴力受拉为正，受压为负。

桁架中的杆件，按其所在位置的不同，可分为弦杆和腹杆。桁架上下周围的杆件称为弦杆，内部的杆件包括竖杆和斜杆统称为腹杆(图 6-17)。

桁架按几何组成方式可分为以下三种类型。

(1) 简单桁架——由一个基本铰接三角形开始，依次增加二元体所组成的桁架，如图 6-18(a)所示。

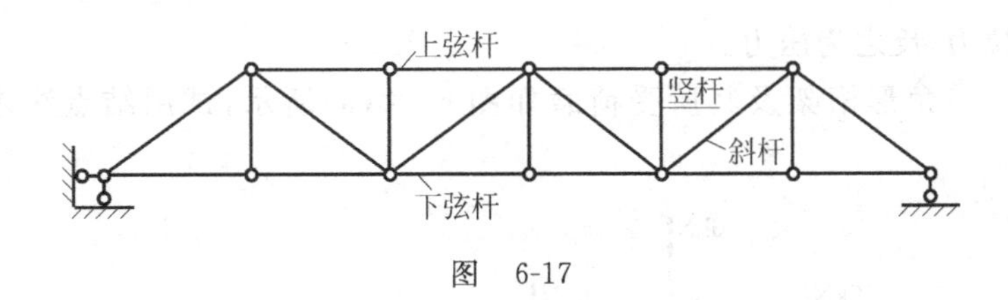

图　6-17

(2) 联合桁架——由几个简单桁架按照两刚片或三刚片规则联合所组成的几何不变的桁架，如图 6-18(b)所示。

(3) 复杂桁架——不是按照上述两种方式组成的其他桁架，如图 6-18(c)所示。

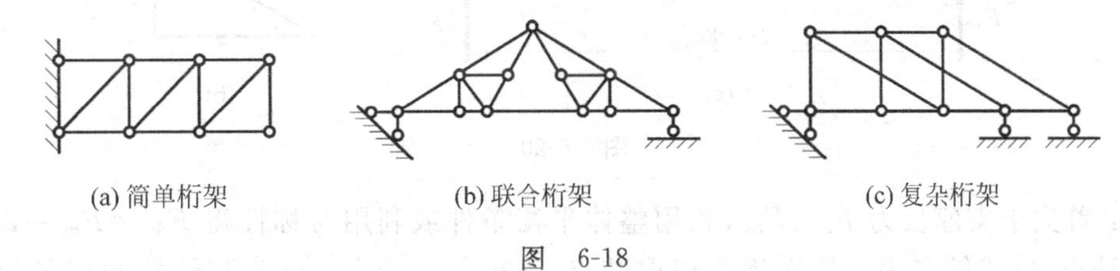

图　6-18

6.6.2　零杆的判断

桁架中某杆的轴力为零时，此杆称为零杆。在计算时，宜先判断出零杆，使计算得以简化。常见的零杆有以下几种情况。

(1) 不共线的两杆交于一点，若结点无荷载，则两杆的轴力都为零，如图 6-19(a)所示。

(2) 不共线的两杆结点，若存在外力且与其中一杆共线，则另外一杆的轴力必为零，如图 6-19(b)所示。

(3) 三杆交于一点，其中两杆共线，若结点无荷载，则第三杆是零杆，而在共线上的两杆轴力大小相等，且性质相同(同为拉力或压力)，如图 6-19(c)所示。

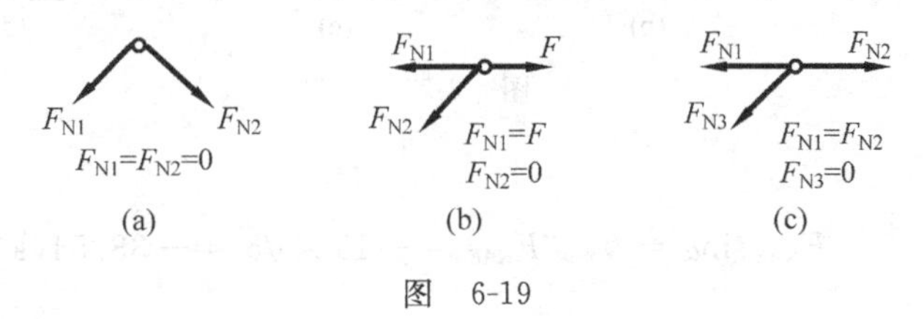

图　6-19

6.6.3　结点法计算桁架杆件内力

桁架在结点荷载和支座反力的作用下，处于平衡，则桁架的每一个结点、杆件、局部脱离体都处于平衡。

结点法是以截取桁架的结点为脱离体，利用各结点静力平衡条件计算各杆内力。每一个平面桁架的结点受平面汇交力系的作用，可以并且只能列两个独立的平衡方程。因此，在所取结点上，未知内力的个数不能超过两个。在求解时，应先截取只有两个未知力的结点，依次逐点计算，即可求得所有杆件的内力。计算时通常先假设未知杆件轴力为拉力，若计算结果为正即为拉力，反之为压力。

【例 6-10】 三角形桁架及其所受荷载如图 6-20(a)所示，试用结点法求所有杆件的轴力。

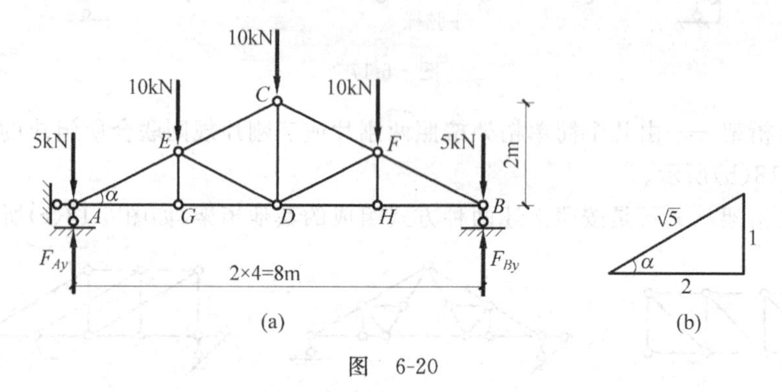

(a) (b)

图 6-20

解：首先求支座反力 F_{Ay}、F_{By}，利用整体平衡条件或利用对称性得 $F_{Ay}=F_{By}=20\text{kN}$。然后从结点 A(或结点 B)，依次逐个截取结点，求得各杆轴力。注意到结构和荷载的对称性，支座反力和轴力也是对称的，故只要计算桁架的一半即可。又根据零杆的判断方法。可知 EG 杆和 FH 杆为零杆，所以计算顺序可取 A、G、E、C。

如图 6-20(b)所示，由几何关系得知 $\sin\alpha=\dfrac{1}{\sqrt{5}}$，$\cos\alpha=\dfrac{2}{\sqrt{5}}$。

逐个取结点，列平衡方程并求解。分别取结点 A、G、E、C 为脱离体，受力分析如图 6-21 所示。

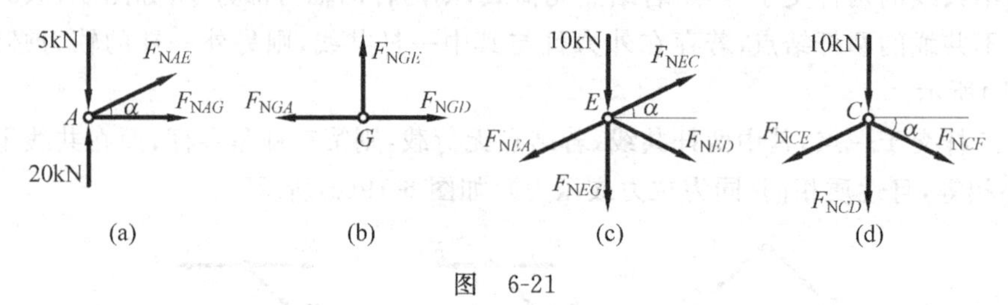

(a) (b) (c) (d)

图 6-21

结点 A：

$$\sum F_y=0,\quad 20-5+F_{NAE}\sin\alpha=0,\quad F_{NAE}=-15\times\sqrt{5}=-33.54(\text{kN})\quad(压)$$

$$\sum F_x=0,\quad F_{NAE}\cos\alpha+F_{NAG}=0,\quad F_{NAG}=-F_{NAE}\cos\alpha=33.5\times\frac{2}{\sqrt{5}}=30(\text{kN})\quad(拉)$$

结点 G：

$$F_{NGE}=0\quad(零杆)$$

$$\sum F_x=0,\quad F_{NGD}=F_{NGA}=30(\text{kN})\quad(拉)$$

结点 E：

$$\sum F_x=0,\quad F_{NEC}\cos\alpha+F_{NED}\cos\alpha-F_{NEA}\cos\alpha=0,\quad F_{NEC}+F_{NED}=-33.54$$

$$\sum F_y=0,\quad F_{NEC}\sin\alpha-F_{NED}\sin\alpha-F_{NEA}\sin\alpha-10=0,\quad F_{NEC}-F_{NED}=10\sqrt{5}-33.54$$

$$F_{NEC}=-22.36\text{kN}\quad(压),\quad F_{NED}=-11.18\text{kN}\quad(压)$$

结点 C：

$$\sum F_x = 0,\quad -F_{NCE} + F_{NCF} = 0,\quad F_{NCF} = F_{NCE} = -22.36\text{kN}\ \ (压)$$

$$\sum F_y = 0,\quad -10 - 2F_{NCE}\sin\alpha - F_{NCD} = 0,\quad F_{NCD} = -10 - 2\times\frac{1}{\sqrt{5}}\times(-22.36) = 10(\text{kN})\ \ (拉)$$

由计算结果可知，桁架的上弦杆都受压，而下弦杆都受拉，斜腹杆亦受压。所以，在屋架的制作中，下弦杆常用钢拉杆。上弦杆可用木材或钢筋混凝土制造。

6.6.4 截面法计算桁架杆件内力

1. 截面法原理

用结点法计算桁架的内力时，是按一定顺序逐个结点计算，这种方法前后计算相互影响，即后一结点的计算要用到前一结点计算的结果。若前面的计算错了，就会影响到后面的计算结果。另外，当桁架结点数目较多时，而问题又只要求桁架中的某几根杆件的轴力，这时用结点法求解就显得烦琐了，这种情况下可采用另一种方法就是截面法。

截面法是用一个截面截断若干根杆件将整个桁架分为两部分，并任取其中一部分(包括若干结点在内)作为脱离体，建立平衡方程求出所截断杆件的轴力。显然。作用于脱离体上的力系，通常为平面一般力系。因此，只要此脱离体上的未知力数目不多于三个，可利用一般力系的三个静力平衡方程，直接把截面上的全部未知力求出。

2. 截面法适用范围

(1) 求联合桁架的轴力。

(2) 求简单桁架中指定杆截面的轴力。

【例 6-11】 求图 6-22(a)所示桁架 1、2、3 杆的轴力 F_{N1}、F_{N2}、F_{N3}。

解：(1) 求支座反力。

$$\sum M_K = 0,\quad 10\times12 - F_{Ay}\times15 = 0,\quad F_{Ay} = 8(\text{kN})\quad (\uparrow)$$

$$\sum M_A = 0,\quad F_{Ky}\times15 - 10\times3 = 0,\quad F_{Ky} = 2(\text{kN})\quad (\uparrow)$$

(2) 求轴力。

取 $m—m$ 截面以右为脱离体，如图 6-22(b)所示。

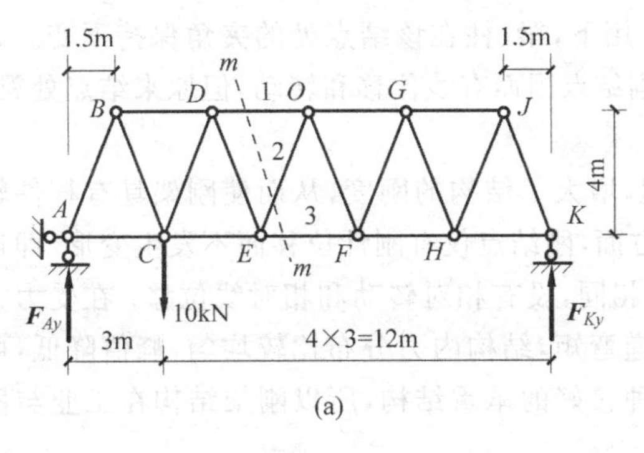

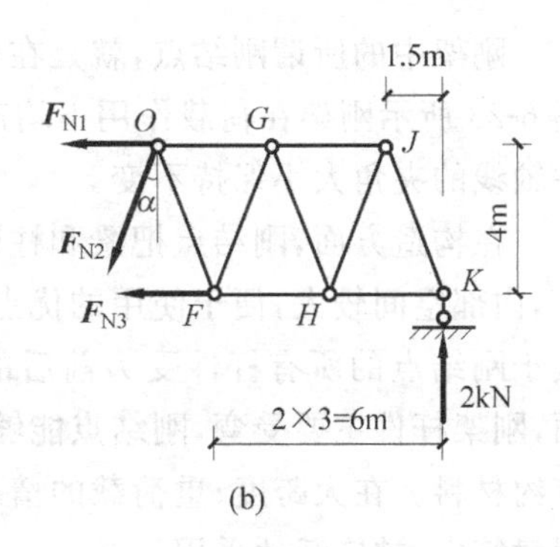

图 6-22

$$\sum F_y = 0,\quad 2 - F_{N2} \times \frac{4}{\sqrt{4^2 + 1.5^2}} = 0,\quad F_{N2} = 2.14\text{kN}\quad (拉)$$

$$\sum M_O = 0,\quad 2 \times 7.5 - F_{N3} \times 4 = 0,\quad F_{N3} = 3.75\text{kN}\quad (拉)$$

$$\sum F_x = 0,\quad -F_{N1} - F_{N2} \times \frac{1.5}{\sqrt{4^2 + 1.5^2}} - F_{N3} = 0,\quad F_{N1} = -4.5\text{kN}\quad (压)$$

校核：用图 6-22(b)中未用过的力矩方程 $\sum M_F = 0$ 进行校核。

$$\sum M_F = F_{N1} \times 4 + F_{N2} \times \frac{1.5}{\sqrt{4^2 + 1.5^2}} \times 4 + F_{N2} \times \frac{4}{4^2 + 1.5^2} \times 1.5 + 2 \times 6$$

则 $\sum M_F = -18 + 3 + 3 + 2 \times 6 = 0$，无误。

6.7 静定平面刚架

6.7.1 静定平面刚架的特点

刚架是由梁和柱所组成的杆件结构，刚架的特点是具有刚结点(全部或部分)，即梁与柱的接头是刚性连接的，共同组成一个几何不变的整体。如果刚架所有杆件的轴线都在同一个平面内，且荷载也作用在该平面内，这样的刚架称为平面刚架。常见的静定平面刚架有以下四种类型：悬臂刚架[图 6-23(a)]，简支刚架[图 6-23(b)]，三铰刚架[图 6-23(c)]，组合刚架[图 6-23(d)]。

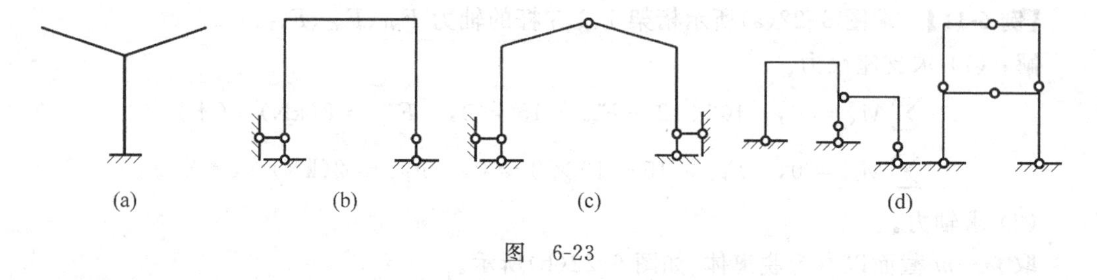

图 6-23

刚架中的所谓刚结点，就是在任何荷载作用下，梁、柱在该结点处的夹角保持不变。如图 6-23 所示刚架在荷载作用下均产生变形，刚结点因而有线位移和转动，但原来结点处梁、柱轴线的夹角大小保持不变。

在构造方面，刚结点把梁和柱刚接在一起，增大了结构的刚度，从而使刚架具有杆件较少，内部空间较大，便于使用的优点；在变形方面，刚结点仅有刚性位移而不发生变形，即连接于刚结点的所有杆件受力前后的杆端夹角相同，没有相对转动和相对线位移；在受力方面，刚架杆件主要受弯，刚结点能够承受和传递弯矩，结构内力分布比较均匀，峰值降低，可节约材料。在大跨度、重荷载的情况下，是一种较好的承重结构，所以刚架结构在工业与民用建筑中，被广泛地采用。

6.7.2 静定刚架的内力计算及内力图

1. 内力计算

如同研究梁的内力一样，在计算刚架内力之前，首先要明确刚架在荷载作用下，其杆件横截面将产生什么样的内力。现以图 6-24(a)所示静定悬臂刚架为例作一般性的讨论。

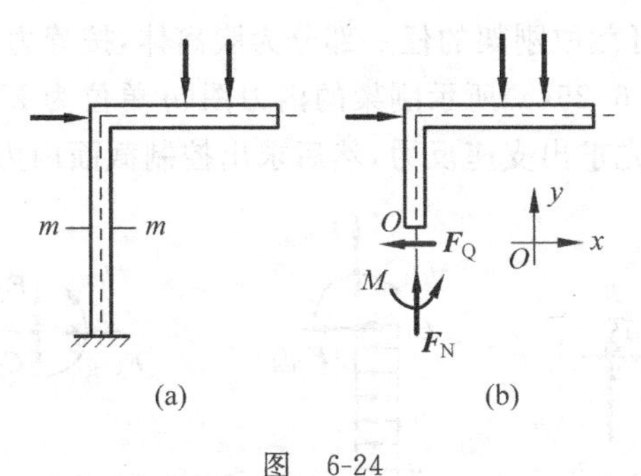

图　6-24

假设刚架是在任意荷载作用下，现研究其中任意截面 $m—m$ 产生的内力。先用截面法假想将刚架从 $m—m$ 截面处截断，取其中一部分脱离体如图 6-24(b)所示。在这脱离体上，由于作用荷载，所以截面 $m—m$ 上必产生内力与之平衡。从 $\sum F_x = 0$，知截面上将会有一水平力，即截面的剪力 $\boldsymbol{F}_{\mathrm{Q}}$，与荷载在 x 轴上的投影平衡；从 $\sum F_y = 0$，知截面将会有一垂直力，即截面的轴向力 $\boldsymbol{F}_{\mathrm{N}}$，与荷载在 y 轴上的投影平衡；再以截面的形心 O 为矩心，从 $\sum M_O = 0$，知截面必有一力偶，即截面的弯矩 M，与荷载对 O 点之矩平衡。因此可得出结论：刚架受荷载作用产生三种内力：弯矩、剪力和轴力。

要求出静定刚架中任一截面的内力(M、$\boldsymbol{F}_{\mathrm{Q}}$、$\boldsymbol{F}_{\mathrm{N}}$)也如同计算梁的内力一样，用截面法将刚架从指定截面处截开，考虑其中一部分脱离体的平衡，建立平衡方程，解方程从而求出它的内力。

因此，关于静定梁的弯矩和剪力计算的一般法则，对于刚架来说同样是适用的。现将计算法则重复说明如下。

(1) 任一截面的弯矩数值等于该截面任一侧所有外力(包括支座反力)对该截面形心的力矩的代数和。

(2) 任一截面的剪力数值等于该截面任一侧所有外力(包括支座反力)沿该截面平面投影(或称切向投影)的代数和。

(3) 任一截面的轴力数值等于该截面任一侧面所有外力(包括支座反力)在该截面法线方向投影(或称法向投影)的代数和。

2. 内力图的绘制

静定刚架内力图包括弯矩图、剪力图和轴力图。刚架的内力图是由各杆的内力图组合而成的，而各杆的内力图，需先求出杆端截面的内力值，然后按照绘制梁内力图的方法绘制，这样即可作出整个刚架的内力图。对于弯矩图通常不标明正负号，而把它画在杆件受拉一侧，而剪力图和轴力图则应标出正负号。

在运算过程中，内力的正负号规定如下：使刚架内侧受拉的弯矩为正，反之为负；轴力以拉力为正、压力为负；剪力正负号的规定与梁相同，即当截面上的剪力使脱离体有顺时针方向转动趋势时为正，反之为负。

为了明确表示各杆端的内力，规定内力字母下方用两个脚标，第一个脚标表示该内力所属杆端，第二个脚标表示杆的另一端。如 AB 杆 A 端的弯矩记为 M_{AB}，B 端的弯矩记为 M_{BA}；CD 杆 C 端的剪力记为 F_{QCD}、D 端的轴力记为 F_{NDC}，等等。

全部内力图作出后，可截取刚架的任一部分为脱离体，按静力平衡条件进行校核。

【例 6-12】 绘制出图 6-25(a)所示刚架的内力图(q 单位为 kN，a 单位为 m)。

解：本例解题步骤为先求出支座反力，然后求出控制截面内力，最后绘制内力图。

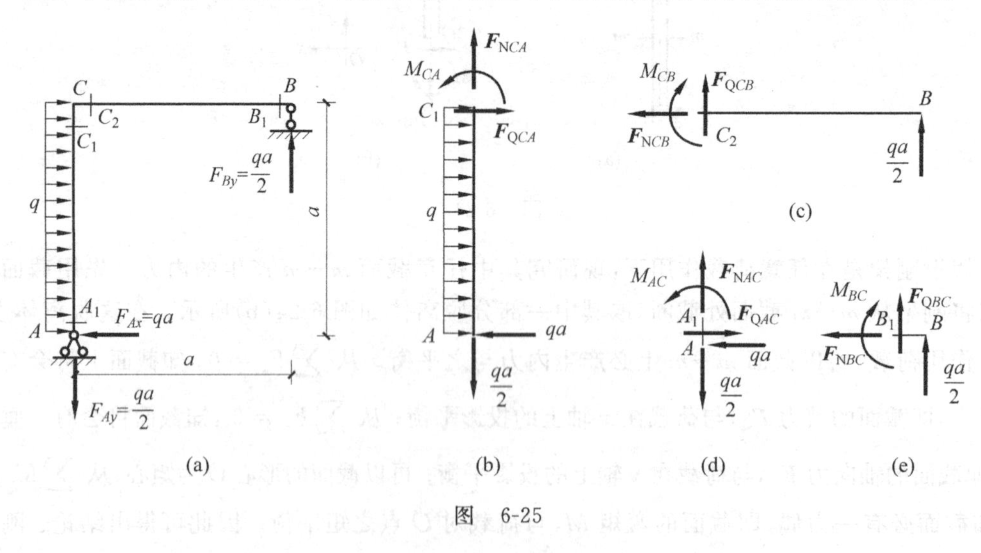

图 6-25

(1) 用整体的三个平衡方程求出支座反力，如图 6-25(a)所示，即

$$F_{Ax}=qa\quad(\leftarrow),\quad F_{Ay}=\frac{qa}{2}\quad(\downarrow),\quad F_{By}=\frac{qa}{2}\quad(\uparrow)$$

(2) 计算刚结点 C 处杆端截面内力。

刚结点 C 有 C_1、C_2 两个截面，沿 C_1 和 C_2 切开，分别取 C_1 下边、C_2 右边，即 C_1A 和 C_2B(包括 B 支座)两个脱离体，分别建立平衡方程，确定杆端截面 C_1 和 C_2 的内力。

对 C_1A 脱离体[图 6-25(b)]，则

$$\sum F_x=0,\quad F_{QCA}+q\times a-qa=0,\quad F_{QCA}=0$$

$$\sum F_y=0,\quad F_{NCA}-\frac{1}{2}qa=0,\quad F_{NCA}=\frac{1}{2}qa$$

$$\sum M_{C1}=0,\quad M_{CA}+\frac{1}{2}qa^2-qa^2=0,\quad M_{CA}=\frac{1}{2}qa^2\quad(AC\text{ 杆内侧即右侧受拉})$$

对 C_2B 脱离体[图 6-25(c)]，则

$$\sum F_x=0,\quad F_{NCB}=0$$

$$\sum F_y=0,\quad F_{QCB}+\frac{1}{2}qa=0,\quad F_{QCB}=-\frac{1}{2}qa$$

$$\sum M_{C2}=0,\quad -M_{CB}+\frac{1}{2}qa\times a=0,\quad M_{CB}=\frac{1}{2}qa^2\quad(CB\text{ 杆内侧即下侧受拉})$$

(3) 计算杆端 A 处截面内力。

沿靠近杆端 A 的控制截面 A_1 切开并以 A_1 以下部分为脱离体[6-25(d)]，则

$$\sum F_x = 0,\quad F_{QAC} - qa = 0,\quad F_{QAC} = qa$$

$$\sum F_y = 0,\quad F_{NAC} - \frac{1}{2}qa = 0,\quad F_{NAC} = \frac{1}{2}qa$$

$$\sum M_A = 0,\quad M_{AC} = 0$$

(4) 计算杆端 B 处截面内力。

沿靠近杆端 B 的控制截面 B_1 切开并以 B_1 以右部分为脱离体[6-25(e)]，则

$$\sum F_x = 0,\quad F_{NBC} = 0$$

$$\sum F_y = 0,\quad F_{QBC} + \frac{1}{2}qa = 0,\quad F_{QBC} = -\frac{1}{2}qa$$

$$\sum M_B = 0,\quad M_{BC} = 0$$

(5) 取结点 C 为脱离体校核[图 6-26(a)]。

校核时画出脱离体的受力图应注意：必须包括作用在此分离体上的所有外力，以及计算所得的内力 M、$\boldsymbol{F}_Q$、$\boldsymbol{F}_N$；图中的 M、$\boldsymbol{F}_Q$、$\boldsymbol{F}_N$ 都应按求得的实际方向画出并不再加注正负号。

则 $\sum F_x = 0$，$\sum F_y = 0$，$\sum M_C = 0$，无误。

(6) 绘制刚架轴力图、剪力图、弯矩图[图 6-26(b)、(c)、(d)]。

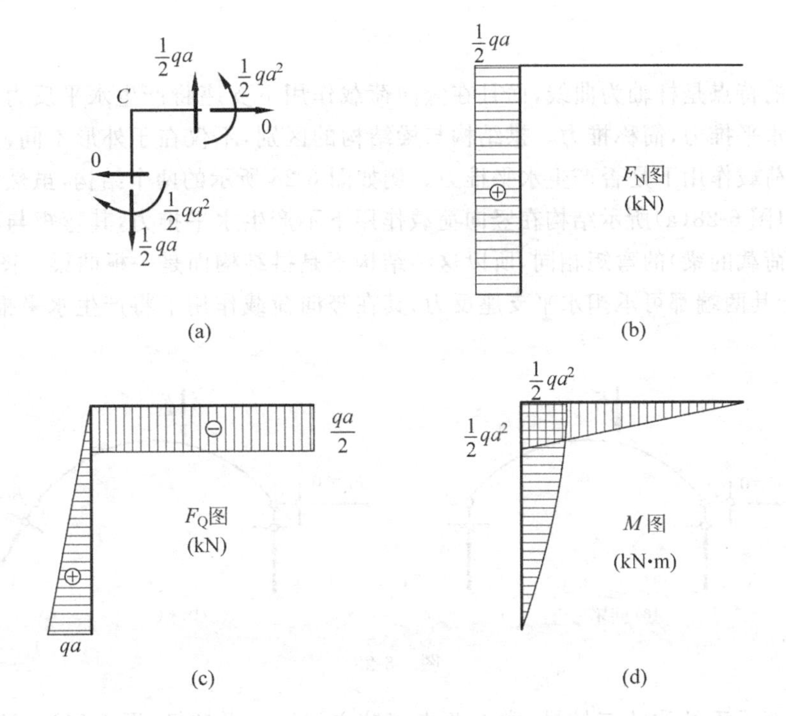

图 6-26

6.8 三 铰 拱

6.8.1 概述

拱结构在房屋建筑、桥涵建筑和水工建筑中有着广泛的作用。在房屋建筑工程中主要适用于宽敞的大厅，如礼堂、展览馆、体育馆和商场等。拱常用的形式有三铰拱[图 6-27(a)]、两铰拱[图 6-27(b)]、拉杆拱[图 6-27(c)]和无铰拱[图 6-27(d)]等几种。其中三铰拱和拉杆拱是静定的，两铰拱和无铰拱是超静定的。本节主要讨论三铰拱。

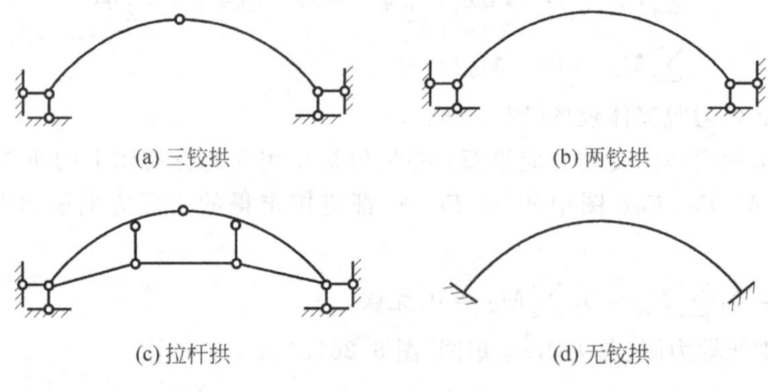

图 6-27

拱结构的特点是杆轴为曲线，而且在竖向荷载作用下支座将产生水平反力。这种水平反力又称为水平推力，简称推力。拱结构与梁结构的区别，不仅在于外形不同，更重要的还在于在竖向荷载作用下是否产生水平推力。例如图 6-28 所示的两个结构，虽然它们的杆轴都是曲线，但图 6-28(a)所示结构在竖向荷载作用下不产生水平推力，其弯矩与相应简支梁(同跨度、同荷载的梁)的弯矩相同，所以这种结构不是拱结构而是一根曲梁。图 6-28(b)所示结构，由于其两端都可承担水平支座反力，其在竖向荷载作用下将产生水平推力，所以属于拱结构。

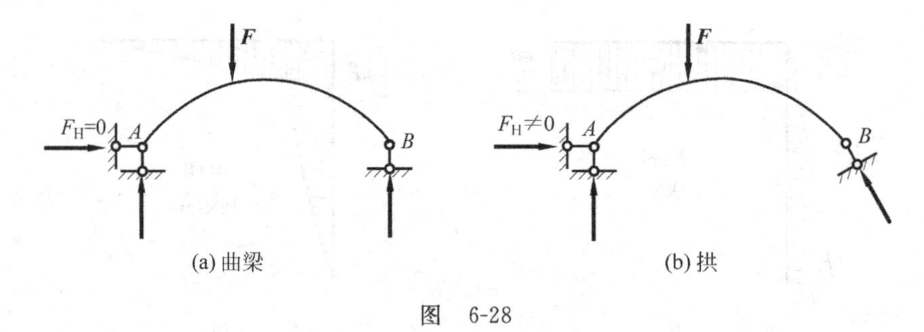

图 6-28

用作屋面承重结构的三铰拱，常在两支座铰之间设水平拉杆(图 6-29)。这样，拉杆内所产生的拉力代替了支座推力的作用，在竖向荷载作用下，使支座只产生竖向反力。但是这种结构的内部受力情况与三铰拱完全相同，故称为具有拉杆的拱，简称拉杆拱。

拱结构各部分名称如图 6-30 所示。拱结构最高的一点称为拱顶。三铰拱的中间铰通常安置在拱顶处。拱的两端与支座连接处称为拱趾,或称拱脚。两个拱趾间的水平距离 l 称为跨度。拱顶到两个拱趾连线的竖向距离 f 称为拱高。拱高与跨度之比 f/l 称为高跨比。由后面可知,拱主要力学性能与高跨比有关。

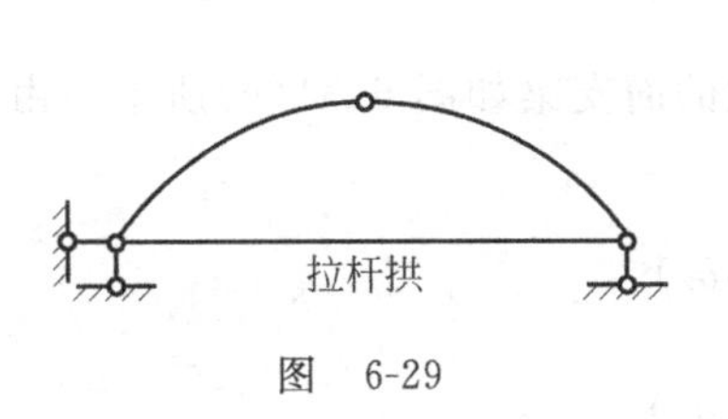

图　6-29

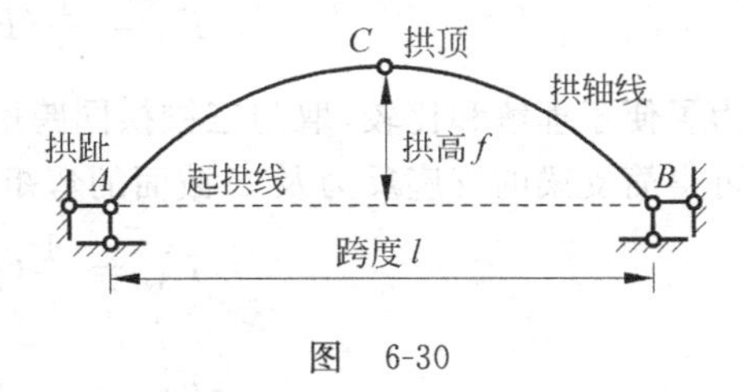

图　6-30

6.8.2　三铰拱的内力计算

三铰拱是由两根曲杆与地基之间按三刚片规则组成的静定结构。其全部反力和内力都可以由静力平衡方程求出。

1. 支座反力计算

计算三铰拱支座反力的方法,与三铰刚架支座反力的计算方法相同。以图 6-31(a)所示的三铰拱为例,导出支座反力的计算公式。

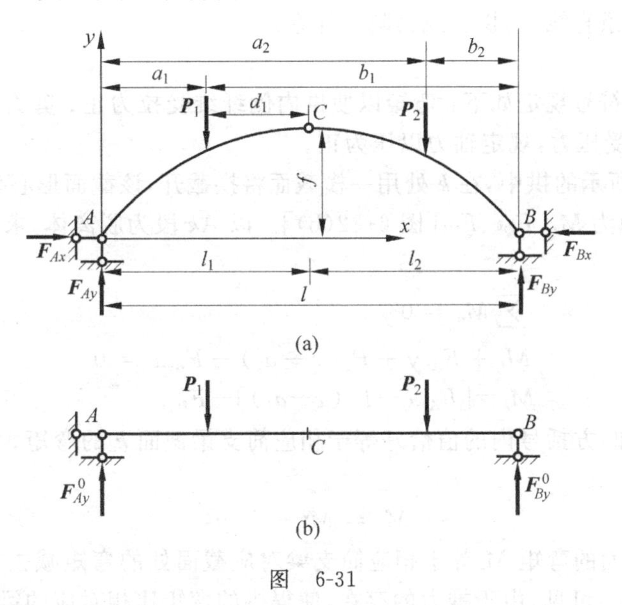

图　6-31

由 $\sum M_B=0$ 得竖向支座反力

$$F_{Ay}=\frac{1}{l}(p_1b_1+p_2b_2) \tag{a}$$

由 $\sum M_A=0$ 得竖向支座反力

$$F_{By}=\frac{1}{l}(p_1a_1+p_2a_2) \tag{b}$$

由 $\sum F_x=0$ 得水平支座反力(推力)

$$F_{Ax}=F_{Bx}=F_H \quad \text{(c)}$$

从 C 铰处截开,取左半拱为平衡体,利用 $\sum M_C^{左}=0$ 求出推力

$$F_H=\frac{1}{f}(F_{Ay}l_1-p_1d_1) \quad \text{(d)}$$

为了便于理解和比较,取与三铰拱同跨度、同荷载的简支梁如图 6-31(b)所示。由平衡条件可得简支梁的支座反力及 C 截面的弯矩分别为

$$F_{Ay}^0=\frac{1}{l}(p_1b_1+p_2b_2) \quad \text{(e)}$$

$$F_{By}^0=\frac{1}{l}(p_1a_1+p_2a_2) \quad \text{(f)}$$

$$M_C^0=F_{Ay}l_1-p_1d_1 \quad \text{(g)}$$

比较(a)与(e)、(b)与(f)、(d)与(g)式可知

$$F_{Ay}=F_{Ay}^0 \quad (6\text{-}4)$$

$$F_{By}=F_{By}^0 \quad (6\text{-}5)$$

$$F_H=M_C^0/f \quad (6\text{-}6)$$

由式(6-4)和式(6-5)可知,拱的竖向反力和相应的简支梁的支座反力相同。由式(6-6)可知,三铰拱的推力只与三个铰的位置有关。与三个铰之间拱轴的形状无关。当荷载和跨度不变时,推力 F_H 与 f 成反比,所以拱越扁平,其推力就越大,当 $f=0$ 时,$F_H=\infty$,这时三铰拱的三个铰在同一条直线上,拱已成为瞬变体系。

2. 内力计算

三铰拱的内力符号规定如下:弯矩以使拱内侧纤维受拉为正;剪力以使脱离体顺时针转动为正;因拱常受压力,规定轴力以压为正。

在图 6-32(a)所示的拱中,在 k 处用一横截面将拱截开,该截面形心坐标为 x、y,拱轴切线倾角为 φ,其内力为 M_k、F_{Qk}、F_{Nk}[图 6-32(b)]。以 Ak 段为脱离体,求 k 截面的内力。

1) 弯矩计算

$$\sum M_k=0$$

$$M_k+F_{Ax}y+P_1(x-a_1)-F_{Ay}x=0$$

得

$$M_k=[F_{Ay}x-P_1(x-a_1)]-F_Hy$$

由式(6-4)可知,方括号内的值恰好等于相应简支梁截面 k 的弯矩 M_k^0[图 6-32(c)],故上式也可以写成

$$M_k=M_k^0-F_Hy \quad (6\text{-}7)$$

即拱内任一截面的弯矩 M_k 等于相应简支梁对应截面处的弯矩减去拱的水平支座反力引起的弯矩 $F_H\cdot y$。可见,由于推力的存在,使得拱的弯矩比相对应的梁的弯矩小。

2) 剪力计算

由 k 截面以左各力在沿该点拱轴法线方向投影的代数和等于零,可得

$$F_{Qk}=F_{Ay}\cos\varphi-P_1\cos\varphi-F_{Ax}\sin\varphi=(F_{Ay}-P_1)\cos\varphi-F_H\sin\varphi$$

式中:$F_{Ay}-P_1$——相应简支梁对应截面应沿截面 k 处的剪力 F_{Qk}^0[图 6-32(c)],故上式也可以写成

$$F_{Qk}=F_{Qk}^0\cos\varphi-F_H\sin\varphi \quad (6\text{-}8)$$

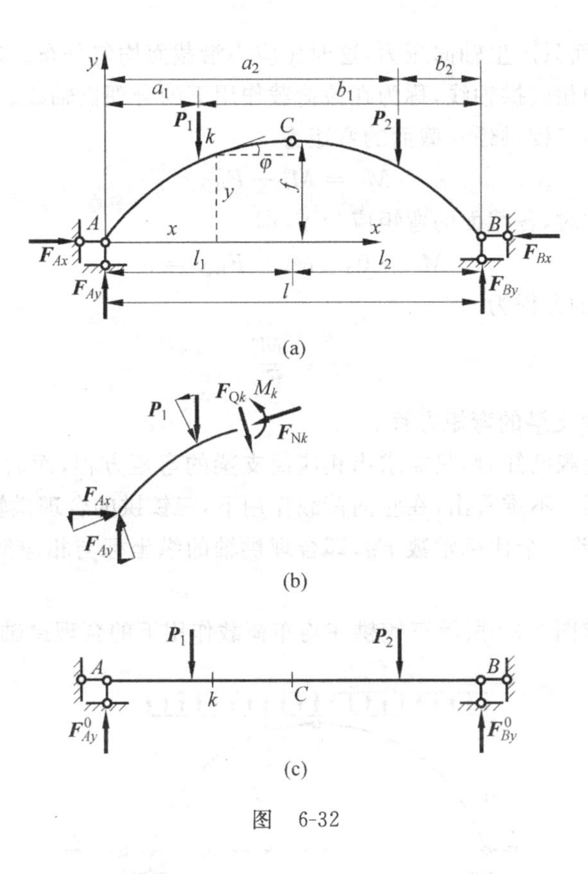

(a)

(b)

(c)

图 6-32

3）轴力计算

由 k 截面以左各力在沿该点拱轴切线方向投影的代数和等于零，可得

$$F_{Nk}=F_{Ay}\sin\varphi-P_1\sin\varphi+F_{Ax}\cos\varphi=(F_{Ay}-P_1)\sin\varphi+F_H\cos\varphi$$

上式也可以写成

$$F_{Nk}=F_{Qk}^0\sin\varphi+F_H\cos\varphi \tag{6-9}$$

式(6-7)、式(6-8)、式(6-9)是三铰拱任意截面内力的计算公式。式中 φ 为拟求截面的倾角，φ 将随截面不同而改变。但是，当拱轴曲线方程 $y=f(x)$ 为已知时，可利用 $\tan\varphi=dy/dx$ 确定各截面的 φ 值；在左半拱，$dy/dx>0$，φ 取正号；右半拱，$dy/dx<0$，φ 取负号。

说明

拱内力计算公式是在竖向荷载作用下推导出来的，所以它只适用于竖向荷载作用下拱的内力计算。

6.8.3 三铰拱的合理拱轴线

在上述三铰拱内力计算公式中，可以看出，当荷载一定时确定三铰拱内力的重要因素为拱轴线的形式。工程中，为了充分利用砖石等脆性材料的特性(即抗压强度高而抗拉强度低)，往往在给定荷载下，通过调整拱轴曲线，尽量使得截面上的弯矩减小，甚至于使得截面处处弯矩值均为零，而只产生轴向压力，这时压应力沿截面均匀分布。这种在给定荷载下使拱处于无弯矩状态的相应拱轴线，称为在该荷载作用下的合理拱轴线。

由式(6-7)可知，三铰拱任一截面的弯矩为

$$M_k = M_k^0 - F_H y$$

当拱为合理拱轴时，各截面的弯矩应为零，即

$$M_k = 0,\quad M_k^0 - F_H y = 0$$

因此，合理拱轴的方程为

$$y = \frac{M_k^0}{F_H} \tag{6-10}$$

式中：M_k^0——相应简支梁的弯矩方程。

当拱上作用的荷载已知时，只需求出相应简支梁的弯矩方程，而后与水平推力之比，便得到合理拱轴线方程。不难看出，在竖向荷载作用下，三铰拱的合理拱轴的表达式与相应简支梁弯矩的表达式，差一个比例常数 F_H，即合理拱轴的纵坐标与相应简支梁弯矩图的纵坐标成比例。

【例 6-13】 试求图 6-33 所示三铰拱在均布荷载作用下的合理拱轴。

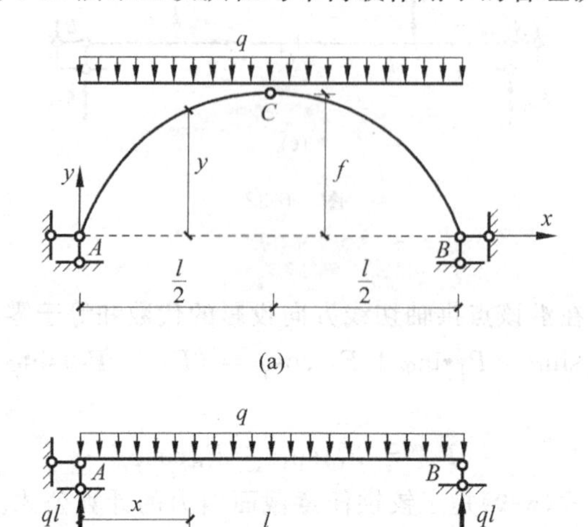

(a)

(b)

图 6-33

解：由式(6-10)得

$$y = \frac{M_k^0}{F_H}$$

公式中相应简支梁的弯矩方程为

$$M_k^0 = \frac{ql}{2}x - \frac{1}{2}qx^2 = \frac{qx}{2}(l - x)$$

由式(6-6)求得推力为

$$F_H = \frac{M_C^0}{f} = \frac{ql^2}{8f}$$

所以，合理拱轴的方程为

$$y=\frac{M_k^0}{F_H}=\frac{8f}{ql^2}\left(\frac{qx}{2}-\frac{1}{2}qx^2\right)=\frac{4f}{l^2}x(l-x)$$

上式表明，在均布荷载作用下，三铰拱的合理拱轴线是一抛物线。但同一结构受到不同荷载的作用，就有不同的合理拱轴线方程。

在实际工程中，同一结构往往受到各种荷载作用(固定荷载、移动荷载)，而合理拱轴线只对应一种已知的固定荷载，对于移动荷载，不能得到其合理拱轴线方程。通常是以主要荷载作用下的合理拱轴线作为拱的轴线，在其他不同荷载作用下，拱截面仍会存在不大的弯矩。

单元习题

6-1　求图 6-34 所示各梁的 1—1 和 2—2 截面的内力，这些截面无限接近于截面 C 或 D。

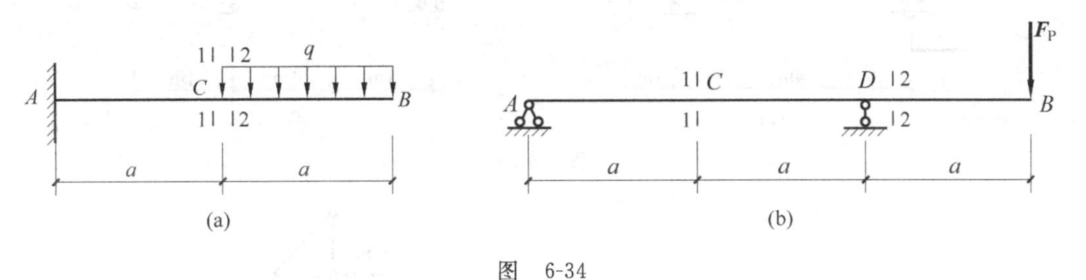

图　6-34

6-2　试列剪力方程和弯矩方程，作图 6-35 所示各梁的剪力图和弯矩图，并求 M_{max} 和 Q_{max}。

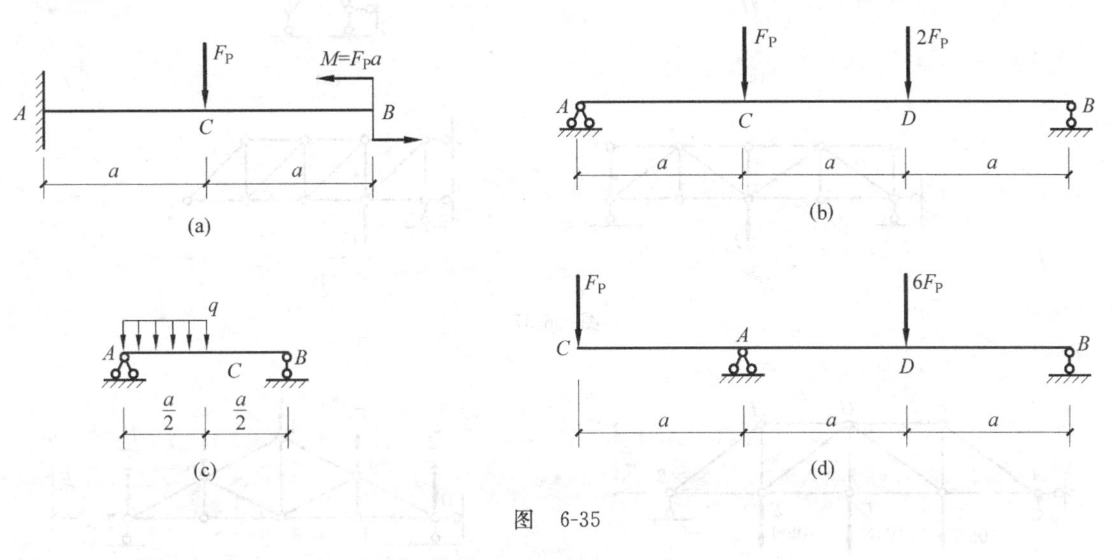

图　6-35

6-3　画出图 6-36 所示各梁的剪力图和弯矩图。

6-4　指出图 6-37 所示各桁架中内力为零的杆件。

6-5　用结点法求图 6-38 所示桁架中各杆内力。

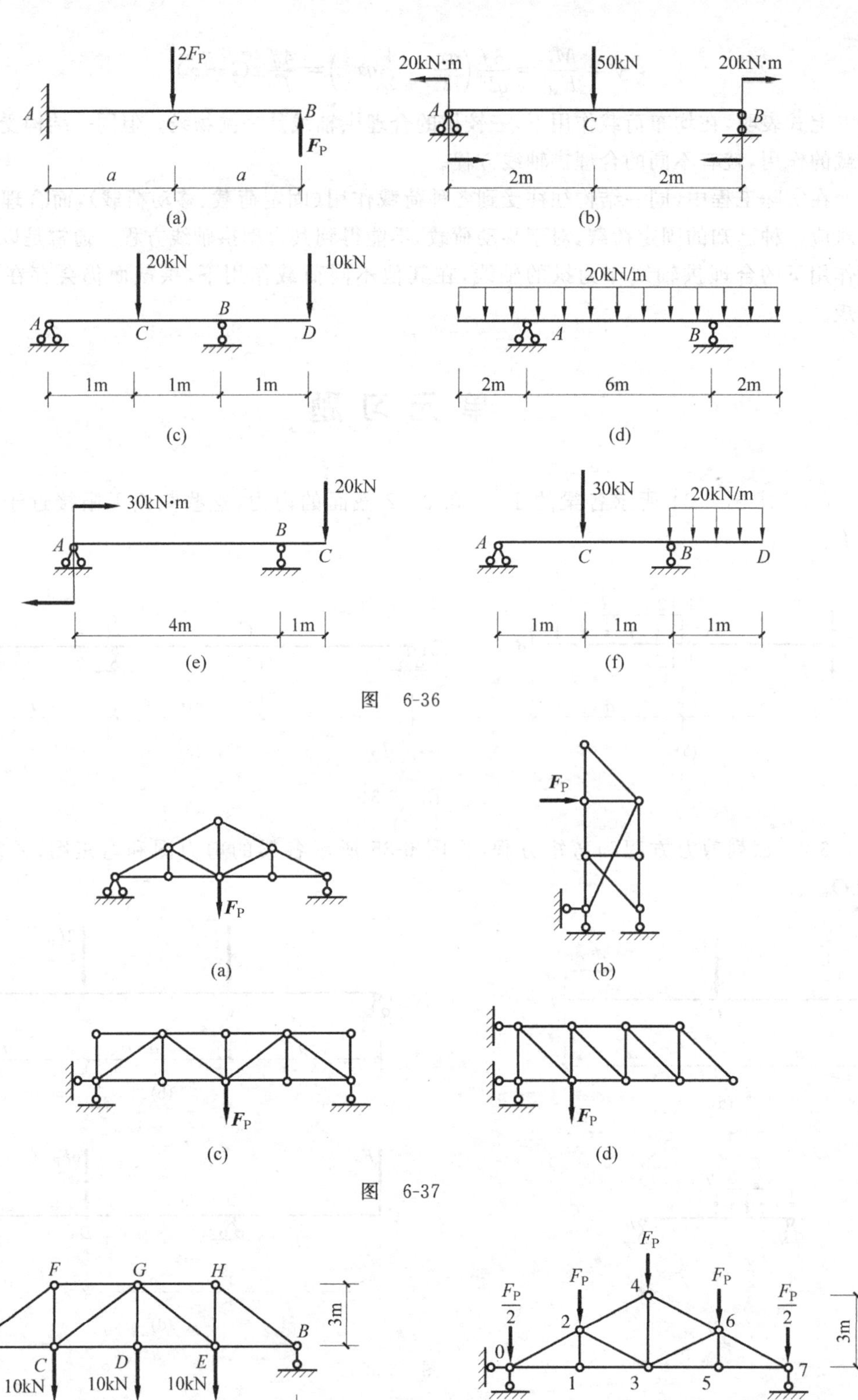

图 6-36

图 6-37

图 6-38

6-6　试作图 6-39 所示刚架的内力图。

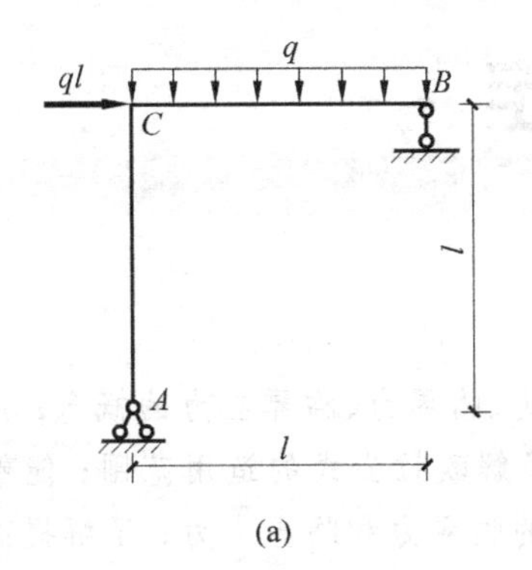

(a)

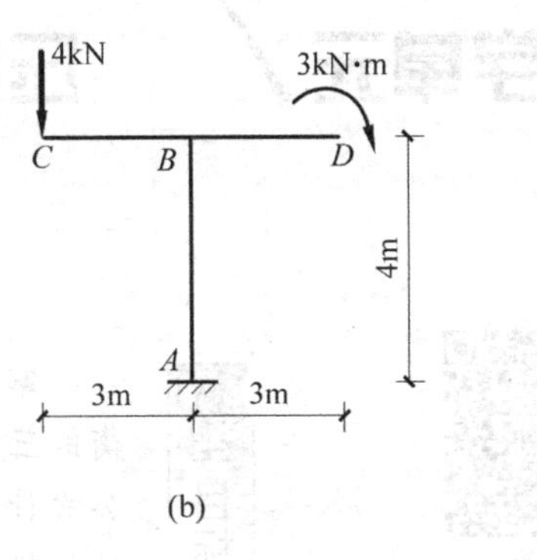

(b)

图　6-39

教学单元 7 压杆稳定

扫描二维码下载
教学课件

掌握压杆稳定、临界力、临界应力的概念；清楚压杆平衡的三种状态；了解欧拉公式的适用范围；能够利用欧拉公式计算出压杆的临界力和临界应力；了解提高压杆稳定性的措施。

7.1 压杆稳定的概念

7.1.1 工程中的稳定问题

我们常把承受轴向压力的直杆称为压杆。工程中，细长压杆不仅要满足强度条件的要求，而且要满足稳定性要求，否则可能因为失稳而破坏。如 1907 年北美的魁北克圣劳伦斯河上一座长 548m 的钢桥[图 7-1(a)]，在施工中突然倒塌，就是由于悬臂桁架中的受压下弦杆失稳造成的；再如 2012 年国内某建筑工地采用逆作法施工时地下室顶板发生垮塌事故[图 7-1(b)]，其原因主要是由于板下临时支撑选用的工字钢在其抗弯刚度较弱一侧失稳造成的。

(a)

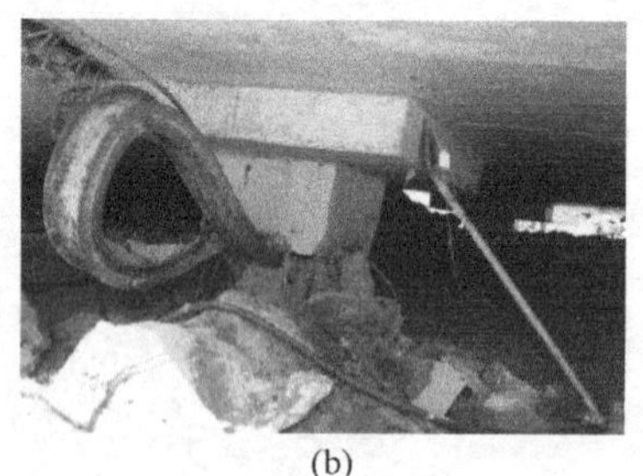

(b)

图 7-1

近年来，随着高强材料的普遍应用，杆件的截面面积越来越小，稳定性问题越发显得重要。压杆的稳定研究已成为工程中日益受到重视的课题，稳定条件与强度条件、刚度条件一样已经成为结构设计与校验的必要条件。

当作用在细长压杆上的轴向压力达到或超过一定限度时，受压杆可能由受压状态突然变为受弯状态，即杆件丧失了保持直线平衡的稳定性，这一现象称为失稳。此时，杆件的压缩变形转化为压弯变形，所能承受的轴向压力远小于按抗压强度所确定的数值。因此对于轴向受压杆件除了要考虑杆件的强度和变形之外，还必须考虑其稳定问题。

除压杆会出现稳定问题外，其他一些构件也会出现类似的稳定问题。如狭长矩形截面梁的侧向整体失稳，薄板、薄壁圆柱筒壳的失稳，拱的失稳等。

7.1.2 压杆的稳定平衡与不稳定平衡

如图 7-2 所示，小球在 A、B、C 三个位置虽然都可以保持平衡，但这些平衡状态是不同的。如图 7-2(a)所示，小球在 A 点处于平衡，施加干扰力使其离开 A 点，但干扰力一旦消失，小球能够回到原来的位置，这样的平衡称为稳定平衡；如图 7-2(b)所示，小球在 B 点处于平衡，若有干扰力一旦使小球离开平衡位置后，即使撤销干扰力，小球也不会再回到原来的平衡位置，而是继续往下滚，这样的平衡是不稳定平衡；如图 7-2(c)所示，小球在 C 点处于平衡，受到干扰后从 C 处移动到其他位置，干扰消失后，小球既不会回到原处，也不会继续滚动，而是在新的位置达到平衡，这样的平衡叫随遇平衡。

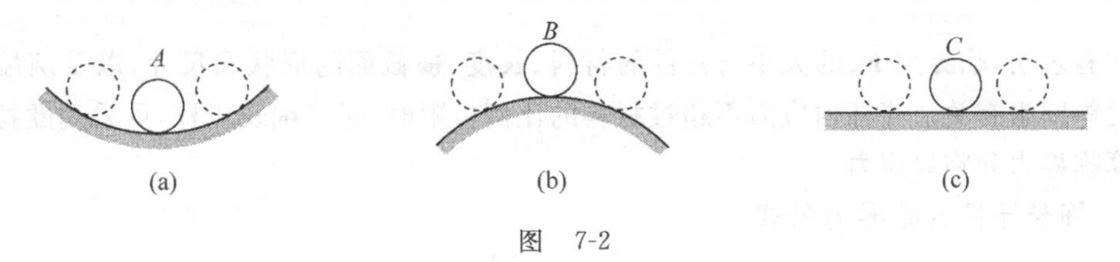

图 7-2

同样，对压杆也有稳定平衡和不稳定平衡的问题。如图 7-3(a)所示，一根两端铰支、均质且为完全弹性的细长直杆，其轴向压力 $\boldsymbol{F}$ 的作用线与压杆轴线重合，压杆在直线状态下保持平衡。当给一微小的横向干扰力，使压杆偏离直线位置而发生弯曲，如图 7-3(b)所示。然后去掉干扰，看其能否恢复到原来的直线位置，其结果将随轴向压力的不同而有三种情况，图中粗实线表示杆件最终的平衡位置。

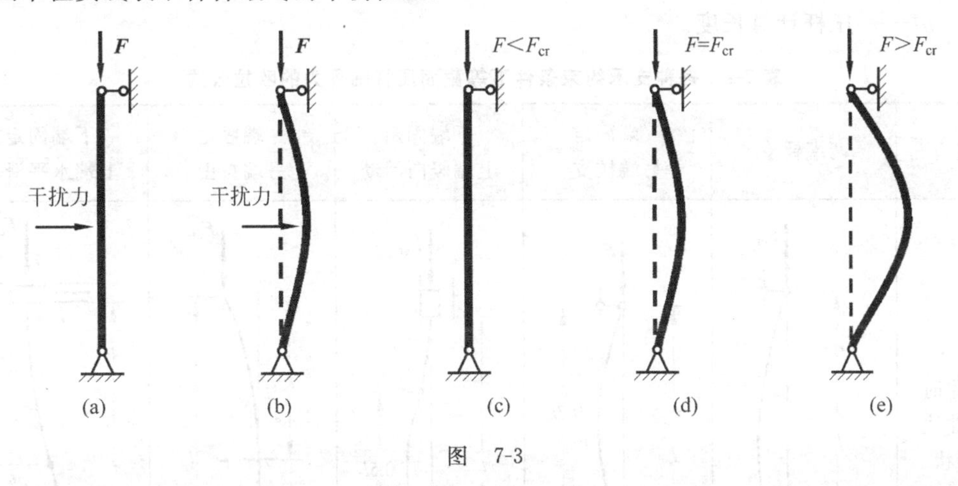

图 7-3

当压力 F 小于某一特定值 F_{cr} 时，去掉干扰，压杆能自动恢复到原来的直线平衡位置，如图 7-3(c)所示，此时压杆处于稳定平衡状态。当压力 F 等于 F_{cr} 时，去掉干扰，压杆在微弯状态下保持平衡，不再恢复到原来的直线平衡位置，如图 7-3(d)所示，此时压杆处于随遇平衡状态，又称为临界平衡状态，此时的轴向压力 F_{cr} 称为临界力。当 F 大于 F_{cr} 时，压杆处于不稳定平衡状态，如图 7-3(e)所示，原处于直线平衡状态的压杆，在受到轻微的横向干扰后，就发生显著的弯曲变形而失稳。

综上所述，细长压杆的直线平衡状态可以根据其轴向压力的大小分为稳定、临界与不稳定三种。由于实际杆件的缺陷存在(如初始曲率、材料的不均匀、荷载偏心等因素)，起到一种横向干扰的作用，所以对细长压杆而言，不稳定平衡状态是危险的。也就是说，细长压杆所承受的轴向压力应小于临界压力(或称临界力)$\boldsymbol{F}_{cr}$。因此，研究压杆的稳定问题，关键在于分析压杆的临界状态，从而确定临界力。

7.2 欧拉公式

7.2.1 细长压杆的临界力与临界应力

实验表明，临界力 $\boldsymbol{F}_{cr}$的大小与杆件的材料、长度、横截面的形状和尺寸，以及两端的支承情况等因素有关。当杆内应力不超过材料的比例极限时，对于细长压杆，可采用欧拉公式来计算临界力和临界应力。

1. 细长压杆的临界力公式

$$F_{cr} = \frac{\pi^2 EI}{(\mu l)^2} \tag{7-1}$$

式中：E——材料的弹性模量；

I——压杆横截面对中性轴的惯性矩(与 μ 对应的方向)；

μ——长度系数，它反映了不同杆端约束对临界力的影响，其值可按表 7-1 确定；

l——压杆长度；

μl——压杆计算长度。

表 7-1 各种支承约束条件下等截面压杆临界力的欧拉公式

杆端情况	两端铰支	一端固定 另端铰支	下端固定 上端竖向滑动	一端固定 另端自由	下端固定 上端水平滑动
失稳时挠曲线形状	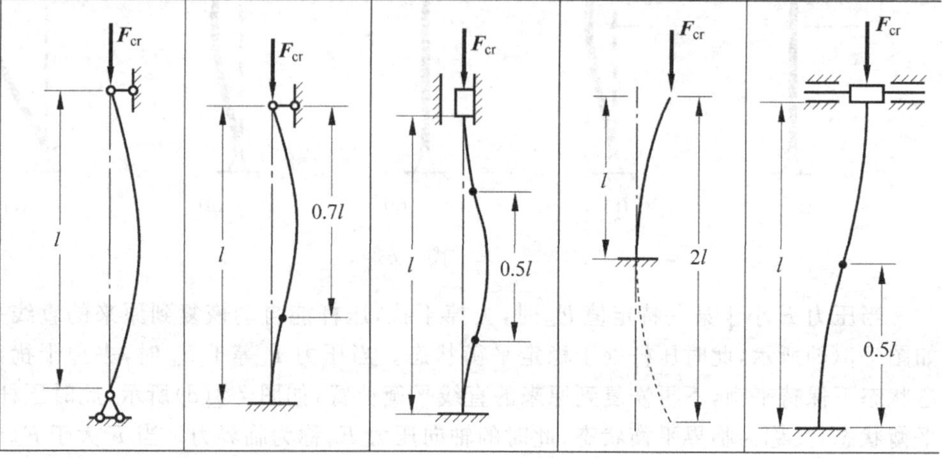 F_{cr} l	F_{cr} l $0.7l$	F_{cr} l $0.5l$	F_{cr} l $2l$	F_{cr} l $0.5l$

续表

杆端情况	两端铰支	一端固定 另端铰支	下端固定 上端竖向滑动	一端固定 另端自由	下端固定 上端水平滑动
临界压力 F_{cr}	$\frac{\pi^2 EI}{l^2}$	$\frac{\pi^2 EI}{(0.7l)^2}$	$\frac{\pi^2 EI}{(0.5l)^2}$	$\frac{\pi^2 EI}{(2l)^2}$	$\frac{\pi^2 EI}{l^2}$
长度系数 μ	$\mu=1$	$\mu=0.7$	$\mu=0.5$	$\mu=2$	$\mu=1$

2. 细长压杆的临界应力公式

细长压杆处于临界状态时，在临界力作用下，横截面上的平均压应力(即正应力)称为临界应力。

即

$$\sigma_{cr} = \frac{F_{cr}}{A} = \frac{\pi^2 EI}{(\mu l)^2 A} \tag{7-2}$$

引入截面的惯性半径

$$i = \sqrt{\frac{I}{A}} \tag{7-3}$$

得到欧拉公式的另一种表达形式

$$\sigma_{cr} = \frac{\pi^2 E}{\lambda^2} \tag{7-4}$$

$$\lambda = \frac{\mu l}{i} \tag{7-5}$$

式中的 λ 称为压杆的长细比，或称为柔度。它综合反映了压杆的长度、杆端支承情况、截面形状、大小等因素对临界应力的影响，杆细而长，则柔度大，临界应力小，表明稳定性差；杆短而粗，则柔度小，临界应力较大，表明稳定性好。由此可见，柔度 λ 是压杆稳定计算中一个重要的几何参数。

7.2.2 欧拉公式的适用范围

由于欧拉临界力公式是假设材料在线弹性范围内的条件下导出的，所以当压杆的临界应力超过材料的比例极限时，胡克定律不再适用，欧拉公式也就不适用了。故欧拉公式的适用范围是：临界应力不超过材料的比例极限。即

$$\sigma_{cr} \leqslant \sigma_p$$

当材料的比例极限已知时，由于

$$\sigma_{cr} = \frac{\pi^2 E}{\lambda^2} \leqslant \sigma_p$$

故

$$\lambda \geqslant \sqrt{\frac{\pi^2 E}{\sigma_p}} \tag{7-6}$$

式(7-6)是用压杆的长细比(柔度)表示的欧拉公式的适用范围。

令

$$\lambda_p = \sqrt{\frac{\pi^2 E}{\sigma_p}} \tag{7-7}$$

则称 $\lambda \geqslant \lambda_p$ 的压杆为大柔度杆，或称为细长压杆。

从式(7-7)可以看出，不同材料的 λ_p 值不同，欧拉公式的适用范围也不同。如 Q235 钢制成的压杆，取 $E=200\text{GPa}$，$\sigma_p=200\text{MPa}$，则

$$\lambda_p = \sqrt{\frac{\pi^2 \times 200 \times 10^9}{200 \times 10^6}} \approx 100$$

所以对 Q235 钢制成的轴心受压杆，当 $\lambda \geqslant 100$ 时，才能用欧拉公式计算临界力。同样可以求得：铝合金材料的 $\lambda_p=63$，铸铁的 $\lambda_p=80$，松木的 $\lambda_p=110$ 等。

7.2.3 超过比例极限时压杆的临界应力

在实际工程中，也经常遇到长细比(柔度)小于 λ_p 的压杆，即应力超过材料的比例极限 σ_p 时，这类压杆的临界应力已不能再用式(7-4)来计算。我们把 $\lambda < \lambda_p$ 的杆件称为中柔度压杆或小柔度压杆，此类杆在工程中同样大量采用。对其临界应力的计算，目前多采用建立在实验基础上的经验公式，如直线公式、抛物线公式等。下面介绍简便、常用的直线公式。

$$\sigma_{cr} = a - b\lambda \tag{7-8}$$

式中：a,b 为与材料性质相关的常数，一些常用材料的 a 和 b 值见表 7-2。

表 7-2 直线公式的系数 a、b 以及 λ_p、λ_s 值

材　料	a/MPa	b/MPa	λ_p	λ_s
Q235 钢	304	1.12	100	61.6
优质碳钢	460	2.57	100	60
硅钢	577	3.74	100	60
铸铁	332	1.454	80	—
松木	28.7	0.199	110	40

经验式(7-8)也有一个适用范围。对于塑性材料的压杆，还要求其临界应力不超过材料的屈服极限 σ_s，若以 λ_s 代表对应于 σ_s 的柔度值，则要求

$$\sigma_{cr} = a - b\lambda \leqslant \sigma_s$$

移项得

$$\lambda_s \geqslant \frac{a - \sigma_s}{b}$$

即可求得对应屈服极限 σ_s 的长细比值 λ_s 为

$$\lambda_s = \frac{a - \sigma_s}{b} \tag{7-9}$$

当压杆的长细比(柔度)$\lambda \geqslant \lambda_s$ 时，直线公式才适用。如对于 Q235 钢，$\sigma_s=235\text{MPa}$，$a=304\text{MPa}$，$b=1.12\text{MPa}$，可以求得

$$\lambda_s = \frac{304 - 235}{1.12} \approx 62$$

若长细比(柔度)在 λ_s 与 λ_p 之间的压杆，可用上述直线经验公式求其临界应力。这类

压杆称为中柔度杆或中长杆。

当杆的长细比(柔度)较小($\lambda<\lambda_s$)时,称为小柔度杆或短粗杆。对于短粗杆的计算,可直接采用前面单元所讲述的轴向拉压的知识求解。

相应于大、中、小柔度的三类压杆,其临界应力与柔度关系的三部分曲线或直线,组成了临界应力图,如图 7-4 所示。从图上可以明显地看出,小柔度杆的临界应力与 λ 无关,而大、中柔度杆的临界应力则随 λ 的增加而减小。

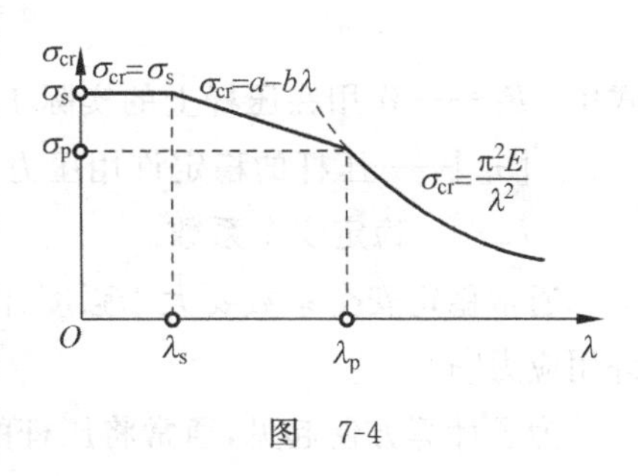

图　7-4

【例 7-1】　两根圆截面 Q235 钢压杆,其截面直径均为 $d=25\text{cm}$,两端均为铰支,$l_1=5\text{m}$,$l_2=10\text{m}$。$E=200\text{GPa}$,$\lambda_p=100$,试分别求出两压杆的临界压力。

解:由已知条件求得

$$A=\frac{\pi d^2}{4}=\frac{\pi}{4}\times 0.25^2=0.049(\text{m}^2)$$

$$I=\frac{\pi d^4}{64}=\frac{\pi}{64}\times 0.25^4=1.92\times 10^{-4}(\text{m}^4)$$

$$i=\sqrt{\frac{I}{A}}=\frac{d}{4}=\frac{0.25}{4}=0.0625(\text{m})$$

因为两端铰支,$\mu=1$;对于压杆 $l_1=5\text{m}$,则 $\lambda_1=\frac{\mu l_1}{i}=\frac{1\times 5}{0.0625}=80<\lambda_p=100$,且 $\lambda_1=80>\lambda_s=62$,故为中柔度杆。

由直线经验公式

$$\sigma_{cr}=a-b\lambda=304-1.12\lambda=304-1.12\times 80=214.4(\text{MPa})$$

$$F_{cr}=\sigma_{cr}A=214.4\times 10^6\times 0.049=10.5\times 10^3(\text{kN})$$

对于压杆 $l_2=10\text{m}$,则 $\lambda_2=\frac{\mu l_2}{i}=\frac{1\times 10}{0.0625}=160>\lambda_p=100$,故为大柔度杆。

由欧拉公式

$$F_{cr}=\frac{\pi^2 EI}{(\mu l_2)^2}=\frac{\pi^2\times 200\times 10^9\times 1.92\times 10^{-4}}{(1\times 10)^2}=3.79\times 10^3(\text{kN})$$

7.3　压杆稳定的实用计算

对于实际压杆的稳定计算,土建工程中主要采用折减系数法。

7.3.1　折减系数法

由于临界力是压杆稳定的破坏荷载,所以把临界应力作为压杆稳定的极限应力,在考虑一定的安全储备后,压杆的稳定条件为

$$\sigma = \frac{F_P}{A} \leqslant [\sigma_w] = \frac{\sigma_{cr}}{k_w} \tag{7-10}$$

式中：F_P——作用在压杆上的实际工作压力；

$[\sigma_w]$——压杆的稳定许用压力；

k_w——稳定安全系数。

通常稳定安全系数要大于强度计算时的安全系数，稳定许用应力$[\sigma_w]$小于强度计算的许用应力$[\sigma]$。

为了计算方便起见，通常将压杆的稳定许用应力$[\sigma_w]$表示为压杆的强度许用应力乘以一个系数φ，即

$$\varphi = \frac{[\sigma_w]}{[\sigma]} = \frac{\sigma_{cr}}{k_w[\sigma]}$$

也可表示为

$$[\sigma_w] = \frac{\sigma_{cr}}{k_w[\sigma]} \cdot [\sigma] = \varphi[\sigma]$$

可以看出$0<\varphi<1$，φ称为折减系数。

当材料一定时，$[\sigma]$确定，φ由$[\sigma_w]$决定；而$[\sigma_w]$又由临界应力σ_{cr}和稳定安全系数k_w决定；σ_{cr}和k_w则随压杆的长细比λ而变化。因此，折减系数φ是由λ确定的数值。表7-3中列出了几种常用材料压杆的折减系数。我国一些结构设计规范或标准中对于各种材料φ值都有具体的规定以供查阅。

表7-3 压杆的折减系数φ

λ	φ值					实心砖砌体φ值	
	Q235、A_3钢	16锰钢	铸铁	木材	混凝土	M5～M10砂浆	M2.5砂浆
0	1.000	1.000	1.00	1.000	1.00	—	—
20	0.981	0.973	0.91	0.932	0.96	0.96	0.96
40	0.927	0.895	0.69	0.822	0.83	0.85	0.83
60	0.842	0.776	0.44	0.658	0.70	0.73	0.71
70	0.789	0.705	0.34	0.575	0.63	0.65	0.62
80	0.731	0.627	0.26	0.460	0.57	0.58	0.55
90	0.669	0.546	0.20	0.371	0.51	0.52	0.49
100	0.604	0.462	0.16	0.300	0.46	0.47	0.45
110	0.536	0.384	—	0.248	—	0.42	0.40
120	0.466	0.325	—	0.209	—	0.37	0.35
130	0.401	0.279	—	0.178	—	0.32	0.29
140	0.349	0.242	—	0.153	—	0.28	0.26
150	0.306	0.213	—	0.134	—	0.24	0.22
160	0.272	0.188	—	0.117	—	0.18	0.17
170	0.243	0.168	—	0.102	—	0.16	0.15
180	0.218	0.151	—	0.093	—	0.13	0.12
190	0.197	0.136	—	0.083	—	0.11	0.10
200	0.180	0.124	—	0.075	—	0.09	0.08

这样，压杆的稳定条件可表达为

$$\sigma = \frac{F_P}{A} \leqslant \varphi[\sigma] \tag{7-11}$$

与强度、刚度问题相类似，应用稳定条件可以解决压杆稳定方面的3类基本问题：校核稳定性、设计截面、设计许用荷载。

【例 7-2】 图 7-5(a)所示结构由两根材料和直径均相同的圆杆组成，杆的材料为Q235钢，已知 $h=0.4\text{m}$，直径 $d=20\text{mm}$，材料的强度许用应力 $[\sigma]=17\text{MPa}$，荷载 $F=15\text{kN}$，试校核两杆的稳定性。

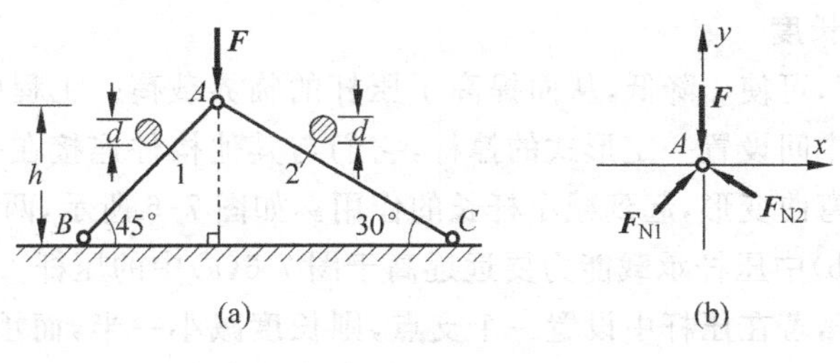

图 7-5

解：为校核两杆的稳定性，首先需要计算每根杆所承受的压力，为此以 A 点为研究对象利用结点法绘制受力图，如图 7-5(b)所示其平衡方程为

$$\sum F_x = 0,\quad F_{N1}\cos45° - F_{N2}\cos30° = 0$$

$$\sum F_y = 0,\quad F_{N1}\sin45° + F_{N2}\sin30° - F = 0$$

由此解得两杆所受的压力分别为

$$F_{N1} = 0.896F = 13.44(\text{kN})$$

$$F_{N2} = 0.732F = 10.98(\text{kN})$$

两杆长度分别为

$$l_1 = h/\sin45° = 0.566(\text{m})$$

$$l_2 = h/\sin30° = 0.8(\text{m})$$

为两杆的柔度分别为

$$\lambda_1 = \frac{\mu l_1}{i} = \frac{\mu l_1}{d/4} = \frac{1\times 0.566}{0.02/4} = 113$$

$$\lambda_2 = \frac{\mu l_2}{i} = \frac{\mu l_2}{d/4} = \frac{1\times 0.8}{0.02/4} = 160$$

查表 7-3，并插值可得两杆的折减系数分别为

$$\varphi_1 = 0.536 + (0.466 - 0.536)\times\frac{3}{10} = 0.515$$

$$\varphi_2 = 0.272$$

对两杆分别进行稳定性校核

$$\frac{F_{N1}}{\varphi_1 A} = \frac{13.44\times 10^3}{0.515\times\pi\times 0.02^2/4} = 83\times 10^6(\text{Pa}) = 83(\text{MPa}) < [\sigma]$$

$$\frac{F_{N2}}{\varphi_2 A} = \frac{10.98\times 10^3}{0.272\times\pi\times 0.02^2/4} = 128\times 10^6(\text{Pa}) = 128(\text{MPa}) < [\sigma]$$

故两杆均满足稳定性要求。

7.3.2 提高压杆稳定性的措施

压杆的稳定性取决于临界载荷的大小。由临界应力图可知，当柔度λ减小时，则临界应力提高；由公式$\lambda=\frac{\mu l}{i}$可知，提高压杆承载能力的措施主要是尽量减小压杆的长度，选用合理的截面形状，增加支承的刚性以及合理选用材料，现分述如下。

1. 减小压杆的长度

减小压杆的长度，可使λ降低，从而提高了压杆的临界载荷。工程中，为了减小压杆的长度，通常在压杆的中间设置一定形式的撑杆，它们与其他构件连接在一起后，对压杆形成支点，限制了压杆的弯曲变形，起到减小杆长的作用。如图7-6所示，两个桁架中的①、④杆均为压杆，但图7-6(b)中压杆承载能力要远远高于图7-6(a)中的压杆。

因此对于细长杆，若在压杆中设置一个支点，则长度减小一半，而承载能力可增加到原来的4倍。

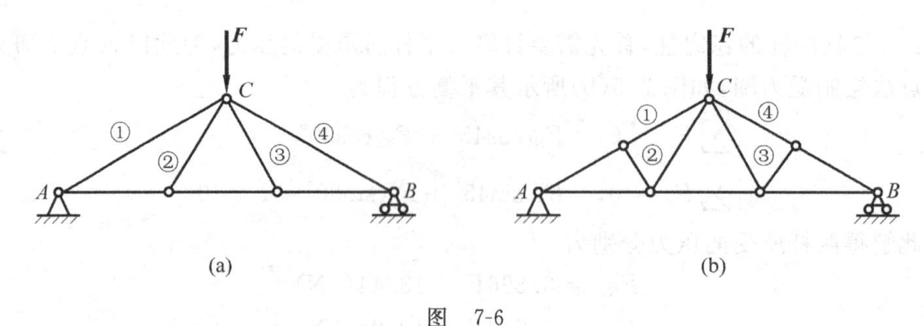

图 7-6

2. 选择合理的截面形状

惯性半径i越大，则λ越小，压杆的稳定性越好。因此，当截面面积一定时应尽可能使材料分布得远离中性轴。如图7-7(a)、(b)所示，采用空心的环形截面比实心的圆形截面更为合理。但这时应注意，若为薄壁圆筒，则其壁厚不能过薄，要有一定限制，以防止圆筒出现局部失稳现象。

如果压杆在各个弯曲平面内的支承情况相同，则应尽可能使截面的最大惯性矩与最小惯性矩相等，即两个主轴方向上的截面惯性矩$I_y=I_z$，这可使压杆在各个弯曲平面内有相同或接近相同的稳定性。如圆形、环形、方形等截面等都能满足这一要求。显然，在图7-7(c)、(d)中，截面(d)比截面(c)更能满足这一要求。但当压杆在两个主轴方向弯曲平面的支承情况不同时，则宜采用两个方向惯性矩不同的截面。总之，应尽量使压杆在两个主轴方向上的柔度相同或相近。

3. 增加支承的刚性

对于大柔度的细长杆，一端铰支另一端固定，压杆的临界载荷比两端铰支的大一倍。因此，杆端越不易转动，杆端的刚性越大，长度系数就越小，如图7-8所示，若增大杆右端止推轴承的长度a，就加强了约束的刚性。

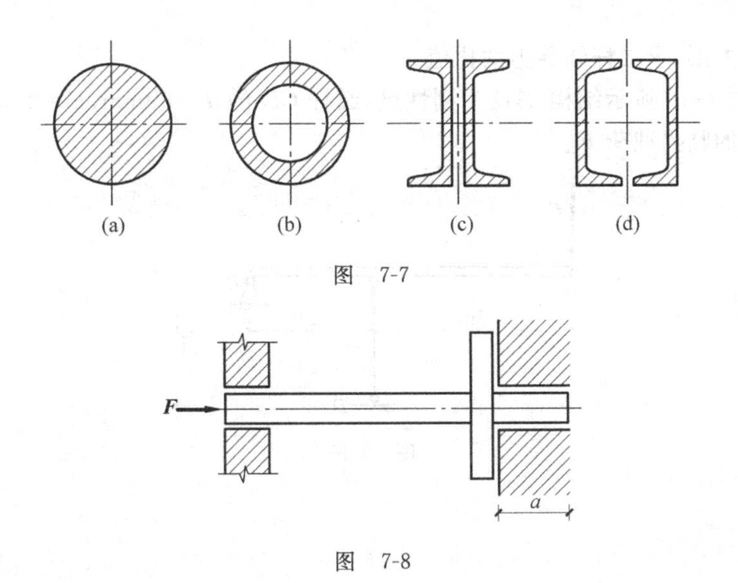

(a) (b) (c) (d)

图 7-7

图 7-8

4. 合理选用材料

对于大柔度杆，临界应力与材料的弹性模量 E 成正比。因此钢压杆比铜、铸铁或铝制压杆的临界载荷高。但各种钢材的 E 基本相同，所以对大柔度杆选用优质钢材比低碳钢并无多大差别；对于中柔度杆，由临界应力图可以看到，材料的屈服极限 σ_s 和比例极限 σ_p 越高，则临界应力就越大。这时选用优质钢材会提高压杆的承载能力；至于小柔度杆，本来就是强度问题，优质钢材的强度高，其承载能力的提高是显然的。

最后需指出，对于压杆，除了可以采取上述几方面的措施以提高其承载能力外，在可能的条件下，还可以从结构方面采取相应的措施。如将结构中的压杆转换成拉杆，这样就可以从根本上避免失稳问题，以图 7-9 所示的托架为例，在不影响结构使用的条件下，若将图 7-9(a)所示结构改换成图 7-9(b)所示结构，则 BC 杆由承受压力变为承受拉力，从而避免了压杆的失稳。

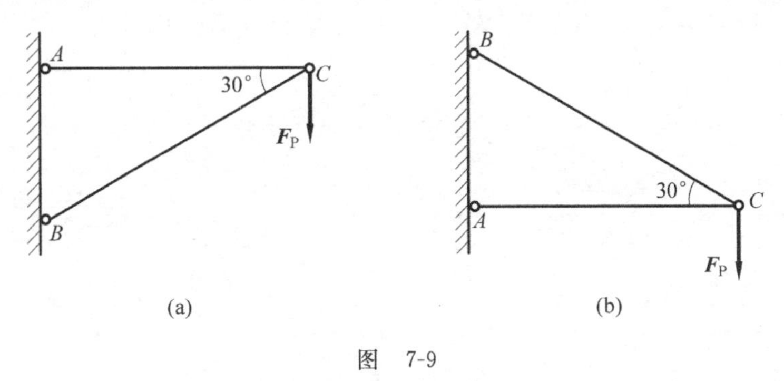

(a) (b)

图 7-9

单元习题

7-1 试论述失稳破坏与强度破坏的区别。

7-2 两根细长压杆 1、2，其长度、截面面积、材料和约束均相同，其中杆 1 截面为圆形，杆 2 截面为正方形，求二杆临界力的比值。

7-3　如图 7-10 所示结构，AB 为刚性梁，圆杆 CD 的 $d=60\text{mm}$，$E=2\times10^5\text{MPa}$，$\lambda_p=100$，试求结构的临界载荷 F_{cr}。

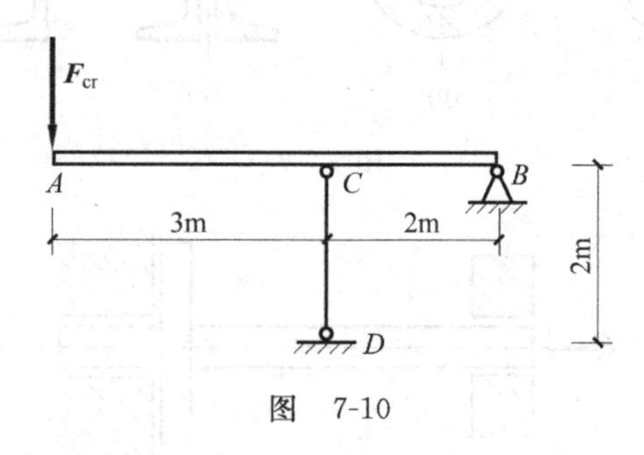

图　7-10

下　篇

结构体系

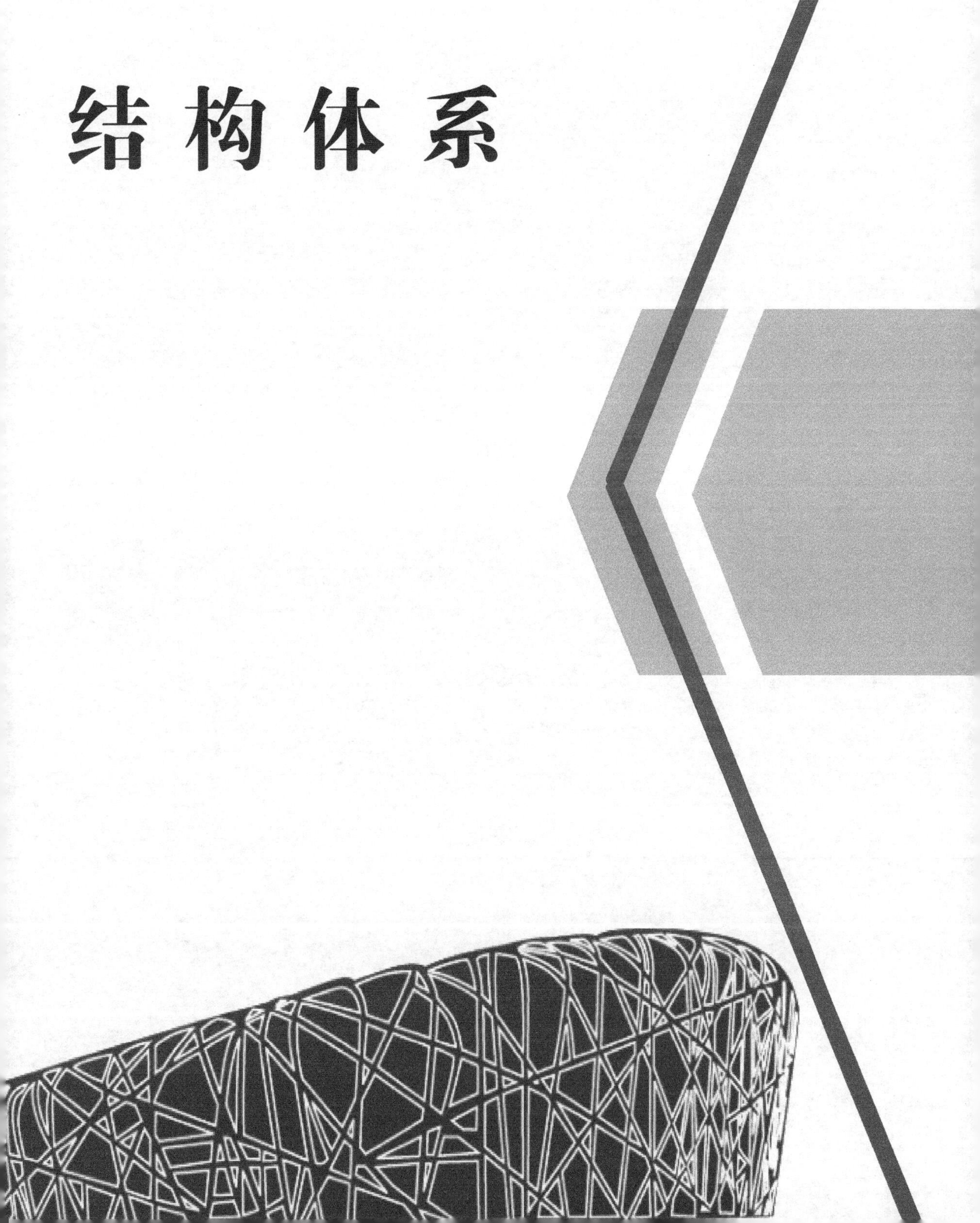

教学单元 8　砌体结构体系

扫描二维码下载
教学课件

了解砌体材料的组成和分类；熟悉砌体结构体系的常用材料种类和结构布置方案类型；了解砌体结构的发展趋势；能够按照结构抗震性能和建筑功能对砌体结构要求进行合理地建筑总体布置、结构选型以及确定相应构造措施。

8.1 概　　述

砌体材料是最古老的建筑材料之一，几千年来由于其具有良好的物理性能、取材简易、易于生产和施工、造价低廉，至今仍是我国工程建设项目主要的建筑材料。砌体结构是指由块体和砂浆砌筑而成的墙、柱作为建筑物主要竖向受力构件的结构，是砖砌体结构、砌块砌体结构和石砌体结构的统称。

我国的砌体结构有着悠久和辉煌的历史，如 2000 年前建造的石砌结构——孝堂山石祠是中国现存最早的地面房屋建筑[图 8-1(a)]；又如 1400 多年前用石块修建的赵州桥[图 8-1(b)]，这是世界上现存最早、保存最好的空腹式单孔圆弧石拱桥；此外，还有 1500 多年前建造的嵩岳寺塔[图 8-1(c)]，砖砌单筒体结构，是中国现存最古老的砖塔；以及 1300 多年前建造的历经多次地震却完好留存的阁楼式砖塔——大雁塔[图 8-1(d)]等，都是我国砌体结构使用的著名范例。这些范例不仅反映了古人在砌体结构建造技术上所取得的伟大成就，也为后人建造砌体结构提供了珍贵的典范。

砌体结构之所以被广泛应用，是由于砌体结构的优点是取材容易、制作简单；砖、石等砌体材料具有良好的耐火性和耐久性；砌体砌筑时不需要模板和特殊的施工设备，且砌筑时受气候影响较小；砌体外墙能够隔热和保温，节能效果显著，所以砌体既是良好的承重结构，又是适合的围护结构。

砌体结构同时也存在一些缺点，如由于砌体结构是由块体和砂浆等材料组成，所以造成砌体结构整体强度低，尤其是抗拉、抗剪、抗弯强度较低；当砌体为承重构件时，材料用量多、自重大，因此房屋高度及层数受到限制；房屋整体性差，导致其抗震性能不足；砌体砌筑目前尚不能机械化，人工工作繁重，施工进度慢等。

19 世纪末期，现代砌体结构开始出现，1897 年美国建成世界上第一幢砌块建筑，之后现代砌体结构蓬勃发展。我国的现代砌体结构始建于 20 世纪 30 年代，当时上海市延安中路 2.2 万 m^2 别墅中使用了大量由国外进口的混凝土砌块，这些建筑至今依然保存完整。

20 世纪 50 年代末，我国引入苏联《砖石及钢筋砖石结构设计标准及技术规范》并在逐

(a) 孝堂山石祠

(b) 赵州桥

(c) 嵩岳寺塔

(d) 大雁塔

图 8-1

渐形成了我国的砌体结构设计规范之后，现代砌体结构在我国的应用有了较大的发展。1973 年我国颁布了第一部砖石结构类的国家标准——《砖石结构设计规范》(GBJ 3—73)，从此我国的砌体结构应用进入了一个迅猛发展的阶段。而现行国家标准《砌体结构设计规范》(GB 50003—2011)的实施则标志着我国已经建立了较为完整的砌体结构相关的理论体系和应用体系。

但是相对于国外对现代砌体结构研究一百多年的历史，我国在现代砌体结构的研究与应用上与国外还有很大的差距，尤其是砌体结构体系的技术发展没有取得革命性的突破。在中高层建筑比例不断上升的今天，砌体结构体系在与其他结构体系的竞争中明显缺乏拉动市场需求的动力。

面对建筑的高层化以及抗震设防、绿色节能等要求越来越高，迫使砌体结构体系只有不断创新才能适应社会发展的需要。特别是为了不破坏耕地和占用农田，近年来，新科技、新材料、新技术、新工艺逐步在砌体结构体系中应用，对现代砌体结构的发展具有重要的促进作用。

如以中高层住宅为发展目标，在空心砌块中设置配筋芯柱以及配置水平钢筋并与圈梁组合的配筋砌体结构体系，由于其自重轻、强度高，芯柱和圈梁形成加强区格大大提高了砌体的承载力和抗震性能，目前已在 10～18 层的中高层住宅中有所应用[图 8-2(a)、(b)]。

又如目前在欧洲低多层住宅中广泛应用的整体式砌块承重墙，其可以根据实际需要尺寸切割后砌筑，国内已有意引进此生产技术。这种装配式墙体具有绿色、环保的特点，非常符合现代墙体材料发展趋势[图 8-3(a)、(b)]。

(a) 施工现场

(b) 建成外貌

图　8-2

(a) 机械化切割

(b) 施工现场

图　8-3

8.2　砌体材料和分类

8.2.1　砌体材料及其强度等级

砌体材料包括块体和砂浆两部分。常用的块体有砖、石和砌块等。块体和砂浆的强度等级是根据其抗压强度而划分的，它是确定砌体在各种受力状态下强度的依据。

块体强度等级用“MU”表示，砂浆强度等级用“M”表示。如 MU15 等级烧结砖或 M10 等级水泥砂浆等，其后的数字表示其抗压强度的大小，单位是 N/mm^2；对于混凝土普通砖、混凝土多孔砖、配筋砌体结构中的混凝土小型空心砌块等砌体，其专用砌筑砂浆的强度等级用“Mb”表示；对于蒸压灰砂砖、蒸压粉煤灰砖等砌体的专用砌筑砂浆强度等级用“Ms”表示；而对混凝土空心砌块中的灌孔混凝土强度等级则用“Cb”表示。

1. 砖

我国用于砌体结构的砖主要有烧结砖和非烧结砖两大类，包括烧结普通砖、烧结多孔砖、蒸压灰砂砖、蒸压粉煤灰砖、混凝土多孔砖、混凝土普通砖等。

1) 烧结砖

烧结砖主要包括烧结普通砖和烧结多孔砖。

烧结普通砖是以煤矸石、页岩、粉煤灰或黏土等为主要原料，经过焙烧而成的实心砖或空洞率不大于规定值且外形尺寸符合规定的砖，分烧结煤矸石砖、烧结页岩砖、烧结粉煤灰砖、烧结黏土砖等，其规格尺寸为 240mm×115mm×53mm，如图 8-4(a)所示。

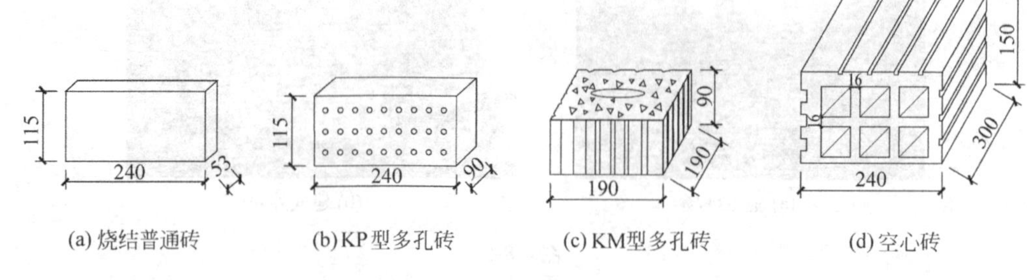

(a) 烧结普通砖　(b) KP型多孔砖　(c) KM型多孔砖　(d) 空心砖

图 8-4

烧结多孔砖是以黏土、页岩、煤矸石等为主要原料经焙烧而成，孔隙可为圆孔、方孔、矩形孔或者三角孔，孔的尺寸宜小而且数量多，由于在我国目前技术条件下还做不出高强多孔砌体材料，多孔砖开孔数量过多易导致壁肋厚度小、抗折强度低等弊端。根据《多孔砖砌体结构技术规范》(JGJ 137—2001)规定：当砖的孔洞率大于 30%时，应将多孔砖的砌体抗压强度乘以 0.9 的折减系数，尽管 JGJ 137 已废止，但我国现行规范大多要求多孔砖空洞率不宜大于 25%，当有严格制砖措施时，可以放宽，但孔洞率不应大于 35%。

多孔砖具有多种形式和规格，最常见的有 KP 型砖和 KM 型砖，KP 型砖的尺寸为 240mm×115mm×90mm，如图 8-4(b)所示；KM 型砖的尺寸为 190mm×190mm×90mm，如图 8-4(c)所示。

烧结砖主要用于承重构件，根据抗压强度将其分为 MU30、MU25、MU20、MU15、MU10 五个强度等级。

另外，还有一种用黏土、页岩、煤矸石等原料焙烧而成的空洞率大于 35%的大孔烧结空心砖，尺寸一般为 240mm×300mm×150mm，如图 8-4(d)所示，多用于围护结构。按其抗压强度分为 MU10、MU7.5、MU5、MU3.5 四个强度等级。

2）非烧结砖

非烧结砖主要包括蒸压灰砂砖、蒸压粉煤灰砖、混凝土多孔砖、混凝土普通砖等。

蒸压灰砂砖是以石灰等钙质材料和砂等硅质材料为主要原料，经胚料制备、压制排气成型、高压蒸汽养护而成的实心砖。

蒸压粉煤灰砖是以石灰、消石灰(如电石渣)或水泥等钙质材料与粉煤灰等硅质材料及集料(砂等)为主要原料，掺加适量石膏，经胚料制备、压制排气成型、高压蒸汽养护而成的实心砖。

蒸压灰砂砖和蒸压粉煤灰砖按其抗压强度分为 MU25、MU20、MU15 三个强度等级。

混凝土普通砖或混凝土多孔砖是以水泥为胶结材料，以砂、石等为主要集料，加水搅拌、成型、养护制成的一种实心砖或多孔砖，其主要规格尺寸与烧结实心砖或多孔砖相同。按其抗压强度分为 MU30、MU25、MU20、MU15 四个强度等级。

2. 砌块

砌块是以普通混凝土或利用浮石、火山渣、陶粒等为骨料的轻骨料混凝土制成的空心砌块。通常将高度为 190～360mm 的砌块称为小型砌块，高度为 360～900mm 的砌块称为中型砌块，高度大于 900mm 的砌块称为大型砌块。小型砌块尺寸较小、自重较轻、型号多、使用灵活、便于手工操作，目前在我国应用较广泛。

混凝土小型空心砌块主要规格尺寸为390mm×190mm×190mm，空心率为25%～50%，简称混凝土砌块或砌块，按其抗压强度分为MU20、MU15、MU10、MU7.5、MU5五个强度等级。

3. 石材

按石材加工后外形的规则程度不同，可分为料石和毛石。料石又分为细料石、半细料石、粗料石和毛料石。毛石的形状虽不规则，但毛石的中部厚度要求不小于200mm。石材的抗压强度高、耐久性好，按其抗压强度分为MU100、MU80、MU60、MU50、MU40、MU30和MU20七个强度等级。

4. 砂浆

砂浆是由胶凝材料(如水泥、石灰)、细骨料(砂)、掺和料加水搅拌而成的混合材料。砂浆在砌筑中的作用是使块体与砂浆接触表面产生黏结力和摩擦力，从而把散放的块体材料凝结成整体以承受荷载，并抹平块体表面使应力分布均匀。同时，砂浆填满了块体间的缝隙，减少了砌体的透气性，从而提高砌体的隔热性、防水性和防冻性。

砌体中常用的砂浆有水泥砂浆、混合砂浆和石灰砂浆。

水泥砂浆由水泥、砂和水拌和而成，其强度高、耐久性好，但和易性差、水泥用量大，适用于对防水有较高要求的砌体以及对强度有较高要求的砌体。

在水泥砂浆中掺入适量的塑化剂即形成混合砂浆，最常用的混合砂浆是水泥石灰砂浆。这类砂浆的和易性和保水性都很好，便于砌筑，水泥用量较少，但砂浆强度较低，适用于一般的墙、柱砌体。

石灰砂浆由石灰、砂和水拌和而成，其强度较低，常用于砌筑简易建筑物，如围墙等。

专门用于砌筑混凝土砌块的砂浆称为混凝土砌块砌筑砂浆，简称砌块专用砂浆。它是由水泥、砂、水以及根据需要掺入的掺和料和外加剂等成分，按一定比例采用机械拌和制成。

烧结普通砖、烧结多孔砖、蒸压灰砂砖、蒸压粉煤灰砖等砌体采用的砂浆强度等级分为：M15、M10、M7.5、M5和M2.5；蒸压灰砂砖、蒸压粉煤灰砖砌体采用砂浆的强度等级分为：Ms15、Ms10、Ms7.5和Ms5；混凝土普通砖、混凝土多孔砖、单排孔混凝土砌块等砌体采用砂浆的强度等级分为：Mb20、Mb15、Mb10、Mb7.5和Mb5；双排孔或多排孔轻骨料混凝土砌块砌体采用砂浆的强度等级分为：Mb10、Mb7.5和Mb5；毛料石、毛石砌体采用砂浆的强度等级分为：M7.5、M5和M2.5。

8.2.2 砌体的分类

砌体按是否配筋可分为无筋砌体和配筋砌体两类。

1. 无筋砌体

由块材和砂浆组成的砌体称为无筋砌体，包括砖砌体、砌块砌体、石砌体。

1) 砖砌体

砖砌体通常用作承重外墙、内墙、砖柱、围护墙及隔墙。墙体的厚度是根据强度和稳定的要求来确定的。对于房屋的外墙，还要满足保温、隔热等要求。

砖砌体按照砖的搭砌方式，常用的有一顺一丁、梅花丁和三顺一丁砌筑方法。在砌筑时，应尽量符合砖的模数，常用的标准墙厚度有：240mm（一砖）、370mm（一砖半）和490mm（两砖）等。

2）砌块砌体

目前我国常使用混凝土小型空心砌块砌筑砌体，和砖砌体一样，砌块砌体也应分皮错缝搭砌。由于混凝土小型空心砌块小而便于手工砌筑，在使用上比较灵活，主要用于一般工业与民用建筑的承重墙和围护墙。

3）石砌体

石砌体是由天然石材和砂浆砌筑而成，可分为料石砌体和毛石砌体两大类。在石材产地充分利用这一天然资源比较经济，应用较为广泛。石砌体可用作一般民用房屋的承重墙、柱和基础。料石砌体还可用于建造拱桥、坝和涵洞等构筑物。

2. 配筋砌体

为了提高砌体的强度或当构件截面尺寸受到限制时，可在砌体内配置适量的钢筋，称作配筋砌体。国内采用的配筋砌体主要有网状配筋砖砌体、组合砖砌体、砖砌体和钢筋混凝土构造柱组合墙、配筋砌块砌体等。

目前配筋砌体主要泛指配筋砌块砌体，这种砌体是将混凝土小型空心砌块用砂浆先砌筑墙体，上下孔洞对齐，同时在水平灰缝配置水平钢筋，再在竖向孔中配置钢筋并浇筑灌孔混凝土，然后每层配置水平钢筋混凝土圈梁或板带，形成装配整体式配筋混凝土空心砌块砌体（图 8-5）。

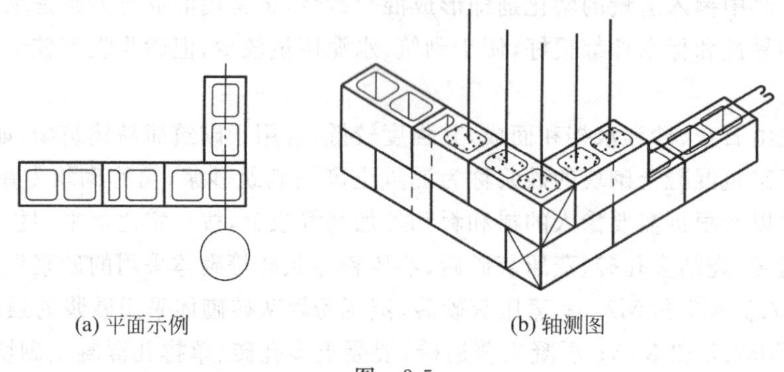

(a) 平面示例　　(b) 轴测图

图 8-5

配筋砌块砌体既保留了传统的砖结构取材广泛、施工方便、造价低廉的特点，又具有强度高、延性好的钢筋混凝土结构特征，是一种融砌体和混凝土性能于一体的新型砌体结构，目前在抗震设防要求较低地区中的中高层住宅、公寓、宾馆等民用建筑中有所应用。

8.3 砌体结构的墙体布置

砌体结构在我国的低层和多层民用建筑中应用极为广泛，其承重结构由墙、柱和楼（屋）盖组成。

砌体结构的传力途径为：竖向荷载作用在楼（屋）盖上，然后或直接传递到墙柱，或先传递到梁再传递到墙柱，最后传递至基础。由梁、板、屋架等构件组成的水平构件主要起竖向构件的水平联系和支撑作用。而墙体既是砌体结构的竖向承重结构，又是围护结构。不同用途的建筑物,建筑平面设计时必须根据使用要求考虑房间的布局和大小,从而确定建筑平面布置,而结构布置方案就是要确定好竖向承重构件的平面布置。

按竖向荷载传递路线的不同,砌体结构承重方案可划分为 4 种不同类型:横墙承重方案、纵墙承重方案、纵横墙共同承重方案和底部框架—抗震墙上部砌体结构承重方案。由于它们的承重墙体布置不同,导致整体结构受力特点和性能也有所不同,在结构设计时会采用不同的计算模型进行受力分析。因此在砌体结构的房屋建筑设计时,除了应满足使用要求以外,还应合理考虑结构布置选型。

8.3.1 横墙承重方案

横墙承重方案是指楼板主要支承在横墙上的结构布置方案[图 8-6(a)]。竖向荷载的主要传递路线为楼(屋)盖荷载→横墙→基础→地基。

这种结构布置方案的特点是横墙为主要承重墙,纵墙主要起围护、隔断的作用,并与横墙整体作用以保证结构的稳定性,纵墙为自承重墙或承担少部分楼板荷载。

横墙承重方案的优点是由于横墙较密,所以房屋横向刚度大、整体性好,纵墙不是主要承重墙,外纵墙立面处理比较方便,可以开设较大的门窗洞口。这种结构布置方案的缺点是建筑空间组合不够灵活,房间布置局限性大。横墙承重方案适用于横墙较多的建筑,如住宅、宿舍等。

8.3.2 纵墙承重方案

纵墙承重方案是指楼板主要支承在纵墙上的结构布置方案[图 8-6(b)]。竖向荷载的主要传递路线为楼(屋)盖荷载→纵墙→基础→地基。

这种结构布置方案的特点是纵墙为主要承重墙,横墙只承受少部分荷载,横墙的设置主要为了满足房屋刚度和整体性的需要,横墙间距可以较大。

纵墙承重方案的优点是房屋开间较大,平面布置比较灵活,墙体投影面积小。这种结构布置方案的缺点是纵墙门窗洞口的大小、位置受到限制,结构的整体性不好,刚度差,纵墙受力较大导致墙体较厚或者要设置扶壁柱、构造柱。纵墙承重方案适用于使用上要求有较大空间或隔墙位置可能变化的房屋,如教学楼、商店、医院等。

8.3.3 纵横墙共同承重方案

纵横墙共同承重方案是指一部分楼板支承在纵墙上,另一部分楼板支承在横墙上的结构布置方案[图 8-6(c)]。竖向荷载的传递路线为楼(屋)盖荷载→纵墙和横墙→基础→地基。

这种结构布置方案的特点是空间刚度好,空间组织灵活,横墙布置随房间的开间需要而定,横墙间距比纵墙承重方案小,所以房屋的横向刚度比纵墙承重方案有所提高,其整体性能介于横墙承重方案和纵墙承重方案之间。但是墙体材料用量较大,施工过程较烦琐。纵横墙共同承重方案适用于房间尺寸及布局变化较多的建筑,如住宅、办公楼、实验楼等。

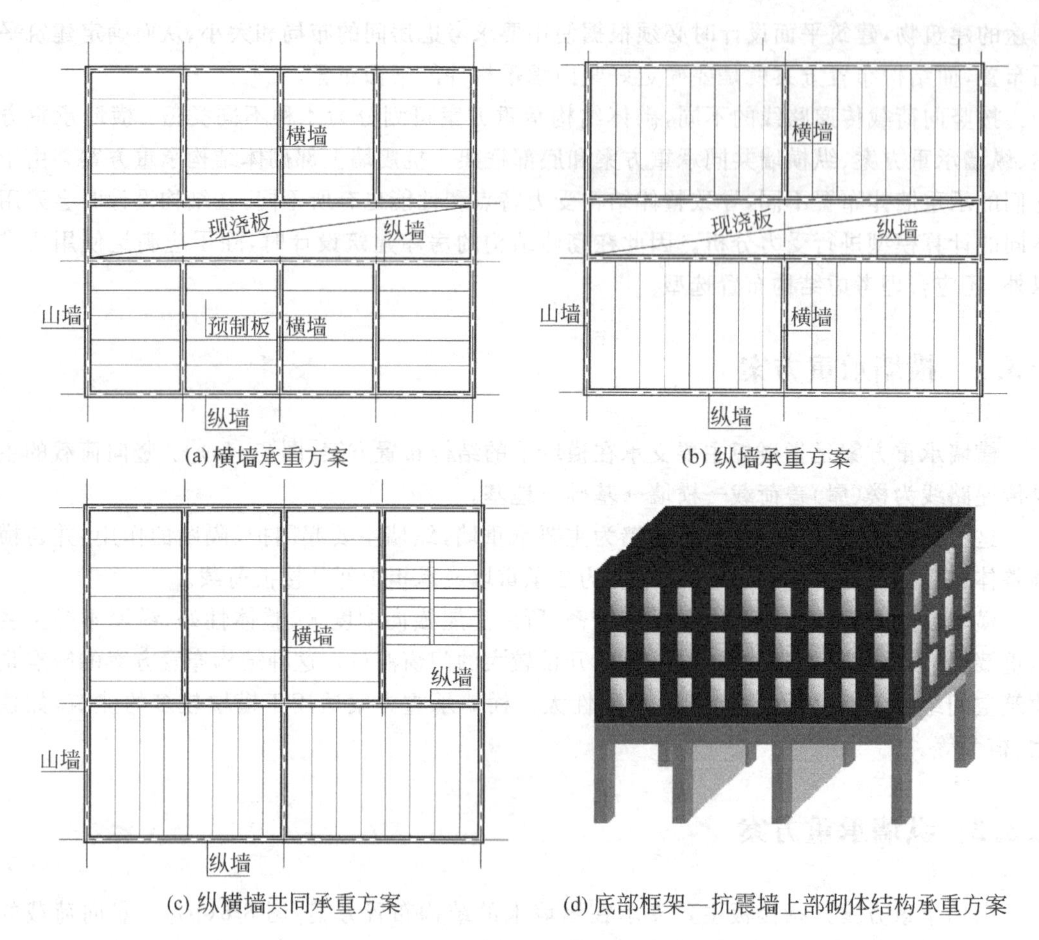

(a) 横墙承重方案　(b) 纵墙承重方案

(c) 纵横墙共同承重方案　(d) 底部框架—抗震墙上部砌体结构承重方案

图 8-6

8.3.4 底部框架—抗震墙上部砌体结构承重方案

底部框架—抗震墙上部砌体结构承重方案是指底部1层或2层(不包括地下室)采用空间较大的框架—抗震墙结构、上部为砌体结构的结构承重方案[图 8-6(d)]。

在城镇的临街建筑,房屋底部的1层或2层常需要较大空间的商业用房,上部几层可用于居住用房,房间相对较小,层高也相对较低。为满足这种使用要求,采用底部框架—抗震墙上部砌体结构承重方案成为目前较为实用的结构方案之一,并简称为底框砖房。

底框砖房是由两种承重体系和抗侧力体系组成,上部几层为砌体结构体系,砖墙承重,纵、横墙间距较小,具有一定的承载能力,各层抗侧刚度通常也较大,但变形和耗能能力较差;底部一层或两层为框架—抗震墙结构体系(又称为框架—剪力墙结构体系),具有较好的承载能力、变形和耗能能力。

由于框架柱间距较大,其抗侧刚度比上部砖墙小得多,造成底框砖房上刚下柔,对抗震不利,因此在高烈度地震区慎用,而在低烈度地震区需要合理布置混凝土抗震墙位置,同时还需要按照抗震规范要求抗震墙间距满足最大横墙间距限制,6～8度设防烈度区最大横墙间距分别为18m、15m、11m。有时会受到建筑平面使用要求的限制,故其设置数量和位置均需谨慎设计。若设置不当，容易形成薄弱楼层，在地震作用下会危及整个楼房的安全。

另外，以往的结构选型教材中还会介绍一种内部为框架柱、外墙为砌体承重的内框架承重方案，此种结构体系属于严重抗震不利体系，不应建设。所以在现行的结构规范中取消了相关内容。

以上是从大量的实际工程中总结概括出的砌体结构的主要几种承重体系，应用时可根据建筑物的具体使用要求，以及场地地质、材料供应、施工技术、经济条件等，通过设计方案阶段的经济技术比较，合理选择砌体结构的布置与承重方案。

8.4 砌体房屋的结构概念设计

砌体房屋是我国目前存在数量最多的建筑，由于砌体结构自重大，并且整体性与延性较差，导致砌体结构的抗震性能相对较弱，在历次大地震中，未经合理抗震设计的砌体房屋遭受灾害严重。因此，对于建筑相关专业的学生，掌握砌体结构的概念设计尤其是结构抗震概念设计及相应构造措施十分重要。

震害调查与分析表明，砌体结构的抗震性能与其建筑布置、结构选型、抗震计算、构造措施和施工质量等有密切关系。相对于其他类型的结构，砌体结构的抗震概念设计尤为重要，它是保证“小震不坏、中震可修、大震不倒”三水准设防目标，尤其是防止房屋在罕遇地震下倒塌的重要环节。

结构抗震概念设计主要包括建筑总体布置、结构选型及其抗震构造措施。

8.4.1 建筑结构选型中应注意的事项

(1) 限制砌体结构的高度、层高以及高宽比。砌体结构层数越多、层高越高、总高度越大、高宽比越大，则房屋所受的地震作用效应越大，震害可能越严重。

《建筑抗震设计规范》(GB 50011—2010)(2016 年版)根据震害经验的总结和对砌体结构抗震性能的分析研究，对砌体结构的房屋按照设防烈度的不同对其总高度与层数进行了限制，如表 8-1 所示。

表 8-1 房屋的层数和总高度限值

房屋类别		最小抗震墙厚度/mm	烈度和设计基本地震加速度											
			6		7				8				9	
			0.05g		0.10g		0.15g		0.20g		0.30g		0.40g	
			高度/m	层数	高度/m	层数	高度/m	层数	高度/m	层数	高度/m	层数	高度/m	层数
多层砌体房屋	普通砖	240	21	7	21	7	21	7	18	6	15	5	12	4
	多孔砖	240	21	7	21	7	18	6	18	6	15	5	9	3
	多孔砖	190	21	7	18	6	15	5	15	5	12	4	—	—
	小砌块	190	21	7	21	7	18	6	18	6	15	5	9	3

续表

房屋类别		最小抗震墙厚度/mm	烈度和设计基本地震加速度											
			6		7				8				9	
			0.05g		0.10g		0.15g		0.20g		0.30g		0.40g	
			高度/m	层数	高度/m	层数	高度/m	层数	高度/m	层数	高度/m	层数	高度/m	层数
底部框架—抗震墙砌体房屋	普通砖	240	22	7	22	7	19	6	16	5	—	—	—	—
	多孔砖	240	22	7	22	7	19	6	16	5	—	—	—	—
	多孔砖	190	22	7	19	6	16	5	13	4	—	—	—	—
	小砌块	190	22	7	22	7	19	6	16	5	—	—	—	—

注：① 房屋的总高度是指室外地面到主要屋面板板顶或檐口的高度，半地下室从地下室室内地面算起，全地下室和嵌固条件好的半地下室应允许从室外地面算起；对带阁楼的坡屋面应算到山尖墙的 1/2 高度处。

② 室内外高差大于 0.6m 时，房屋总高度应允许比表中的数据适当增加，但增加量应少于 1.0m。

③ 乙类的多层砌体房屋仍按本地区设防烈度查表，其层数应减少一层且总高度应降低 3m；不应采用底部框架—抗震墙砌体房屋。

④ 本表小砌块砌体房屋不包括配筋混凝土小型空心砌块砌体房屋。

一般多层砌体承重房屋的层高不应超过 3.6m。当采用约束砌体等加强措施的普通砖房屋层高可放宽至不超过 3.9m；底部框架—抗震墙上部砌体结构的房屋底部，当抗震墙采用混凝土墙时，层高不应超过 4.5m；当底层采用约束砌体抗震墙时，底层的层高不应超过 4.2m。

多层砌体结构的房屋总高度与总宽度的最大比值应符合表 8-2 的要求。

表 8-2　房屋最大高宽比

烈度	6	7	8	9
最大高宽比	2.5	2.5	2.0	1.5

注：① 单面走廊房屋的总宽度不包括走廊宽度。

② 建筑平面接近正方形时，其高宽比宜适当减小。

(2) 优先采用横墙承重或纵横墙共同承重的结构体系，并根据房屋所在地区的设防烈度以及楼(屋)盖的类型对横墙间距加以限制，采用现浇或装配式钢筋混凝土楼(屋)盖的多层砌体房屋在 6 度、7 度、8 度设防烈度区最大横墙间距分别为 15m、15m 和 11m。对于多层砌体住宅，横墙间距要求更加严格，一般房屋最大开间尺寸不宜大于 6.6m，开间大于 4.8m 的房屋总面积不宜大于该层总面积的 50%，否则应采用降低层数或配筋约束砌体等加强措施。

(3) 合理设置防震缝、伸缩缝、沉降缝。当房屋立面高差在 6m 以上时；房屋有错层且楼板高差大于层高的 1/4 时；房屋各部分结构刚度、质量截然不同时宜设置防震缝将其分开，成为体型简单、结构刚度均匀的独立单元。

防震缝应沿房屋全高设置，缝两侧均应布置抗震墙，基础可不设防震缝。缝宽应根据烈度和房屋高度确定，最小值可取 100mm。当房屋需要设置伸缩缝时，其应设在因温度和收缩变形引起应力集中、砌体产生裂缝可能性最大处。

伸缩缝的间距可按表8-3采用，其宽度同时应满足防震缝的变形要求。当房屋建于土质差别较大的地基上，或房屋相邻部分的高度、荷重、结构刚度、地基基础的处理方法等有显著差别时，为了避免房屋开裂，应采用沉降缝将建筑物(包括基础)完全断开，其构造要求同其他变形缝。

表8-3 砌体房屋伸缩缝的最大间距

<table>
<tr><th colspan="2">屋盖或楼盖类别</th><th>间距/m</th></tr>
<tr><td rowspan="2">整体式或装配式钢筋混凝土结构</td><td>有保温层或隔热层的屋盖、楼盖</td><td>50</td></tr>
<tr><td>无保温层或隔热层的屋盖</td><td>40</td></tr>
<tr><td rowspan="2">装配式无檩体系钢筋混凝土结构</td><td>有保温层或隔热层的屋盖、楼盖</td><td>60</td></tr>
<tr><td>无保温层或隔热层的屋盖</td><td>50</td></tr>
<tr><td rowspan="2">装配式有檩体系钢筋混凝土结构</td><td>有保温层或隔热层的屋盖</td><td>75</td></tr>
<tr><td>无保温层或隔热层的屋盖</td><td>60</td></tr>
<tr><td colspan="2">瓦材屋盖、木屋盖或楼盖、轻钢屋盖</td><td>100</td></tr>
</table>

注：对烧结普通砖、烧结多孔砖、配筋砌块砌体房屋，取表中数值；对石砌体、蒸压灰砂砖、蒸压粉煤灰砖、混凝土砌块、混凝土普通砖和混凝土多孔砖房屋，取表中数值乘以0.8的系数，当墙体有可靠外保温措施时，其间距可取表中数值。

(4) 控制砌体结构的房屋局部尺寸。其目的在于防止因这些部位的失效，而造成整栋房屋的破坏甚至倒塌。局部尺寸包括承重窗间墙的最小宽度、承重外墙尽端至门窗洞边的最小距离、非承重外墙尽端至门窗洞边的最小距离、内墙阳角至门窗洞边的最小距离等，具体限值可按表8-4采用。实际工程设计中，当难以满足局部尺寸规定但采用增设构造柱等加强措施时，可适当放宽尺寸要求，但最小宽度不宜小于1/4层高和表列数据的80%。

表8-4 房屋的局部尺寸限值 单位：m

部位	烈度			
	6	7	8	9
承重窗间墙最小宽度	1.0	1.0	1.2	1.5
承重外墙尽端至门窗洞边的最小距离	1.0	1.0	1.2	1.5
非承重外墙尽端至门窗洞边的最小距离	1.0	1.0	1.0	1.0
内墙阳角至门窗洞边的最小距离	1.0	1.0	1.5	2.0
无锚固女儿墙(非出入口处)的最大高度	0.5	0.5	0.5	0.0

8.4.2 建筑总体布置中应注意的事项

历次震害表明，简单、对称的房屋在地震时不容易破坏，因此结构概念设计中的基本原则就是合理的建筑形体和布置，一般建筑总体布置时应符合以下要求。

(1) 房屋的平、立面布置宜规则、对称，即纵横墙的布置宜均匀对称，沿平面内宜对齐，沿竖向应上下连续，且纵横向墙体的数量不宜相差过大；平面轮廓凹凸尺寸不应过大，一般不宜超过典型尺寸的25%；楼板局部大洞口的尺寸不宜超过楼板宽度的30%，且不应在墙体两侧的楼板上同时开洞；在房屋宽度方向的中部应设置内纵墙，其累计长度不宜小于房屋总长度的60%。

(2) 砌体房屋不应在房屋转角处设置转角窗；不宜设计成错层，当房屋有错层时楼板高差不宜超过 500mm 并补充加强措施；同一轴线上的窗间墙宽度宜均匀，在墙段的局部尺寸限值满足表 8-4 要求的前提下，墙面洞口的立面面积 6 度、7 度时不宜大于墙面总面积的 55%，8 度、9 度时不宜大于 50%；对于外墙，墙面洞口还应同时满足建筑采光设计标准中的窗地比和建筑节能设计标准中的窗墙比的要求。

(3) 由于房屋端部和转角处为应力集中区域，受到震害往往较大，因此作为求生通道的楼梯间不宜设置在房屋的尽端或转角处。

8.4.3 砌体结构的抗震构造措施

为加强砌体结构的抗震能力，对于砌体房屋一般采取设置构造柱、圈梁、墙体拉结筋等抗震构造措施。根据抗震设防地区的不同，建筑平面或立面布置的不同，为加强房屋抗震能力采用的构造措施也有所不同。

1. 构造柱设置

在砌体房屋墙体的规定部位，按构造配筋，并按先砌墙后浇灌混凝土柱的施工顺序制成的钢筋混凝土柱，通常称为钢筋混凝土构造柱，简称构造柱。

当砌体厚度大于 200mm 时，构造柱的最小截面可采用 180mm×240mm(一般为墙厚)，纵向钢筋宜采用 4 ϕ 12，箍筋间距不宜大于 250mm，且在柱上下端应适当加密；6 度、7 度时超过六层、8 度时超过五层和 9 度时构造柱纵向钢筋宜采用 4 ϕ 14，箍筋间距不应大于 200mm；房屋四角的构造柱应适当加大截面及配筋。

构造柱与墙连接处应砌成马牙槎(图 8-7)，并沿墙高每隔 500mm 设拉结钢筋或点焊钢筋网片，每边伸入墙内不宜小于 1m。6 度、7 度时底部 1/3 楼层、8 度时底部 1/2 楼层和 9 度时全部楼层，拉结钢筋或钢筋网片应沿墙体水平通长设置。构造柱与圈梁连接处，构造柱的纵筋应在圈梁纵筋内侧穿过，保证构造柱纵筋上下贯通。

(a) 施工图

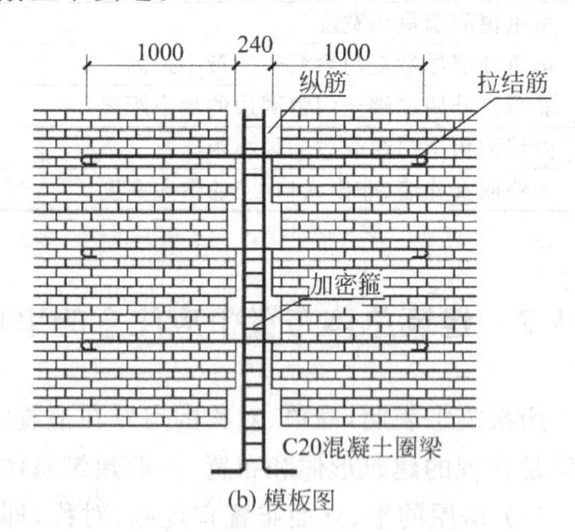

(b) 模板图

图 8-7

当砌体厚度不大于 200mm 时，现浇构造柱施工完成后蜂窝麻面和漏振孔洞现象比较普遍，目前有工程单位采用附带马牙槎和拉结筋的预制构造柱进行装配施工，这样既减少了现场支模量，又保证了施工质量。此装配式技术成熟后对应用于所有构造柱施工具有参考意义。

震害分析和试验研究表明，在多层砌体房屋的适当部位设置钢筋混凝土构造柱，并与圈梁连接使之共同工作，可增加房屋的延性，提高房屋的整体性，防止或延缓在地震作用下房屋的突然倒塌，减轻房屋的损害程度。尽管设置构造柱的墙体抗剪能力只提高 10%～20%，提高作用有限，但其变形能力可大幅度增加，即延性可提高 3～4 倍。对于墙体的约束和防止墙体开裂后砖的散落起到非常显著的作用。为了提高多层砌体房屋的抗倒塌能力，构造柱应设置在震害较重、连接构造比较薄弱和易于应力集中的部位。具体设置部位应根据抗震设防烈度、房屋高度和抗震薄弱部位的不同，按《建筑抗震设计规范》(GB 50011—2010)(2016 年版)相关条文要求设置。

2. 圈梁设置

钢筋混凝土圈梁是增加墙体的整体连接、提高楼(屋)盖刚度、限制墙体裂缝延展、提高房屋抗震能力的有效构造措施。圈梁还是减少构造柱计算长度，充分发挥其抗震作用的不可缺少的连接构件。圈梁应按《建筑抗震设计规范》(GB 50011—2010)(2016 年版)相关条文设置具体位置。圈梁与构造柱连接并有效结合后，主要有以下几项作用。

(1) 增强房屋的整体性。由于圈梁的约束作用，使楼盖与纵横墙构成整体的箱形结构，防止装配式楼板散开和砖墙倒塌，充分发挥各片墙体的抗震能力。

(2) 作为楼(屋)盖的边缘构件，对楼板在水平面内进行约束，提高了楼板的水平刚度。保证楼(屋)盖起到整体横隔板的作用，使地震作用传递并分配给更多的纵横墙承担，减轻了墙体局部破坏的可能性。

(3) 在竖向平面内与构造柱一起对墙体约束，限制了墙体裂缝的开展和延伸，使墙体裂缝仅在两道圈梁之间的墙段发生，并减小裂缝与水平的夹角，保证墙体的整体性和变形能力。

(4) 提高墙体的抗剪能力，减轻地震时地基不均匀沉降与地表裂缝对房屋的影响，特别是屋盖处和基础顶面处的圈梁，具有提高房屋的竖向刚度和抗御不均匀沉陷的能力。

另外，砌体房屋的阴阳角、楼梯间、端部房间、女儿墙等位置属于薄弱部位，应保证这些部位与主体有可靠的连接和锚固。可采用增设构造柱、墙体设置水平通长钢筋等加强措施来提高其抗震能力，以保证房屋的整体性。

8.5 砌体结构的定位与展望

我国是砌体生产和应用大国，2017 年即有建筑面积约 600 亿平方米，其中砌体结构的房屋所占比例很大。20 世纪 80、90 年代是我国砌体结构发展应用最为辉煌的时期。但到了 90 年代后期，随着我国城镇化建设的推进，许多大中城市核心区及城郊区的住宅、办公建筑向高层甚至超高层发展，砌体结构被排除在外，特别在东部一些发达的城市中很少建造新的多高层砌体房屋，包括一些二、三线城市也是钢筋混凝土高层建筑林立。从而使砌体结构的发展空间受到了较大的制约。这是砌体结构当前面临的最大挑战之一。这需要以更广阔的国家发展视角进行思考，同时看看发达国家，如欧美等国是如何发展砌体结构的，然后从中谋划我国砌体结构今后的发展之路。

砌体房屋的特点决定了其适合低层和多层建筑,也更能体现砌体结构固有的经济、适用、舒适和快捷的综合优势。高层混凝土结构建筑与多层砌体结构建筑相比,除节省占地面积外,建造、使用和维护费用以及能耗均远高于多层砌体房屋,高层建筑居住的方便和舒适度也不如多层,抵抗意外风险灾害(如火灾等)能力同样也不如多层。因此高层或超高层建筑只能限于大中城市以及周边地区,而不会到处建造,这就是砌体结构今后仍会量大面广继续发展之所在。例如汶川地震后重新规划建造的大面积建筑群仍然绝大部分为抗震设防的多层砌体房屋,因此我国现代城镇化的建设主要结构体系仍然是砌体结构体系。

目前我国对砌体结构的研究和应用与欧美发达国家相比还存在较大差距,如砖或砌块的抗压强度、多孔砖的空洞率、空心砖的重力密度、砌筑砂浆的强度等设计值,欧美发达国家的要求远高于我国现行《砌体结构设计规范》(GB 50003—2011)的规定,甚至有的高强砖的抗压强度比普通混凝土强度还高。

高强度砌体材料反映出的是其高超的制造工艺和技术,高强度砌体材料理所当然地具有高承载能力和更高的安全贮备、极好的耐候性、耐火性和耐久性能,使用年限的提高也意味着更大的节能和环保,所以在欧美发达国家不乏百年或百年以上的砌体房屋存在。而低强度砌体材料,必然其承载能力低、耐候性、耐久性能差,易于受到不利荷载、作用或偶然事故引起的损坏,其使用寿命也必然低,这也是我国许多砌体结构房屋未老先衰的最重要原因。

可持续发展战略要求提出了绿色建筑的概念,而绿色建材是绿色建筑的坚实基础。因此我国砌体结构发展的主要趋势是要求砖或者砌块材料具有轻质高强的性能,砂浆具有高强度,特别是高黏结强度。这就要求我们站在可持续发展的角度上不断地进行科技创新,提高我国的砌体材料强度和相应规范的水准,对具有广泛发展前景的技术如预应力砌体、配筋砌体结构体系、砌体结构的整体稳固性和耐久性等进行深入研究,克服砌体结构体系的缺点,赋予砌体结构体系新的概念和用途,才能适应绿色建筑和低碳社会的发展需求,才能在不同建筑结构体系的竞争中保持旺盛的生命力,才能将我国的砌体结构体系发展推向新的高度。

单 元 习 题

8-1 简述砌体结构的优缺点。

8-2 砌体房屋的抗震概念设计主要有哪些设计要求和注意事项?

结构布置任务书(砌体结构)

某坡屋顶住宅楼位于山东省淄博市某农村新型社区内(抗震设防烈度 7 度),地上 5 层,无地下室,1 层为储藏室,其余 4 层为标准层,标准层层高为 3m,窗高为 1.8m,屋顶设阁顶(不住人不按 1 层考虑),建筑总高度为 16.2m,建筑方案阶段标准层平面图如图 8-8 所示。本工程采用整体式现浇楼板,承重墙体材料为烧结多孔砖,最小墙体厚度为 240mm。请结合本单元所学结构概念设计知识,指出建筑平面图中抗震不利之处。

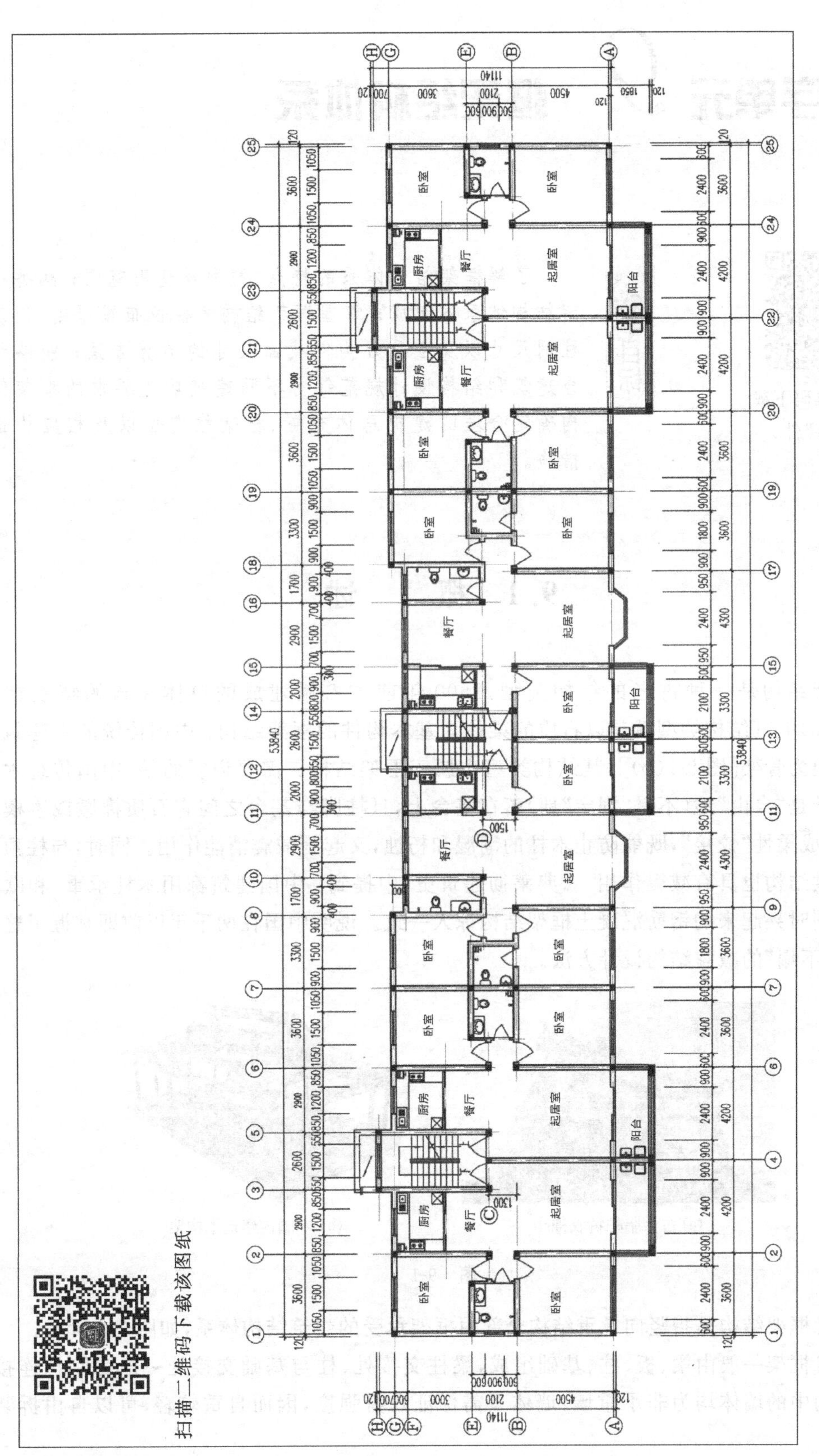

图 8-8

教学单元 9 框架结构体系

扫描二维码下载
教学课件

了解框架结构体系的特点、类型及适用范围；熟悉框架结构体系的组成；掌握框架结构的柱位布置原则、经济柱网尺寸以及主受力构件截面尺寸的估算方法；能够结合建筑和结构设计规范针对不同建筑功能要求的框架结构确定合理的建筑总体布置、框架柱定位以及相应构造措施。

9.1 概 述

框架结构是一种古老的结构类型，2500 年前古希腊建成的单体建筑帕特农神庙[图 9-1(a)]，其结构类型就是以石质的梁柱为基本构件的框架结构；中国传统的古建筑是以木构架为骨架[图 9-1(b)]，其结构类型也属于框架结构。需要说明的是，中国传统木建筑的柱子是“自由”地（不是“固定”地）落在基台上，且柱脚与基台之间有石质榫墩或木楔作柱座，形成柔性“铰接”，既能防止木柱的潮湿和朽蚀，又起到减震消能作用。同时，与柱顶连接的斗拱结构也具有减震作用。《弗莱彻建筑史》中提到：中国建筑都用木柱承重，和欧洲当时刚刚时兴起来的钢筋混凝土框架结构惊人一致。说明中国在两千年以前即掌握了这种“墙倒屋不塌”的减震结构设计方法。

(a) 古希腊帕特农神庙

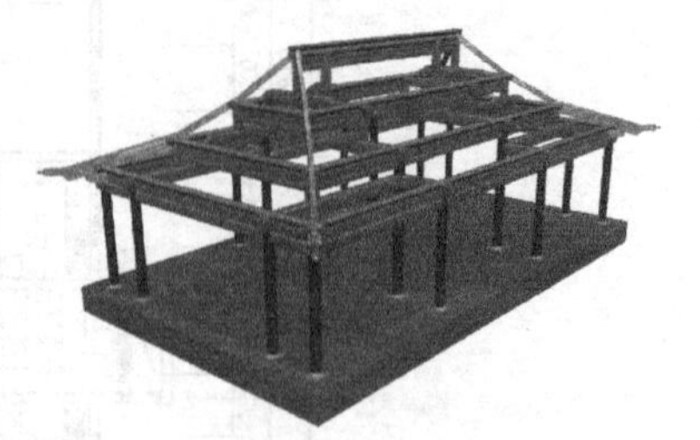

(b) 中国古建筑木构架

图 9-1

现代框架结构是指竖向承重结构全部由框架承受的建筑结构体系，如图 9-2 所示。

现代框架一般由梁、板、柱、基础组成，梁柱交接处、柱与基础交接处一般为刚性连接。框架结构中的墙体均为非承重墙，墙体只需保证自身强度，因而自重较轻，可以自由拆装；

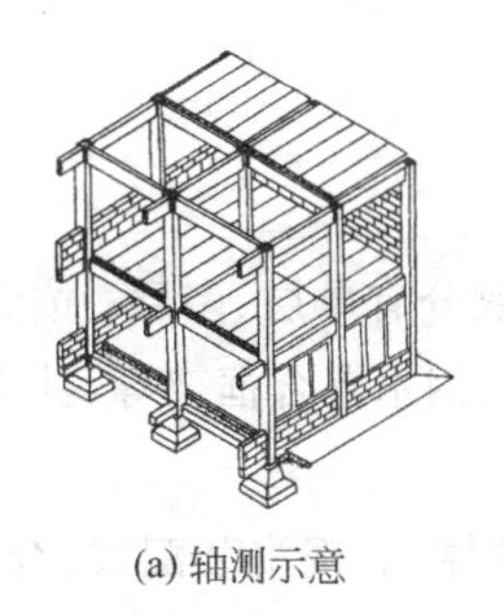

(a) 轴测示意

(b) 建成内景

图　9-2

框架结构抗侧刚度较小，地震作用下水平位移大，抗震性能较弱，因此采用框架结构体系的房屋高度在地震区受到限制。

框架结构体系相对于砌体结构体系的优势在于其建筑的内部空间分隔灵活，容易满足建筑使用功能的要求。框架结构体系适用的建筑类型较广，需要较大空间的多、高层民用建筑、单层或多层工业建筑、装配式建筑等均可考虑使用框架结构。现代框架结构主要以钢筋混凝土、钢材、钢木、型钢混凝土等为框架材料，本单元主要介绍钢筋混凝土多层多跨框架结构体系。

9.2　框架结构的组成与分类

9.2.1　框架结构的组成

框架结构的骨架为梁和柱，为了结构受力的合理性，框架结构一般要求框架梁宜连通，框架柱在纵横两个方向应有框架梁连接，同一轴线上的梁宜对中、顺直，梁、柱中心线宜重合，框架柱宜纵横对齐、上下对中等。

有时由于使用功能或建筑造型上的要求，框架结构也可以做成局部抽梁、抽柱、内收、外挑、斜梁、斜柱等形式，如图 9-3 所示。

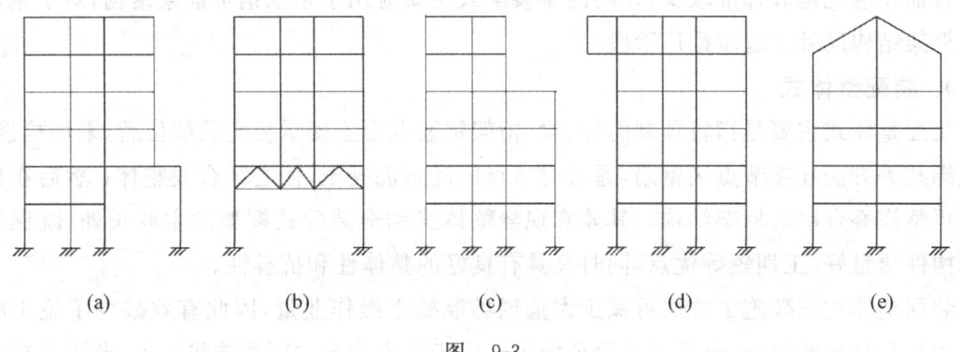

图　9-3

9.2.2 框架结构的分类

框架结构按跨数分有单跨(多用于单层)、多跨；按层数分有单层、多层；按立面构成分有对称、不对称；按所用材料分有钢筋混凝土框架、钢框架、钢木混合框架等，其中最常用的为钢筋混凝土框架结构。

钢筋混凝土框架结构按施工方法的不同可分为现浇整体式、现浇装配式、全装配式、装配整体式4种。

1. 现浇整体式

现浇整体式是指所有主受力构件均在现场现浇为整体的框架结构。即梁、板、柱等受力构件均在现场绑扎钢筋、模板支护、浇筑混凝土、养护等，构件形状与尺寸可为适应建筑空间要求制作成异形，其整体性和抗震性较好；但存在现场工程量大、模板耗费多、工期较长等缺点。近年来，随着施工工艺及技术水平的发展和提高，如可重复使用的塑钢或钢模板、商品混凝土、高效混凝土泵送机械等工艺和措施的逐步推广，这些缺点正在逐步被克服。目前现浇整体式施工方法在框架结构施工中应用最为广泛。

2. 现浇装配式

现浇装配式是指梁、柱为现浇，板为预制，或者柱与主梁为现浇、楼板与次梁为预制的框架结构。由于楼板和次梁采用预制，减少了混凝土浇筑量，节约了模板，降低了成本，但抗震性能弱于现浇整体式。目前主要应用于采用大跨度预制板的有展厅、会议室、教室等使用功能的建筑。

3. 全装配式

全装配式是指梁、柱、板均为预制，然后采用螺栓拼接或焊接拼接成整体的框架结构。这种框架的构件由构件预制厂预制，在现场进行栓接或焊接装配，节点为干式刚性连接节点，可在冬季施工。具有工业化生产量大、机械作业标准化、构件质量有保证、工期短、无模板施工等优点，并有效减少了施工噪声以及能源和材料的浪费，可实现真正的绿色施工。

全装配式框架节点现场作业多，对施工人员技术要求较高，处理不当会影响抗震性能。由于目前相应规范和标准较少，在国内全装配式主要应用于钢或钢木框架结构，对于钢筋混凝土框架结构尚处于起步推广阶段。

4. 装配整体式

装配整体式主要是指将预制的柱、梁、桁架钢筋混凝土楼承板安装就位后，采用栓接、焊接或绑扎等方法连接节点区钢筋，通过对节点区浇筑混凝土，使之结合成整体；然后在楼承板上再整浇叠合层的框架结构。其兼有现浇整体式和全装配式框架的主要长处，既保证了受力构件质量好、工期短等优点，同时又具有良好的整体性和抗震性。

装配整体式框架施工方法可减少大量现场混凝土湿作业量，因此有效减少了施工噪声以及能源和材料的浪费，也可实现绿色施工。由于节点为湿式刚性连接节点，节点处理工艺复杂，保证良好的施工质量有难度，因此对施工人员技术要求较高。工程总造价目前也高于按现浇整体式等其他施工方法施工的框架。

需要说明的是，我国在20世纪60年代就开始对装配整体式施工技术进行研究，如装配式大板、升板、盒子结构等预制装配技术均在框架结构施工中有所应用。但到20世纪90年代开始，由于其当时抗震性能上的不足导致装配式建筑的发展受到了限制。近年来，随着国家建筑产业化的要求和绿色建筑的强制推行，装配整体式建筑或许成为我国房屋建设的主要建筑模式。

9.2.3 框架结构的布置

框架结构布置是否合理，对结构的安全性、实用性及造价影响很大。因此建筑师在设计方案时对结构方案的选择优化非常重要，要确定一个合理的结构布置方案，需要充分考虑房屋的高度、功能、造型等建筑要求以及抗震设防、荷载、施工方法等结构要求。虽然建筑千变万化，但结构布置终究有一些基本的规律。总的来说，框架结构布置包括框架柱网布置和梁格布置两个方面。

1. 框架柱网布置

框架结构体系的柱网布置形式很多，柱网的布置和层高主要根据建筑的使用功能和建筑形式确定。柱网布置可以划分为小柱距和大柱距两类。小柱距一般是指一个开间为一个柱距，大柱距一般是指两个或者三个开间为一个柱距。一般来说，小柱距建筑布置不灵活，技术经济指标也较差，有条件时宜采用大柱距柱网。

框架结构柱网的布置应满足以下几个方面的要求。

1）柱网布置应满足建筑功能的要求

在办公楼、教学楼等民用建筑中，柱网布置应与建筑隔墙布置相协调，一般常将柱子设在纵横墙交叉点上，以尽量减少柱网对建筑使用功能的影响。

2）柱网布置应规则、整齐

框架结构主要由梁、柱构件组成，承受竖向荷载并同时承受水平荷载，鉴于框架结构主要由与水平荷载方向平行的框架抵抗该方向水平力，因此应沿建筑物的两个主轴方向设置框架；柱网的尺寸还受到梁跨度的限制，柱网间距应适中，一般经济跨度在6～9m左右。

柱网布置要保证结构受力合理，应本着**均匀**、**对称**、**对直**、**贯通**的原则进行柱网布置，尽量避免缺梁抽柱(图9-4)。

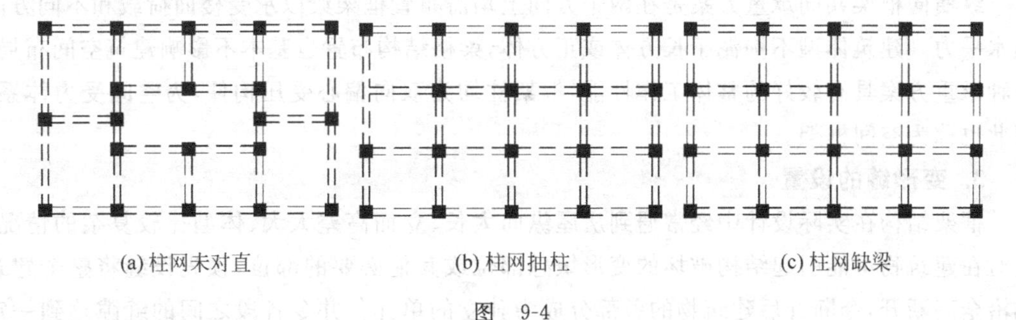

(a) 柱网未对直　(b) 柱网抽柱　(c) 柱网缺梁

图 9-4

3）柱网布置应便于施工

结构布置应考虑施工方便，以加快施工进度，降低工程造价。设计时应考虑到构件尺寸的模数化、标准化，尽量减少构件规格，柱网布置时应尽量使梁、板布置简单、规则。

例如框架结构要首先保证梁柱节点的可靠性，在同一梁柱节点不宜超过两根梁穿过，以防止因施工造成的质量隐患，如圆形建筑楼盖的梁柱节点布置选择（图 9-5）。

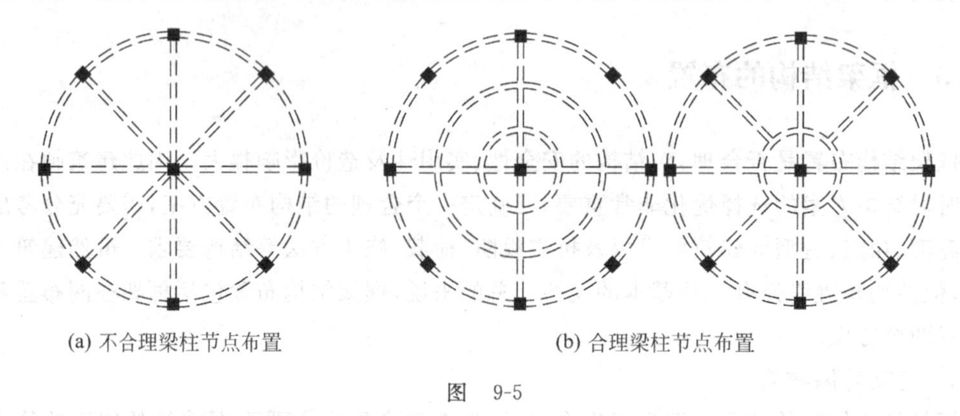

(a) 不合理梁柱节点布置　　(b) 合理梁柱节点布置

图　9-5

2. 梁格布置

柱网确定后，用梁把柱连起来，即形成框架结构。框架结构是一个空间受力体系，由于过去结构计算受制于计算机硬件和软件的技术，框架进行力学模型假定时只能将其看成纵横两个方向的平面框架进行简化计算。一般沿建筑物长向的称为纵向框架，沿建筑物短向的称为横向框架，并假设纵向框架和横向框架分别承受各自方向上的水平力，而楼面竖向荷载则依楼盖结构布置方式而按不同的方式传递。

因此过去的梁格布置方案就根据楼面竖向荷载传递路线的不同以及承受水平力方向的不同，分为横向框架承重、纵向框架承重和纵横向框架共同承重等三种方案。而横向框架承重方案或纵向框架承重方案是指在其横向或纵向布置框架承重梁、对应的纵向或横向布置联系梁的承重方案，这两种方案正交的两主轴方向抗侧刚度相差较大，水平荷载作用下易产生结构扭转效应，均属于抗震不利结构方案，在设计方案时应尽量避免。

近年来，计算机技术的飞速发展为复杂建筑结构的计算分析与设计绘图提供了坚实平台，基于空间理论甚至基于 BIM 技术的计算分析及设计软件不断涌现，所以目前框架结构的梁格布置基本采用纵横向框架共同承重方案来建立结构模型。

纵横向框架共同承重方案是在两个方向上均需布置框架梁以承受楼面荷载和不同方向的水平力。建筑体型不拘泥于长方体或正方体，梁格结构布置也基本不影响建筑空间布局。这种承重方案具有较好的整体工作性能，框架柱均为双向偏心受压构件，为空间受力体系，因此也称为空间框架。

3. 变形缝的设置

框架结构在实际设计中经常遇到房屋纵向太长、立面高差太大、体型比较复杂的情况，这时在建筑物可能引起结构破坏的变形敏感部位或其他必要的部位，预先设缝将整个建筑物沿全高断开，令断开后建筑物的各部分成为独立的单元。并令各段之间的缝隙达到一定的宽度，以能够适应变形的需要。使缝两侧的建筑物在温度变化、地基不均匀沉降或发生地震时，尽量使彼此互不影响，这就是变形缝设置。根据变形缝产生的原因，相应设置的缝有伸缩缝、沉降缝、防震缝 3 种。

(1) 伸缩缝也称为温度缝，是指为防止建筑构件因温度变化而热胀冷缩使建筑物出现裂缝或破坏的变形缝。其作用是将过长的建筑物分成几个长度较短的单元来减少温度应力产生的破坏。为使伸缩缝两侧的建筑物能自由伸缩，须将地面以上的墙体、楼板层、屋顶等完全断开，房屋埋于地面以下的部分因受温度影响较小可无须需断开。框架结构的伸缩缝设置间距可按《混凝土结构设计规范》(GB 50010—2010)(2015 年版)规定取值(表 9-1)。

表 9-1　钢筋混凝土框架结构伸缩缝最大间距　　单位：m

结构体系		室内或土中	露天
框架结构	装配式	75	50
	现浇式	55	35

注：装配整体式框架结构的伸缩缝间距，可根据结构的具体情况取表中装配式框架结构与现浇式框架结构之间的数值。

(2) 当建筑物建造在土质差别较大的地基上或建筑物相邻部分的高度、荷载以及结构形式差别较大时，建筑物可能会出现不均匀的沉降，导致不同位置的基础出现沉降差甚至产生安全隐患。为此，在适当位置设置垂直缝隙，把一个建筑物划分为若干个刚度较好的单元，使相邻各单元可以自由沉降，这种缝称为沉降缝。沉降缝与伸缩缝不同处在于从建筑物基础到屋顶在构造上完全断开。沉降缝的宽度随地基状况和建筑物高度不同而不同。

当出现下列情况：当建筑物建造在不同性质的地基土上；当同一建筑物相邻部分的基础形式、宽度和埋置深度相差较大；当同一建筑物相邻部分的高度相差较大、竖向荷载相差悬殊；当平面形状比较复杂，各部分的连接部位又比较薄弱；原有建筑物和新建、扩建建筑物之间等情况时宜考虑设置沉降缝。

近年来，一些科研院所对大量设置了沉降缝的高层建筑在施工过程中及投入使用后持续进行了沉降观测，测试结果表明地基变形曲线是连续的，但不会出现突变。因此，目前在设计坐落在稳定性地基上的体型复杂的建筑时，如带有裙房的高层建筑，一般把地面以下部分连成整体，不再设置沉降缝，建筑地上部分根据具体情况考虑是否设置伸缩缝或防震缝。

(3) 为加强建筑物的抗震性能，将体型复杂、结构不规则的建筑物划分成为体型简单、结构规则的独立单元而设置的缝称为防震缝。当出现下列情况：当建筑平面不规则、立面变化多、上下刚度不均匀、平面长度较长；各部分刚度相差悬殊，采取不同材料和不同结构体系；各部分质量相差很大；各部分有较大错层等情况时宜考虑设置防震缝。

防震缝可从基础面或者地面以上沿建筑物全高设置，应将建筑物分隔成独立、规则的结构单元，防震缝两侧的上部结构应完全分开。防震缝宽度可根据《建筑抗震设计规范》(GB 50011—2010)(2016 年版)规定设置。如框架结构的房屋防震缝宽度，当高度不超过 15m 时不应小于 100mm；超过 15m 时，6 度、7 度、8 度、9 度分别每增加高度 5m、4m、3m 和 2m，宜加宽 20mm。需要说明的是规范规定的缝宽是最小要求，工程设计时应根据实际情况酌情放大。防震缝两侧结构类型不同时，宜按需要较宽防震缝的结构类型和较低的房屋高度确定缝宽。

(4) 伸缩缝与防震缝均是从地面以上或者基础顶面以上开始设置，而沉降缝必须从基础开始设置，并贯通建筑物的全高。设缝时应将伸缩缝、沉降缝、防震缝结合考虑，伸缩缝和沉降缝应留有足够的宽度，都应按照防震缝的要求设置其宽度，避免地震时相邻部分互相碰撞而破坏。同样在缝的宽度有保证的情况下，设置沉降缝也能同时起到伸缩缝与防震缝的作用。

在对建筑防水、防火、保温、立面效果等性能要求越来越高的今天，为避免或减少因设缝带来的一些使用功能上的问题，很多超长结构采用后浇带、膨胀加强带、低收缩混凝土材料等有效措施施工后可以突破表 9-1 要求的建筑物最大长度。因此建筑师在设计建筑方案时应首先考虑在符合各种要求情况下尽量不设缝，其次是考虑“一缝多用”或者“三缝合一”。

9.3 框架结构的设计要求

抗震规范明确了抗震设计的三水准设防要求，即“小震不坏、中震可修、大震不倒”。具体设计时，只有“小震不坏”是采用计算设计与概念设计相结合的原则，而“中震可修、大震不倒”则属于概念设计的范畴，建筑及结构相关规范有很多条文是对概念设计的明确解释，如对不同结构体系房屋的适用高度、平面或竖向布置等均有强制性要求，这足以说明概念设计的重要性。

9.3.1 框架结构的房屋最大适用高度

框架结构最适用于体型规则、刚度均匀的建筑物。由于其抗侧刚度通常较差，因此在地震区一般不宜设计较高的框架结构。

在水平荷载作用下，框架的变形及内力与房屋的高度有很大的关系，框架结构的房屋高度越高，产生的水平位移越大，框架的内力也随高度的增加而迅速增长，当框架结构的房屋达到一定高度时，水平荷载产生的内力就会超过竖向荷载产生的内力，这时，水平荷载对设计起主要控制作用，而竖向荷载对设计已失去控制作用，框架结构的优越性就不能表现出来，高度越大，就越不优越。所以，对于框架结构的适用高度就是从这个意义上提出的。

框架结构在水平荷载作用下，表现出“抗侧刚度小，水平位移大”的弱点，由于该结构是一种柔性结构体系，房屋高度越高这个弱点越明显，对框架越不利。如果框架结构在高度上不加以限制，则只能无限制增大框架结构的梁、柱截面尺寸来满足其强度和刚度的要求。这显然是不经济也是不合理的。

因此从安全和经济诸方面综合考虑，《建筑抗震设计规范》(GB 50011—2010)(2016 年版)和《高层建筑混凝土结构技术规程》(JGJ 3—2010)均根据框架结构的抗震设防类别、设防烈度等条件对其房屋最大适用高度做出限制，如表 9-2 所示。

表 9-2 现浇钢筋混凝土框架结构的房屋最大适用高度 单位：m

抗震设防烈度	6	7	8(0.2g)	8(0.3g)	9
最大适用高度	60	50	40	35	24

注：① 房屋高度是指室外地面到主要屋面板板顶的高度(不包括局部突出屋顶部分)。

② 表中框架,不包括异形柱框架。

③ 超过表内高度的房屋,应进行专门研究和论证,采取有效的加强措施。

9.3.2 框架结构的规则性

从历次震害调查表明,在抗震设计中,如果不控制建筑的规则程度,或对不规则结构未采取加强措施,则会给建筑带来不利影响甚至造成严重震害。因此在《建筑抗震设计规范》(GB 50011—2010)(2016 年版)中基本以强制性条文对建筑形体给予明确要求。如第 3.4.1 条指出:“建筑设计应根据抗震概念设计的要求明确建筑形体的规则性。不规则的建筑应按规定采取加强措施；特别不规则的建筑应进行专门研究和论证,采取特别的加强措施；严重不规则的建筑不应采用。”这里的建筑形体包括建筑平面形状和立面、竖向剖面的变化。

较规则的建筑在地震时不容易破坏,因此建筑设计应重视其平面、立面和竖向剖面的规则性对抗震性能及经济合理性的影响,宜择优选用规则的形体,避免有过大的外挑和收进,其抗侧力构件的平面布置宜规则对称、侧向刚度沿竖向宜均匀变化、竖向抗侧力构件的截面尺寸和材料强度宜自下而上逐渐减小、避免侧向刚度和承载力突变。

不仅抗震规范对建筑形体给予了明确要求,对于高度大于 24m 的钢筋混凝土公共建筑,《高层建筑混凝土结构技术规程》(JGJ 3—2010)对建筑的平面布置和竖向布置同样给出了量化要求。

平面布置要求：平面长度不宜过长[图 9-6(a)],L/B 宜符合表 9-3 的要求；平面凸出部分的长度 l 不宜过大、宽度 b 不宜过小[图 9-6(b)、(c)、(d)、(e)],l/B_{max}、l/b 宜符合表 9-3 的要求；建筑平面不宜采用角部重叠或细腰形平面布置[图 9-6(f)、(g)]。本条量化时可套用表 9-3 中限值,即 b 与最大有效楼板宽度的比值小于 0.35 时可判断为角部重叠或细腰形。

表 9-3 平面尺寸及突出部位尺寸的比值限值

设防烈度	L/B	l/B_{max}	l/b
6 度、7 度	≤6.0	≤0.35	≤2.0
8 度、9 度	≤5.0	≤0.30	≤1.5

竖向布置要求：结构竖向抗侧力构件宜上、下连续贯通,对框架结构来说也就是尽量不要出现上下层的柱错位布置；当结构上部楼层收进部位到室外地面的高度 H_1 与房屋高度 H 之比大于 0.2 时,上部楼层收进后的水平尺寸 B_1 不宜小于下部楼层水平尺寸 B 的 75%[图 9-7(a)、(b)]；当上部结构楼层相对于下部楼层外挑时,上部楼层水平尺寸 B_1 不宜大于下部楼层的水平尺寸 B 的 1.1 倍,且水平外挑尺寸 a 不宜大于 4m[图 9-7(c)、(d)]。

当不能满足上述各项要求时,应调整建筑平、立面尺寸和刚度沿房屋平面和高度的分布,选择合理的建筑结构方案。

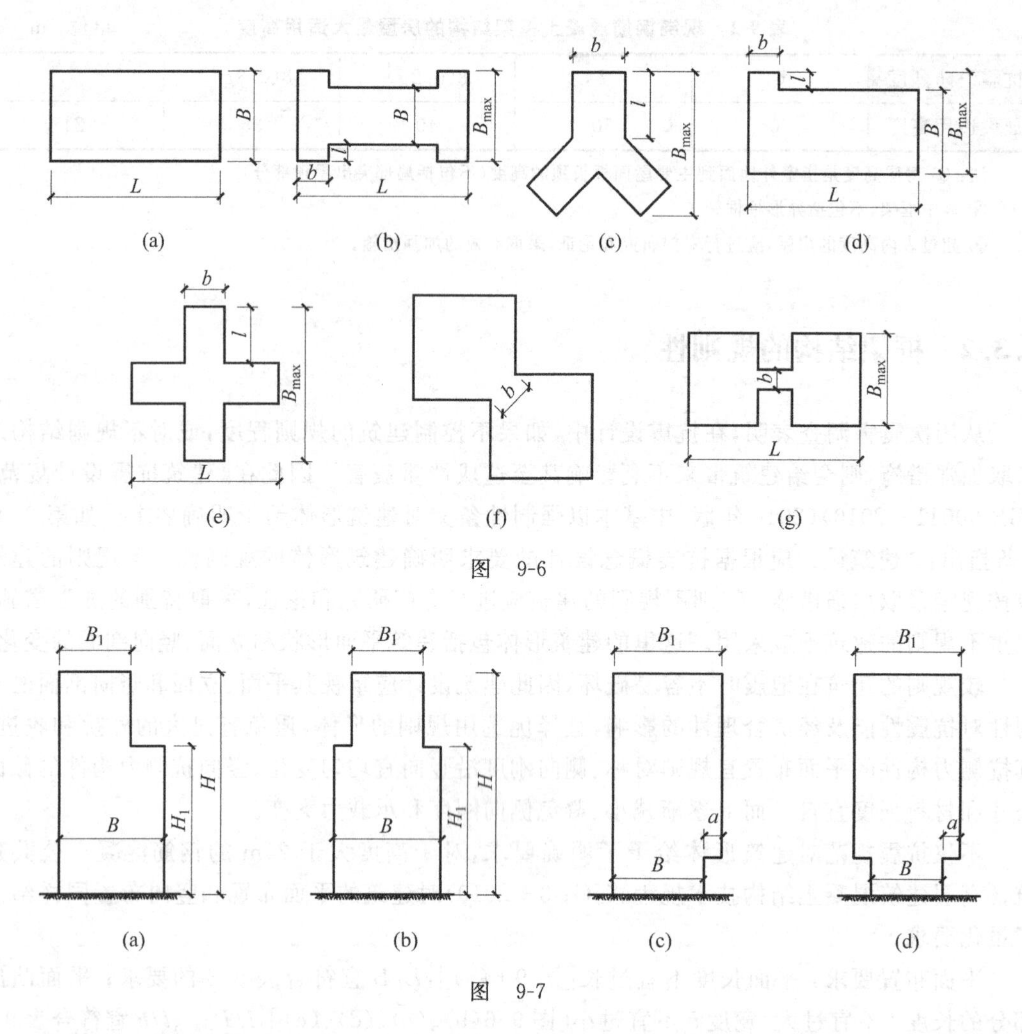

图 9-6

图 9-7

影响建筑规则性的因素很多，本书不再一一列举，建筑师面对具体工程时，应当依据规范对建筑规则性的要求并结合经验对建筑的抗震性能进行估计，掌握以“传力路径简洁、明确”为核心内涵的结构布置方法，判断出建筑的规则性。

9.3.3 框架结构梁柱截面尺寸估算

框架结构设计时要合理考虑结构的延性，延性的设计原则主要是“强节点弱杆件、强柱弱梁、强剪弱弯”。因此框架结构设计得合理与否，与框架结构的梁、柱截面尺寸的合理选择密切相关。从建筑设计角度来说，预估框架梁截面尺寸，可以对每楼层高度以及房屋总高度预先确定，预估框架柱截面尺寸，可以对房间开间、进深等尺寸布置预先确定。

1. 框架梁截面尺寸

框架梁的截面形状常采用矩形、T形或花篮形。设计者应根据建筑功能及结构形式确定梁截面形状。

框架结构的框架梁截面高度可按跨度的1/12～1/8确定，次梁截面高度一般取跨度的

1/18～1/10,挑梁截面高度一般为悬挑长度的 1/6；框架梁截面宽度不宜小于 200mm,梁宽一般为梁高的 1/3～1/2,截面高宽比不宜大于 4。

框架梁梁宽与梁高均以 50mm 为模数,为了统一模板尺寸便于施工,对于梁宽建议采用 200mm、250mm、300mm、350mm、400mm 等尺寸；梁高建议采用 300mm、350mm、400mm、……、750mm、800mm、900mm、1000mm 等尺寸。

在梁截面尺寸估算时应综合考虑建筑功能和使用要求确定框架梁的高度。一般来说,在各项计算指标满足规范要求的前提下,适当减小框架梁的高度不仅有利于提高房屋净高,提升建筑品质,而且还有利于强柱弱梁、强剪弱弯设计目标的实现,有利于提高框架结构的抗震性能。

2. 框架柱截面尺寸

框架柱的截面形状常采用正方形、矩形或圆形,有时也可采用 T 形、L 形等异形。柱的截面尺寸宜符合下列各项要求。

柱截面的宽度和高度,抗震等级为四级或房屋不超过 2 层时不宜小于 300mm,抗震等级为一、二、三级且房屋超过 2 层时不宜小于 400mm；柱截面长边与短边的边长之比不宜大于 3；圆柱的直径,抗震等级为四级或房屋不超过 2 层时不宜小于 350mm,抗震等级为一、二、三级且房屋超过 2 层时不宜小于 450mm。

框架柱除了要满足上述构造要求外,其截面尺寸一般采用轴压比来估算。所谓轴压比,是指柱的轴压力设计值与柱的全截面面积和混凝土轴心抗压强度设计值乘积之比值。《建筑抗震设计规范》(GB 50011—2010)(2016 年版)和《混凝土结构设计规范》(GB 50010—2010)(2015 年版)均根据抗震等级的不同对柱的轴压比给出对应的限值,所以轴压比估算法是先根据柱支承的楼面面积所承受竖向荷载预估出柱的轴力,然后估算出柱截面面积 A_C。计算公式如下：

$$A_C = \frac{\text{单柱承受每层竖向荷载值} \times \text{层数}}{\text{混凝土抗压强度设计值} \times \text{轴压比}} \tag{9-1}$$

从式(9-1)可以看出,在柱截面估算时,应当先明确混凝土的强度等级、结构的抗震等级、轴压比限值,然后要有了解每层柱承受的楼板面积以及该楼板自重和活荷载分布情况的经验,这对于建筑相关专业学生甚至建筑师来说是有难度的,因此对于柱距为常规跨度(6～9m)的柱截面尺寸估算可采用简化的确定方法,估算公式如下,其中 A_C单位为 mm^2。

$$A_C = \frac{0.8 \times \text{单柱承受荷载面积} \times \text{层数}}{1000} \tag{9-2}$$

例如要估算一栋柱距尺寸为 8m×8m 的四层办公楼的首层柱截面尺寸,则将数值(尺寸值单位均为 mm)代入公式(9-2)得

$$A_C = 0.8 \times 8000 \times 8000 \times 4 \div 1000 = 204800(\text{mm}^2)$$

如果采用正方形截面,得边长＝453mm,由于框架柱截面高度或宽度同样以 50mm 为模数,则此办公楼的首层柱截面宽度或高度可暂按 500mm 取值。

此柱截面估算简化公式仅适用于一般民用多层公共建筑,当遇到楼面有工艺设备的工业建筑或屋顶有较厚覆土的地下车库等承受楼(屋)面荷载较大的建筑类型时,可将单柱承受荷载面积乘以 1.5～2.0 的放大系数再进行柱截面尺寸的估算取值。

9.4 框架结构的设计优化

多层钢筋混凝土框架结构是目前国内外建成建筑中应用最广泛的结构类型，尤其在办公类、教育类、商业类等公共建筑中应用更多。框架结构体系在应用中不需要承重墙体，可以创造更大的室内空间，平面布置具有灵活性和多样性的特点，极大满足社会大众对个性化建筑功能的要求，这也为推动框架结构在多层房屋的应用创造了良好条件。但是由于人们对房屋抗震性能及其土建成本越来越重视，于是寻找结构最优设计方案，在经济性与安全性之间达到一种合理平衡，成为保证框架结构体系发展的必然设计手段。

建筑设计的主要设计理念是在保障房屋实用、安全、经济、美观的前提下达到空间的最优配置、实现资源的最佳利用。因此应根据建筑及结构规范或某些特定条件优化建筑结构设计，使某种指标（如有效使用面积、使用功能利用、工程造价等）达到最佳配置。

影响框架结构设计方案的因素很多，如有效使用面积、建筑布局和造型、使用功能、工程造价、施工技术难易度、施工工期、空间使用率、选用的材料等。建筑师在确定结构设计方案时必须全面考察各种影响因素，并对其进行分析比较，进而选择最优方案。

方案优化应首先从结构平面布置入手，以建筑功能的不同寻找相应合理的柱网尺寸。影响柱网尺寸的主要因素主要有以下几点。

1. 使用功能

小柱距结构布置将空间分割得较小，而大柱距结构布置比较灵活，适用于各种场合，可以用作商业用房、展厅等公共场所。用户也可以根据自己的需要，利用隔墙、隔断等形式将大空间分隔成几个小空间，以增强实用性。

2. 空间使用率

建筑结构所覆盖的空间除了建筑物的使用空间外，还包括结构体系所占用的空间。当梁高截面尺寸增加时，就会降低建筑物的空间使用率。梁截面尺寸的增大会减小建筑物净空，使建筑物的舒适度降低。因此合理的布置柱网尺寸，能够有效地控制梁高，以满足适宜的建筑空间使用要求。

3. 有效使用面积利用率

所谓有效使用面积利用率，是指功能房间的可利用面积与建筑总面积的比率。以住宅小区地下车库为例，因其建设成本远高于地上部分，则在地下车库的设计时就应该采取多种措施来提高车库的有效使用面积。柱网布置的合理与否就非常影响建筑有效使用面积的利用率，柱距除了满足结构的经济性之外，同时还要考虑车辆停放的合理性以及车辆行驶的方便性，只有综合考虑好这些因素，才能设计出既经济又合理的地下车库。地下车库平面设计主要包括柱网布局、车道和停车位布置、停车功能与其他建筑功能协调统一等。从《车库建筑设计规范》(JGJ 100—2015)及其他车库设计相关标准可知以下内容。

住宅小区一般按仅停放微型和小型机动车辆来设计地下车库。根据限定车型，停车位的尺寸一般以长 4.8m×宽 1.8m×高 2.0m 为车型外廓尺寸进行设计，因而停车位尺寸取值范围应为：长(5～6)m×宽(2.4～3)m。按目前住宅小区建设情况看，刚需型楼盘的停车位尺寸一般按长5.1m×宽2.4m取值，改善型楼盘的停车位尺寸一般按长5.2m×宽2.6m取值。

车辆停车方式一般有平行式、斜列式、垂直式以及混合式4种。当停车方式采用垂直式时，即车位与车道成90°直角，且车辆在“倒进顺出”布置的时候，每台车所占车库面积的比例最小。

为减少面积浪费，普通住宅小区车库的汽车坡道，一般布置在外边缘。停车通道应尽量设环形车道，车道最小转弯半径为6m(小型车)，为了减少交叉错车，应尽量设计为顺时针行车路线。当采用与车道成90°直角的停车位布置时，单行车道宽度应不小于5.5m。如果既考虑行车又兼顾停车，设计为双向行驶的双车道行车路线更为合理，且车道总宽度不应小于6m。因此车库设计时应根据车辆停车方式和车行路线方式等综合布局。

考虑停车位面积及其公摊面积(车道、柱、墙等面积分摊)，按照上述方式布置的停车库(车库内停车数量不少于50辆)每车所占面积约在30～35m²之间，即可根据车库的建筑面积估算出车库的停车数量。

对于按仅停放微型和小型机动车辆来设计的住宅小区地下车库，其室内最小净高应不小于2.20m。

从以上构造措施可知，按照标准车型每车约占面积与车道尺寸的估算值，柱网尺寸一般可设计为6m×6m(柱间停2辆车)左右的小柱网尺寸或8m×8m(柱间停3辆车)左右的大柱网尺寸以及6m×8m混合尺寸。为符合建筑模数，6m左右的柱距宜在5.7m、6.0m、6.3m中选择，8m左右的柱距宜在7.8m、8.1m、8.4m中选择。车库设计时可根据层高限制、工程地质、防火分区、购买群体等实际情况进行比较分析，然后从这些柱网尺寸中选出相对合理的结构平面布置方案。

在结构平面布置方案选择时为尽可能提高车库内停车数量，还应结合实际地形综合布置车辆停车方式，因此在柱位布置时就应反复斟酌，认真优化。

如采用8m左右柱距、车道按双车道设计时，不应按照柱距设计车道宽度，如图9-8(a)所示，以免造成停车位的浪费，可调整为图9-8(b)所示车道宽度。

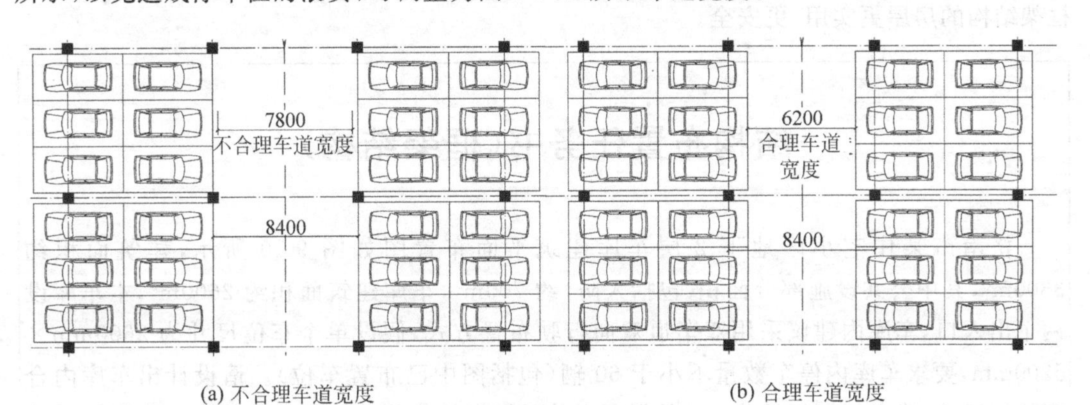

(a) 不合理车道宽度　　(b) 合理车道宽度

图 9-8

又如当车库内局部可利用位置能停放多辆车时不能只考虑柱列平齐直接布置柱位，而应综合考虑柱布置点位以避免减少车库内的停车数量[图 9-9(a)]，此设计可将影响停车数量的框架柱删除[图 9-9(b)]。

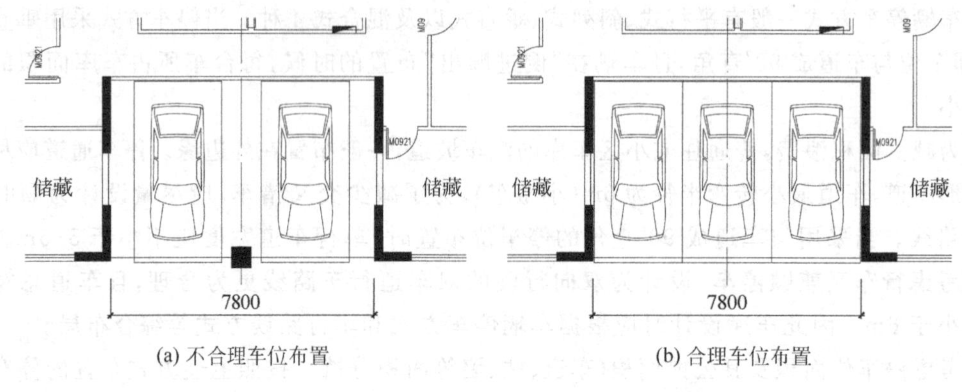

(a) 不合理车位布置　　(b) 合理车位布置

图 9-9

同样当车库的墙边布置有停车位时，应以不影响车辆顺利进入停车位为原则确定凸出墙面的附壁框架柱位置。

4. 工程造价

当柱距较小时，构件截面满足构造要求即可，所以其强度不能充分发挥，造成材料浪费，造价提高；当柱距较大时，构件尺寸增大，结构内力也随之呈几何级数增大，导致设计标准提升，结构造价提高；因此只有合理确定柱网尺寸，才能做到经济性与安全性的统一。

5. 施工技术难易度

当柱网尺寸较大时，为了保证结构的传力明确，一般会在主梁之间布置次梁，这导致了模板工程量的增大；同时当梁的跨度增大到一定数值后，往往在支模时会将底模板起拱来减小梁在施工过程中产生的挠度；并且当构件尺寸增大时，模板的平整度也需要施工人员仔细作业才能更好地控制。这些都是不合理的柱网尺寸导致施工难度增加的原因。

综上所述，建筑师只有熟知建筑及结构设计的相关规范，对每个细节做好研究与比较，才能合理进行框架结构体系的优化，也才能使框架结构体系更加适应人们的需求，最终使得框架结构的房屋更实用、更安全。

结构布置任务书(框架结构)

济南市某住宅小区地下 2 层车库建筑平面布置图如图 9-10 所示，建筑面积约 $3300m^2$，其中公共设施部分面积(包括人防)约 $700m^2$，车库建筑面积约 $2600m^2$，本车库设两个出入口，车库内建议采用双车道双向行驶布置方式，假设单个车位尺寸为 2600mm×5200mm，要求车库内停车数量不小于 60 辆(包括图中已布置车位)。请设计出车库内合理柱网尺寸，确定好框架柱位置；并根据本单元提供的柱截面简化公式估算出柱截面尺寸(假设地下 1、2 层车库平面布置相同且地下车库板顶上有 1.2m 厚覆土)。

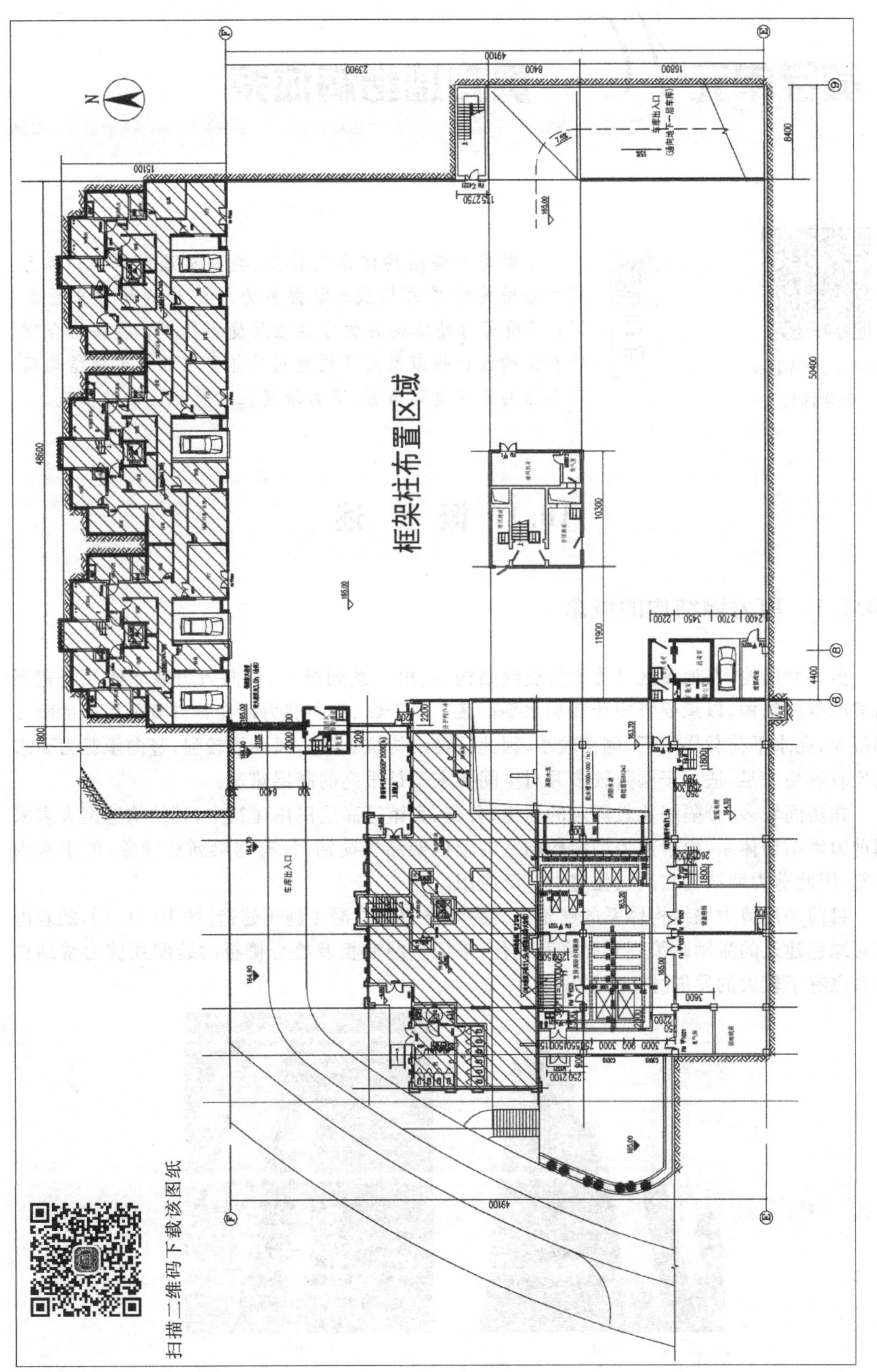
框架柱布置区域
49100
23900
8400
16800
50400
48600
15100
10300
11900
4400
车库出入口
扫描二维码下载该图纸

图 9-10

教学单元10 剪力墙结构体系

扫描二维码下载
教学课件

教学目标

了解剪力墙结构体系的特点、类型及适用范围；熟悉剪力墙结构体系的构成；掌握剪力墙结构的墙体布置原则；了解剪力墙结构的受力性能及变形特点；能够结合建筑和结构设计规范针对不同建筑功能要求的剪力墙结构确定合理的建筑总体布置、剪力墙定位以及相应构造措施。

10.1 概　　述

10.1.1 剪力墙结构的概念

剪力墙结构，在地震区又称为抗震墙结构，是由一系列纵向、横向剪力墙墙体及楼盖所组成的空间结构，以承受竖向荷载和水平荷载。由于纵、横向剪力墙在其自身平面内的刚度都很大，在水平荷载作用下，侧移较小，因此这种结构抗震及抗风性能较强，竖向承载力要求也比较容易满足，适用于层数较多并对空间要求不是很高的高层建筑。

在房间较多、分隔墙比较固定的住宅、公寓、宾馆等高层民用建筑中，其结构选型大多采用剪力墙结构体系，由于剪力墙结构的室内较框架结构简洁，没有露梁露柱现象，便于室内布置，因此剪力墙结构在高层住宅中广泛应用。

目前采用剪力墙结构体系的建筑主要为现浇钢筋混凝土施工建造[图 10-1(a)]，随着国家对绿色建筑的激励政策逐年提高和细化，采用预制墙板及叠合楼板的装配式剪力墙结构体系也有了较大的发展[图 10-1(b)]。

(a)

(b)

图　10-1

10.1.2 剪力墙结构的受力特点

剪力墙结构中的剪力墙一般承受两类荷载：一类是楼板传来的竖向荷载，在地震区还应包括竖向地震作用的影响；另一类是水平荷载，包括水平风荷载和水平地震作用。

剪力墙的主要作用是承受平行于地面的水平荷载，并提供较大的抗侧力刚度。由于水平荷载的作用使剪力墙主要承受剪力，剪力墙也因此而得名，以便与仅承受竖向荷载的普通墙体相区别。在地震区，该水平力主要由地震作用产生，因此剪力墙也称为抗震墙。

剪力墙结构的内力分析包括竖向荷载作用下的内力分析和水平荷载作用下的内力分析。在竖向荷载作用下，由于传力明确各片剪力墙所受的内力容易确定，但在水平荷载作用下剪力墙的内力和位移计算都比较复杂。

10.1.3 剪力墙的墙体类型

为满足建筑功能要求，在剪力墙结构中的剪力墙上常开有门窗洞口。理论分析和试验研究表明，剪力墙的受力特性与变形状态主要取决于剪力墙上的开洞情况。

洞口是否存在，洞口的大小、形状及位置都将影响剪力墙的受力性能。剪力墙按受力特性(水平力作用下)的不同主要可分为以下几类。

(1) 整体剪力墙，即不开洞或开洞面积小于全面积15%的墙体，如图10-2(a)所示。在水平荷载作用下，整体剪力墙如同一片整体的悬臂墙，在墙肢的整个高度上，弯矩图既不突变，也无反弯点，剪力墙的变形以弯曲型为主。

(2) 整体小开口剪力墙，即开洞面积大于15%但是仍然呈小开口的墙体，如图10-2(b)所示。整体小开口剪力墙的弯矩图在连梁处发生突变，但在整个墙肢高度上没有或仅仅在个别楼层中出现反弯点，剪力墙的变形仍以弯曲型为主。

(3) 双肢及多肢剪力墙，即开口较大、洞口成列布置的墙体，如图10-2(c)所示。双肢及多肢剪力墙与整体小开口剪力墙受力特性相似，弯矩图在连梁处会有突变，没有或仅在个别楼层中出现反弯点。

(4) 壁式框架，即洞口尺寸大，连梁线刚度大于或接近墙肢线刚度的墙体，如图10-2(d)所示。壁式框架中竖向构件的弯矩图在楼层处有突变，且在大多数楼层出现反弯点，此时剪力墙的变形以剪切型为主。

不同类型的剪力墙，其相应的受力特点、计算简图和计算方法也不相同，计算其内力和位移时须采用相应的计算方法。

因此对于剪力墙结构应先根据建筑高度、抗震设防类别、设防烈度等条件选择合理的墙体类型，再根据剪力墙布置原则在适当位置预布置剪力墙，然后经过结构计算进行适当调整，最终使建筑达到满足承受规定水平力和竖向力的要求。

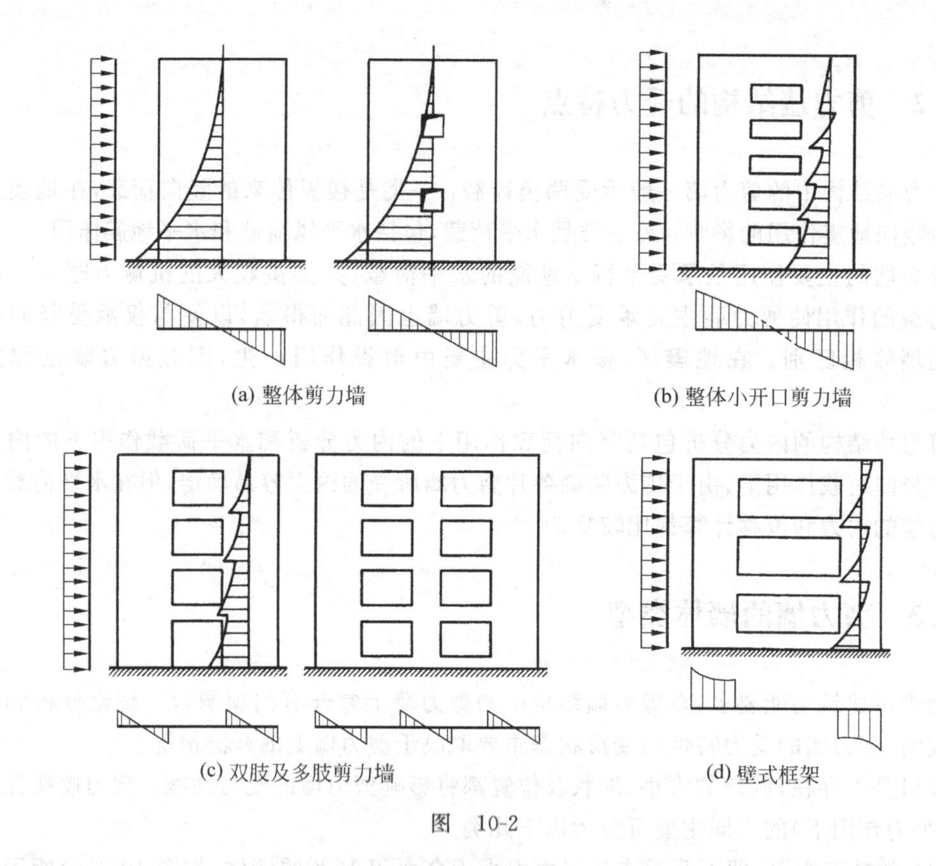

图 10-2

10.2 剪力墙的形状和布置原则

剪力墙结构在进行剪力墙的设计时要遵循一定的设计原则，尤其在确定每片剪力墙的形状和定位时更要严格遵守。

10.2.1 剪力墙的形状

剪力墙一般根据建筑房间墙体的位置来布置，截面形状没有特别限制。

由于剪力墙对水平荷载的反应与它的形状及方向有很大关系，并考虑到剪力墙结构的安全性和经济性，常将剪力墙片设计成 L 形、Z 形、T 形、I 形、[形、十字形等形状。当剪力墙布置在楼电梯或洞口位置时，也可将剪力墙片设计成正方形、三角形、圆形等封闭的形状(图 10-3)。有时因建筑功能限制，也会将剪力墙片设计成一字形。

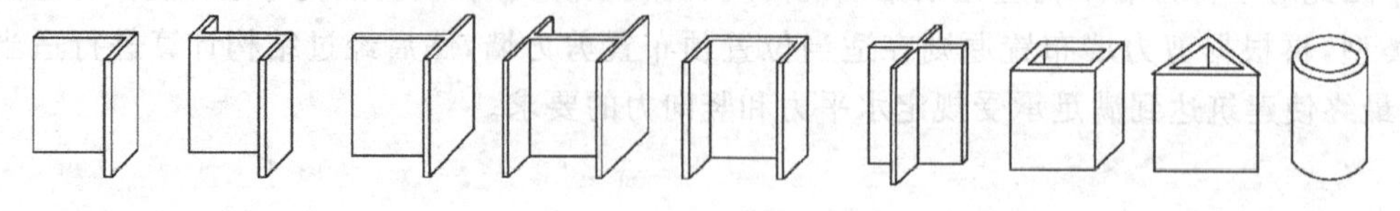

图 10-3

需要说明的是，由于每片剪力墙墙体的稳定性和抗震性是剪力墙结构整体性的重要保证，因此剪力墙结构中应减少甚至避免一字形墙体的布置。

10.2.2 剪力墙的布置原则

我国是世界上最大的发展中国家，工程建设成本是目前建筑行业重点考虑的问题。因此剪力墙结构在设计时应最大限度地满足结构的安全性和经济性需要，要充分发挥剪力墙在结构中的作用。如何合理地布置剪力墙，找到一个最合适的结构抗侧刚度，使水平作用尽可能小，同时又能满足正常使用要求以及达到降低工程造价的目的，是剪力墙结构设计的关键。

一般的剪力墙布置原则如下。

(1) 剪力墙宜沿两个主轴方向或其他方向双向布置，两个方向的侧向刚度不宜相差过大。

(2) 剪力墙宜布置在建筑物的端部附近、平面形状变化处、竖向荷载较大处以及楼(电)梯等部位，建筑平面形状凹凸变化较大时，宜在凸出部分的端部附近布置剪力墙，建筑物的周边尤其在四角应结合建筑的立面要求尽量布置墙体，而内部的墙体可以适当减少。即强化周边弱化内部，以增大结构的抗扭能力。

(3) 剪力墙墙肢的截面宜简单、规则，墙肢截面宜优先选择 L 形、T 形、[形、十字形以及封闭筒等形状，并尽量对直拉通；建筑角部的墙体长度应结合立面和整体刚度尽量选择较长的墙肢和翼缘。

(4) 要尽可能保证墙肢长度的一致性，避免过长或过短的剪力墙，从而使水平作用能大致均分给各片剪力墙。较长剪力墙宜设较大的洞口将其分成长度比较均匀的若干墙段，各墙段长度不宜大于 8m，以保证剪力墙结构有足够的延性。墙肢也不宜过短，一般要求截面高度与厚度之比不大于 8 的短墙肢数不能过多布置，在高层住宅中可按每单元内短墙肢的布置数不超过四肢来控制。均匀的墙肢布置不仅可以防止部分墙肢出现超筋的情况，还可以根据剪力墙构造的要求，将配筋的剪力墙整体作用充分发挥出来。

(5) 为了充分增大剪力墙结构的可利用空间，剪力墙不宜布置过密。纵向剪力墙一般设为二道、二道半、三道或四道(图 10-4)；同时从经济角度考虑，横向剪力墙间距通常取 6～8m。

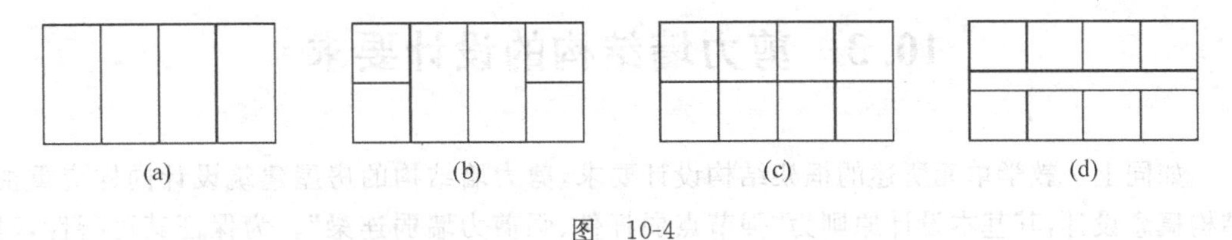

图 10-4

(6) 剪力墙在竖向布置上宜贯通房屋全高，并自下到上连续布置，墙上门窗洞口宜上下对齐、成列布置，形成明确的墙肢和连梁，使结构上下刚度连续、均匀，避免突变。

总之，整体布置上剪力墙应尽可能遵循“**均匀、分散、对称、周边**”八字方针，这是剪力墙布置原则的根基。做到使剪力墙结构的几何形心、刚度中心、质量中心尽可能在空间中交汇于一个点，以控制结构的扭转效应。

另外，随着建筑产业化的兴起，人们对住宅的舒适性要求越来越高，户型可随住户不同需要灵活变换,即住宅的可变性就是目前人们对新型住宅的期望之一。采用剪力墙结构体系的高层住宅在墙体布置好后虽然不能将户型任意分割,但如果在墙体布置时预先考虑到建筑功能的可改造性也可起到建筑空间优化的目的。例如考虑到住宅全寿命周期内家庭人员的变化,尽可能在相邻房间之间布置隔墙或者相对短肢的剪力墙而不是整片剪力墙以降低未来改造的难度;再例如对于一些面积较小的客厅或者餐厅,其与阳台之间的墙肢翼缘布置就应考虑未来建筑功能的可改造性而进行优化布置,如图 10-5 所示,目的就是为了如果打通阳台与客厅或餐厅一起使用不会影响到结构安全。

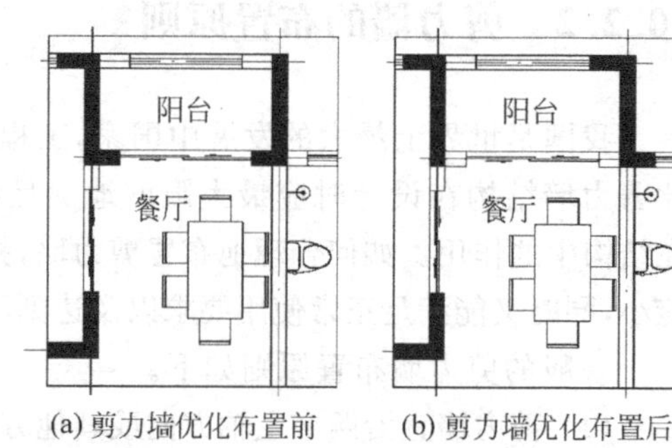

(a) 剪力墙优化布置前　(b) 剪力墙优化布置后

图 10-5

综上所述,剪力墙墙体的形状及定位有一定的布置要求。但对于一个采用剪力墙结构体系的建筑来说,为满足结构的整体抗侧移刚度要求,首先必须布置足够数量的剪力墙才能进行下一步的剪力墙布置。剪力墙的数量与高度、结构体型等有关,如果布置的剪力墙过多,会使得结构刚度加大,地震等水平效应变大,材料用量增大,对整个结构既不经济也不安全。同时基础设计困难,也会限制建筑平面的灵活布置。因此,剪力墙的数量应适宜,一般只需满足侧向变形的限值即可。需要说明的是,侧向变形的限值要求仅是规范的基本要求,也可以说是最低要求,当业主需要对房屋进行基于性能抗震设计时则需要更多的剪力墙数量来保证结构具有更高的安全度。

侧向变形限值要求出现在结构设计规范中,对于建筑师来说可以用"墙率"来预估剪力墙的数量。所谓"墙率",就是以标准层剪力墙总横截面面积与本层总建筑面积之比来反映墙体在结构体系中所占的比率,进而反映剪力墙数量的相对合理性。一般来说,对于 10～30 层高层住宅(位于抗震设防烈度为 6～7 度地区),墙率为 4%～8%(中间的层数可在范围内取差值)左右是比较经济的。在对剪力墙数量进行优化时可以在既定建筑方案不变的情况下调整墙肢的厚度,也可以在墙体厚度不变的情况下调整墙肢的长度,最后根据建筑的层数将墙率控制在限定范围内。

10.3 剪力墙结构的设计要求

如同上一教学单元所述的框架结构设计要求,剪力墙结构的房屋建筑设计同样应重视结构概念设计,其基本设计原则为"强节点弱杆件、强剪力墙弱连梁"。为保证其可行性,建筑及结构相关规范对剪力墙结构体系的房屋适用高度、平面或竖向布置等给出了强制性要求。

10.3.1 剪力墙结构的房屋适用高度和高宽比

钢筋混凝土剪力墙结构的最大适用高度分为 A 级和 B 级(B 级高度的高层建筑结构的最大适用高度比 A 级适当放宽,但其结构抗震等级、抗震构造措施等要求相应从严),《建筑抗震设计规范》(GB 50011—2010)(2016 年版)和《高层建筑混凝土结构技术规程》(JGJ 3—2010)均根据剪力墙结构的抗震设防类别、设防烈度等条件对其房屋最大适用高度做出限制,如表 10-1 和表 10-2 所示。

表 10-1 A级钢筋混凝土剪力墙结构的房屋最大适用高度 单位: m

结构体系	非抗震设计	抗震设防烈度				
		6	7	8(0.2g)	8(0.3g)	9
全部落地剪力墙	150	140	120	100	80	60
部分框支剪力墙	130	120	100	80	50	不应采用

表 10-2 B级钢筋混凝土剪力墙结构的房屋最大适用高度 单位: m

结构体系	非抗震设计	抗震设防烈度			
		6	7	8(0.2g)	8(0.3g)
全部落地剪力墙	180	170	150	130	110
部分框支剪力墙	150	140	120	100	80

注: ① 房屋高度是指室外地面到主要屋面板板顶的高度(不包括局部突出屋顶部分)。
② 部分框支剪力墙结构是指地面以上有部分框支剪力墙的剪力墙结构。
③ 超过表内高度的房屋,结构设计应有可靠依据,并应进行专门研究和论证,采取有效的加强措施。

钢筋混凝土剪力墙结构的房屋适用的最大高宽比如表 10-3 所示。

表 10-3 钢筋混凝土剪力墙结构的房屋适用最大高宽比

结构体系	非抗震设计	抗震设防烈度			
		6	7	8	9
剪力墙	7	6	6	5	4

以上是规范要求的设计高度、高宽比等限值,其根本目的是为了控制建筑的水平位移来进行剪力墙结构选型。因为高层建筑受到风荷载和地震作用的影响较大,同时本身的自重荷载也比较大,这就需要其匹配稳定的结构体系使建筑的安全性和稳定性得到充分的保障。随着房屋的高度不断增加,建筑物在水平方向上的侧移也会越来越大。所以建筑师在按"墙率"估算剪力墙数量的同时,应与结构师密切配合,充分考虑建筑侧移的因素,将其控制在合理范围以内。

10.3.2 剪力墙结构的规则性

剪力墙结构体系的体型宜简单、规则,质量、刚度、承载力分布宜均匀。建筑设计应重视其平面、立面和竖向剖面的规则性对抗震性能及经济合理性的影响,宜择优选用规则的形体,避免有过大的外挑和收进,其抗侧力构件的平面布置宜规则对称、侧向刚度沿竖向宜均匀变化、竖向抗侧力构件的截面尺寸和材料强度宜自下而上逐渐减小、避免侧向刚度和承载力突变。

详细的平面和立面要求可参考上一教学单元框架结构的规则性中关于建筑的平面布置和竖向布置的量化规定。

10.3.3 剪力墙的构造要求

(1) 剪力墙混凝土强度等级不宜超过 C50,不应低于 C20,对具有较多短肢剪力墙的剪力墙结构不应低于 C25。

(2) 剪力墙的截面厚度:抗震等级为一、二级剪力墙的底部加强部位不应小于 200mm,其他部位不应小于 160mm。一字形独立剪力墙底部加强部位不应小于 220mm,其他部位不应小于 180mm;抗震等级为三、四级的剪力墙不应小于 160mm,一字形独立剪力墙的底部加强部位不应小于 180mm;非抗震设计时不应小于 160mm。

(3) 剪力墙的墙肢长度:墙肢长度主要是指整个剪力墙的横截面高度,剪力墙墙肢长度一般需要控制在 8m 以内。在此范围内,当剪力墙的墙肢截面高度与厚度之比大于 8 时称为普通剪力墙;墙肢截面高度与厚度之比在 4~8 且墙厚不大于 300mm 时称为短肢剪力墙;墙肢截面高度与厚度之比不大于 4 时宜按框架柱进行截面设计。由于短肢剪力墙抗震性能差,地震区应用经验不多。为安全起见,在高层住宅结构中短肢剪力墙不宜过多(上一节在剪力墙布置原则中已给出短肢剪力墙的经验布置方法),尤其不能采用全部为短肢剪力墙的结构。

(4) 剪力墙的墙肢与墙肢相连接部分称为连梁,为确保连梁的屈服先于墙肢、连梁的弯曲破坏先于剪切破坏,普通连梁的跨高比一般控制在 2.5~6,当需要开设洞口将长度大于 8m 的墙肢分成均匀的较小墙段时,其洞口上设置的连梁跨高比一般大于 6。控制连梁的目的是要保证在风荷载、地震等水平作用下,剪力墙结构应遵循的"强墙弱梁、强剪弱弯"的设计原则。

10.4 部分框支剪力墙结构

在一些高层住宅建筑中,建筑设计师有时会将建筑的底部设计成大空间的商场、大堂或会所等。为了满足这种建筑使用功能的要求,通常采用部分框支剪力墙结构。即当上部楼层部分竖向构件(剪力墙)不能直接连续贯通落地时,在高层建筑的底部,应设置结构转换层,形成带转换层的高层建筑结构。部分框支剪力墙与部分落地剪力墙协同工作示意如图 10-6 所示。

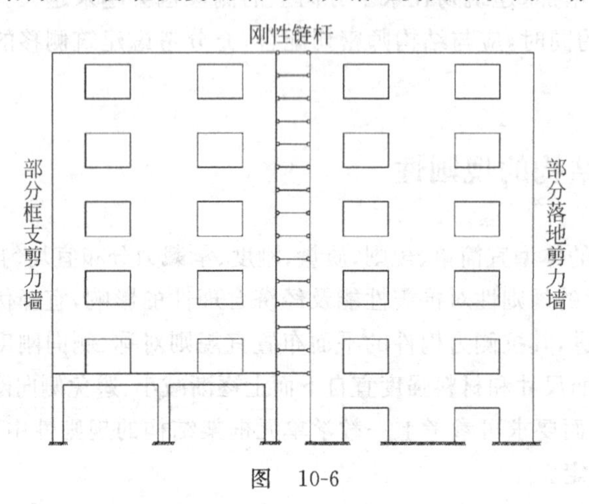

图 10-6

由于部分框支剪力墙结构一般是为满足上下建筑空间布置而采用的结构，其上下主体结构剪力墙体的结构布置是部分框支剪力墙结构设计的关键。因此建筑方案确定后，为改善抗震性能，应先合理布置剪力墙，力求平面布置简单规则，均衡对称，宜使水平荷载的合力中心与结构刚度中心重合，避免扭转的不利影响。其结构布置应符合下列规定。

(1) 结构的主要抗震竖向构件应贯通落地，落地纵横剪力墙宜成组布置，最好结合为落地筒。底层框支框架承担的地震倾覆力矩不应大于结构总地震倾覆力矩的 50%。建筑师可控制落地剪力墙的横截面面积不小于全部剪力墙横截面面积的 50%。

(2) 长矩形建筑中，落地剪力墙的最大间距 L 要求如表 10-4 所示。

表 10-4　落地剪力墙的最大间距 L　　单位：m

结构体系	非抗震设计	抗震设计	
		底部为 1～2 层框支层	底部为 3 层及 3 层以上框支层
部分框支剪力墙	$L\leqslant 3B$ 且 $L\leqslant 36$	$L\leqslant 2B$ 且 $L\leqslant 24$	$L\leqslant 1.5B$ 且 $L\leqslant 20$

注：L——落地剪力墙的间距；B——落地剪力墙之间楼盖的平均宽度。

(3) 墙体布置时，应注意对应协调转换层上下的墙体，尽量使转换结构的受力与传力均直接明确。使转换梁直接托住上部剪力墙，尽量避免多级复杂转换。转换层上部一般是剪力墙结构的住宅、公寓，墙体布置宜尽可能采用大开间，墙肢之间应间隔一定的距离，开间小时可采用隔跨布置剪力墙，小开间可采用轻质墙填充，尽量做到均匀分散、跨度适宜。

(4) 部分框支剪力墙结构是复杂的三维空间受力体系，竖向刚度变化大、受力复杂、易形成薄弱部位。因此应强化转换层下部主体结构刚度，措施为落地剪力墙和筒体底部墙体应加厚。弱化转换层上部主体结构刚度，使转换层上下主体结构层间剪切刚度及变形特征尽量接近，并尽可能使各种性能指标在转换层处平缓过渡。

(5) 落地剪力墙与相邻框支柱的距离，底部为 1～2 层框支层时不宜大于 12m，底部为 3 层及 3 层以上框支层时不宜大于 10m。

(6) 落地剪力墙在底部尽量不开洞，若开洞尽量开小洞，以免刚度被削弱太大。如果要开洞时，落地剪力墙和筒体的洞口宜设置在墙体的中部。

结构布置任务书(剪力墙结构)

济南市(抗震设防烈度 7 度)某 10 层小高层住宅标准层平面布置图如图 10-7 所示，本层建筑面积约 600m^2。请根据本单元所述剪力墙的布置原则，并兼顾结构的安全性、适用性以及经济性需要，在平面图上布置出钢筋混凝土剪力墙墙肢，要求“墙率”不超过 5%。

扫描二维码下载该图纸

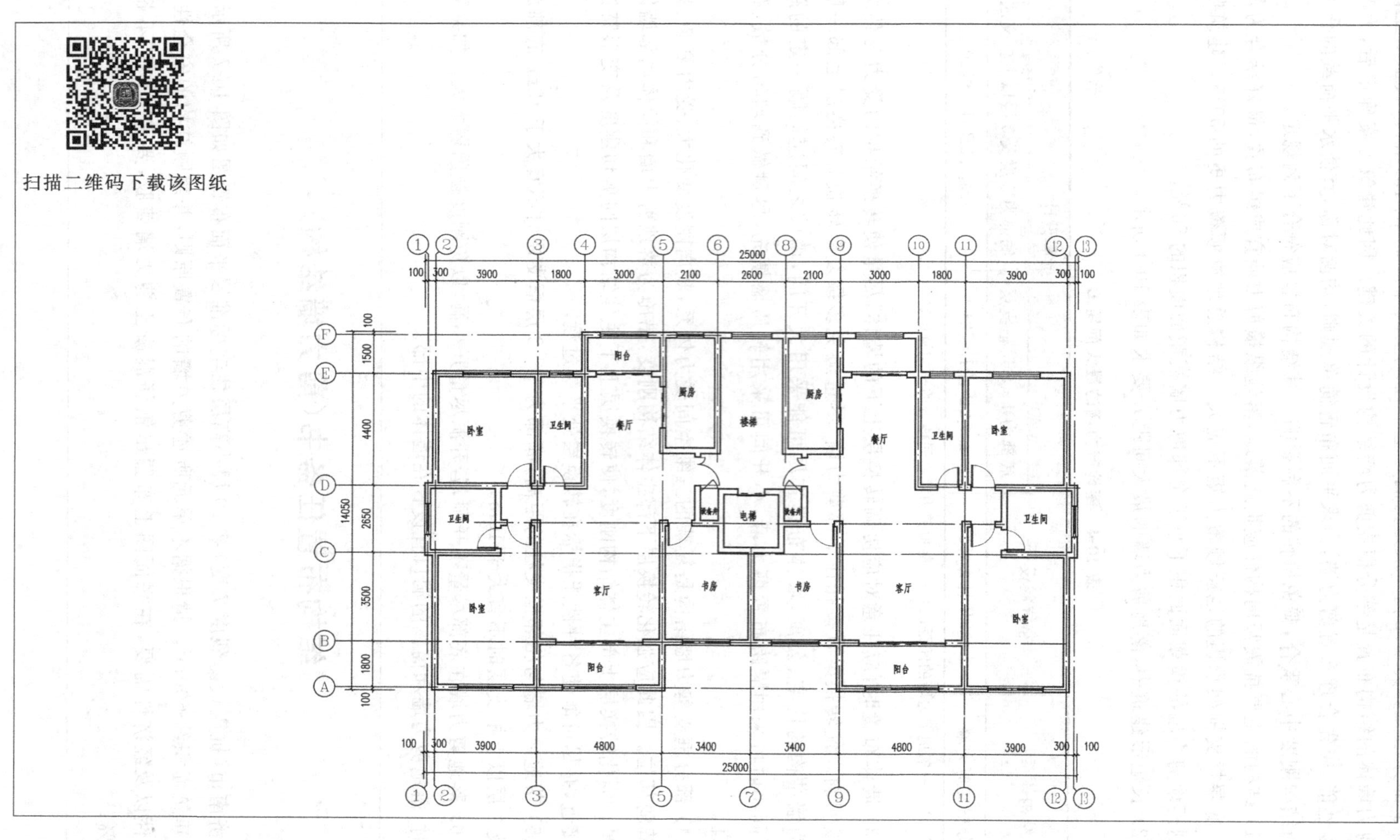

图 10-7

教学单元 11 框架—剪力墙结构体系

扫描二维码下载
教学课件

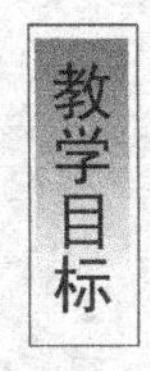

教学目标

了解框架—剪力墙结构体系的构成及适用范围；熟悉框架—剪力墙结构体系的变形和受力特点；了解框架—剪力墙结构的设计要求；掌握框架—剪力墙结构的竖向构件布置原则；能够结合建筑和结构设计规范根据不同建筑功能要求对框架—剪力墙结构确定合理的建筑总体布置、竖向构件定位以及相应构造措施。

11.1 概 述

由前面教学单元可知，多层公共建筑一般采用框架结构体系。但随着建筑高度的增加，在框架结构的设计中往往容易出现结构位移及周期比、框架柱强度及轴压比等指标超出规范要求的现象，这时一味增加柱子断面，要么各项指标没有明显的改善，要么框架柱断面太大，不能满足建筑使用的要求。

解决这个问题最好的办法就是在框架结构的适当位置布置一定数量的钢筋混凝土剪力墙，于是就形成一种新的结构体系，即框架—剪力墙结构体系。

框架—剪力墙结构简称框剪结构，是在结构中同时布置框架和剪力墙，二者具有较强的结构互补性，可形成双重受力的结构体系。框架结构建筑布置比较灵活，可以形成较大空间，但侧向刚度较弱，抵抗水平力的能力较差；剪力墙结构侧向刚度大，抵抗水平力的能力强，但建筑布置不灵活，一般不能形成较大的空间。而框架—剪力墙结构主要由框架柱和剪力墙一起承担着竖向荷载，主要由剪力墙来承担其所受水平荷载，这种结构体系不仅抵抗水平力的能力较强，建筑布置也较灵活，可满足建筑物各项使用功能的要求，因此在10～30层的酒店、宾馆、商场、办公楼等高层建筑中广泛应用(图11-1)。

如果框架—剪力墙结构中两个方向的剪力墙围成筒体，就形成框架—核心筒结构，由于核心筒剪力墙的抗震性能优于分散布置的剪力墙，因此框架—核心筒结构可以应用于比框架—剪力墙结构适用高度更高的高层建筑中。

尽管结构规范将框架—核心筒结构定义为周边稀柱框架与核心筒组成的结构，并将其列入筒体结构体系，且对其设置了比框架—剪力墙结构更严格的设计和构造要求。但二者结构受力均属于框架和剪力墙协同受力的双重抗侧力体系，因此本单元讲述的框架—剪力墙结构体系的设计原则也适用于框架—核心筒结构体系。

(a) 滨州公路大厦

(b) 潍坊金融广场

图 11-1

11.2 框架—剪力墙结构的变形与受力特点

框架—剪力墙结构是由变形特性和受力性能不同的框架和剪力墙两种结构组合而成的结构。

11.2.1 变形特点

在水平荷载作用下的框架结构、剪力墙结构、框架—剪力墙结构的变形特点如图 11-2 所示。剪切变形是框架结构的变形特点,越往上位移增加得越慢,变形曲线呈现剪切型[图 11-2(a)];弯曲变形是剪力墙结构的变形特点,和框架结构变形特性相反,越往上位移增加得越快,变形曲线是向外弯曲的开口曲线[图 11-2(b)]。在框架—剪力墙建筑结构中,框架和剪力墙通过楼板连接在一起,因此要保证楼板有足够的平面内刚度,并在计算时假定其刚度无限大,这样使框架和剪力墙的水平位移协调一致。即在不考虑扭转的条件下,在同一楼层中框架和剪力墙的位移必须相等。至此框架和剪力墙将不再按照各自的变形特点发生变形,其侧向变形介于剪切变形和弯曲变形之间[图 11-2(c)]。所以,框架—剪力墙结构体系沿高度的侧向位移在框架结构体系侧向位移和剪力墙结构体系侧向位移之间,即呈反 S 形的剪弯型变形曲线[图 11-2(d)]。

11.2.2 受力特点

框架—剪力墙结构是由框架和剪力墙结构两种不同的抗侧力结构组成的,框剪结构中的框架受力特点不同于纯框架结构中的框架,框剪结构中的剪力墙受力特点也不同于剪力墙结构中的剪力墙。

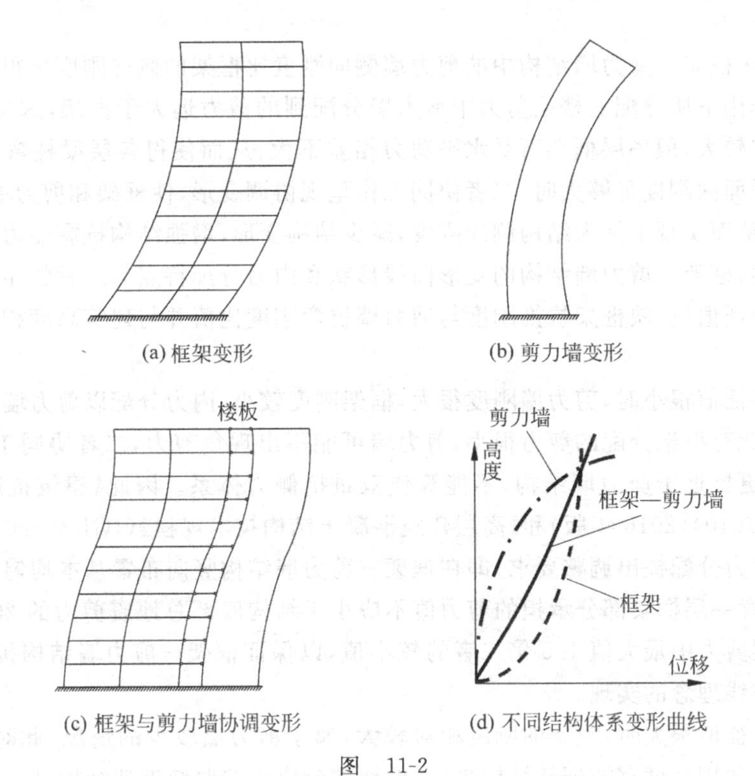

(a) 框架变形　(b) 剪力墙变形

(c) 框架与剪力墙协调变形　(d) 不同结构体系变形曲线

图　11-2

在竖向荷载作用下，框架和剪力墙共同承受各层楼板所传来的荷载，对于采用现浇楼板的框架—剪力墙结构可按受荷面积对剪力墙和框架分配竖向荷载。

在水平荷载作用下，从图 11-2 可以看出，在下部楼层，剪力墙的水平位移较小，使得剪力墙拉着框架结构按弯曲型曲线变形，剪力墙承受大部分水平力；上部楼层则相反，剪力墙水平位移越来越大，有外倾的趋势，而框架则有内收的趋势，使得框架拉结着剪力墙按剪切型曲线变形，框架除了负担外荷载产生的水平力外，还额外负担了把剪力墙拉回来的附加水平力。而剪力墙不但不承受荷载产生的水平力，还因为给了框架一个附加水平力而承受负剪力。所以上部楼层即使外荷载产生的楼层剪力很小，框架中也会出现相当大的剪力。

框架—剪力墙结构的水平剪力分布如图 11-3 所示。从水平剪力分布图可以看出该结构的受力特点，即在结构下部楼层剪力墙的变形较小，并且负担了 80%左右的结构底层总水平剪力。而框架在上部楼层变形较小，能够协调剪力墙工作，控制剪力墙的外拉变形，从而承受较大的水平剪力。

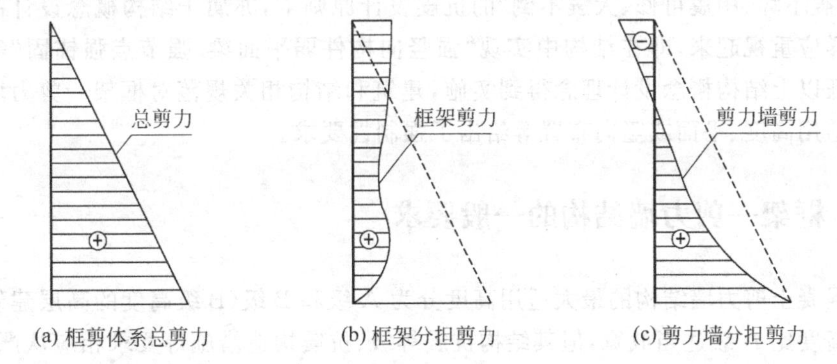

(a) 框剪体系总剪力　(b) 框架分担剪力　(c) 剪力墙分担剪力

图　11-3

另外，由于框架—剪力墙结构中的剪力墙侧向刚度比框架的侧向刚度大很多，使框剪结构在水平力作用下所分配的楼层剪力中剪力墙分配到的剪力远大于框架，这样尽管各层水平总剪力相差较大，但各层框架所受水平剪力相差不大，从而使得各层梁柱弯矩比较接近。并且当楼板平面内刚度足够大时，二者协同工作呈现协调变形，使框架和剪力墙中内力分布更加合理化，从而实现了加大结构侧向刚度，减少结构变形，增强结构抗震能力的目的。

综上所述，框架—剪力墙结构的变形曲线形状和内力分配特点与二者的相对刚度有关，可以用刚度特征值(反映框架抗推刚度与剪力墙抗弯刚度比值并与建筑高度相关的参数)来表示。

当刚度特征值很小时，剪力墙刚度很大，框架刚度较小，内力分配以剪力墙为主，整体变形为弯曲型，此时框架分配的剪力很小，剪力墙可能不出现负剪力，二者协同工作的性能较差，这种结构更接近于剪力墙结构，不能算作双重抗侧力体系。因此《建筑抗震设计规范》(GB 50011—2010)(2016 年版)和《高层建筑混凝土结构技术规程》(JGJ 3—2010)均对框架和剪力墙的剪力分配提出调整要求，即在框架—剪力墙结构竖向布置基本均匀的情况下，抗震计算时，任意一层框架部分承担的剪力值不应小于结构底部总地震剪力的 20%和框架部分各楼层地震剪力中最大值 1.5 倍二者的较小值，以保证框架—剪力墙结构抗震概念设计中多道抗震防线理念的实现。

当刚度特征值很大时，框架的刚度相对较大，属于剪力墙较少的情况，此时框架—剪力墙结构的最大适用高度宜按框架结构采用，框架部分应该按照纯框架结构进行设计，以保证框架的安全。

正确的设计应该是避免上述两种情况出现，使剪力墙的数量既不过多，也不过少。《高层建筑混凝土结构技术规程》(JGJ 3—2010)就要求在规定的水平力作用下，以结构底层框架部分承受的地震倾覆力矩与结构总地震倾覆力矩的比值为依据来进行框架—剪力墙结构的设计，如当框架部分承受的地震倾覆力矩大于结构总倾覆力矩的 10%但不大于 50%时，方可完全按框架—剪力墙结构进行设计。

11.3 框架—剪力墙结构的设计要求

人们在总结历次地震灾害的教训和经验后，逐渐认识到结构概念设计的重要性，对于框架—剪力墙结构，前面所述的多道抗震设防原则与刚度适当原则均属于结构概念设计的范畴。在“小震不坏、中震可修、大震不倒”的抗震设计原则下，亦属于结构概念设计的延性设计理念同样应重视起来，即在结构中实现“强竖向构件弱平面梁、强节点强锚固”等抗震措施。为保证以上结构概念设计理念得到实施，建筑和结构相关规范对框架—剪力墙结构体系的房屋适用高度、平面或竖向布置等给出了强制性要求。

11.3.1 框架—剪力墙结构的一般要求

钢筋混凝土剪力墙结构的最大适用高度分为 A 级和 B 级(B 级高度的高层建筑结构的最大适用高度比 A 级适当放宽，但其结构抗震等级、抗震构造措施等要求相应从严)，《建筑抗震设计规范》(GB50011—2010)(2016年版)和《高层建筑混凝土结构技术规程》(JGJ 3—2010)均根据框架—剪力墙结构的抗震设防烈度、设防类别等条件对其房屋适用高度、高宽比、剪力墙间距等做出限制，如表11-1～表11-4所示。

表11-1　A级钢筋混凝土框架—剪力墙结构的房屋最大适用高度　单位：m

结构体系	非抗震设计	抗震设防烈度				
		6	7	8(0.2g)	8(0.3g)	9
框架—剪力墙	150	130	120	100	80	50

表11-2　B级钢筋混凝土框架—剪力墙结构的房屋最大适用高度　单位：m

结构体系	非抗震设计	抗震设防烈度			
		6	7	8(0.2g)	8(0.3g)
框架—剪力墙	170	160	140	130	110

注：① 房屋高度是指室外地面到主要屋面板板顶的高度(不包括局部突出屋顶部分)；
② 超过表内高度的房屋，结构设计应有可靠依据，并应进行专门研究和论证，采取有效的加强措施。

表11-3　钢筋混凝土框架—剪力墙结构的房屋适用最大高宽比

结构体系	非抗震设计	抗震设防烈度			
		6	7	8	9
框架—剪力墙	7	6	6	5	4

长矩形平面或平面有一部分较长的钢筋混凝土框架—剪力墙结构中，其剪力墙间距宜符合表11-4的规定。

表11-4　钢筋混凝土框架—剪力墙结构的剪力墙间距　单位：m

楼盖形式	非抗震设计	抗震设防烈度		
		6、7	8	9
现浇	5.0B,60	4.0B,50	3.0B,40	2.0B,30
装配整体	3.5B,50	3.0B,40	2.5B,30	—

注：① 表格中数值为两项时取较小值，B为剪力墙之间的楼盖宽度；
② 当房屋端部未布置剪力墙时，第一片剪力墙与房屋端部的距离，不能大于表中剪力墙间距的1/2。

规范之所以对框架—剪力墙结构的适用高度、高宽比、剪力墙间距等进行限制，其根本目的是控制建筑的水平位移来进行框架—剪力墙结构选型。因为高层建筑受风荷载和地震作用的影响较大，同时本身的自重荷载也比较大，这就需要其匹配稳定的结构体系使得建筑的安全性和稳定性得到充分的保障。随着房屋的高度不断增加，建筑物在水平方向的侧移也会越来越大，所以应充分考虑建筑侧移的因素，将其控制在合理范围以内。

11.3.2　框架—剪力墙结构的布置原则

框架—剪力墙结构中，由于剪力墙的侧向刚度比框架大很多，剪力墙的数量和布置对结构的整体刚度以及刚度中心位置影响很大，所以确定剪力墙的恰当位置以及合理的数量是框架—剪力墙结构设计中的关键。

1. 剪力墙的布置

框架—剪力墙结构中剪力墙的布置应按"**均匀、分散、对称、周边**"的原则考虑，并宜符合下列要求。

(1) 剪力墙宜均匀布置在建筑物的外围附近、楼梯间、电梯间、平面形状变化及恒载较大的部位。

(2) 平面形状凹凸较大时，宜在凸出部分的端部附近布置剪力墙。

(3) 纵向、横向剪力墙宜组成L形、T形和[形等形式，避免采用单片一字形剪力墙。

(4) 单片剪力墙底部承担的水平剪力不应超过结构底部总水平剪力的30%。

(5) 剪力墙宜贯通建筑物的全高，以避免刚度突变；剪力墙开洞时，洞口宜上下对齐。

(6) 楼梯间、电梯间等竖井位置因楼盖不连续，应尽量与靠近的剪力墙、框架柱等抗侧力结构结合布置。

(7) 抗震设计时，剪力墙的布置宜使结构各主轴方向的侧向刚度接近。

(8) 剪力墙不宜设在楼板需要开大洞的部位，无法避免时，应采取有效的构造加强措施。

(9) 房屋纵向、横向区段较长时，纵(横)向剪力墙不宜集中布置在房屋的两尽端。

(10) 在伸缩缝、沉降缝、防震缝两侧不宜同时设置剪力墙。

(11) 剪力墙结构应具有足够的延性。当剪力墙长度很大时(超过8m)，可以通过开设门窗洞或施工洞将长墙分成长度较小、较均匀的独立墙段。

2. 剪力墙的数量

剪力墙的数量要适中。剪力墙数量过少，则抗侧刚度不足，会在地震作用下产生较大的侧向变形，无法满足建筑安全和使用要求；剪力墙数量过多，又会使结构自重过大，地震作用随之加大，并相应增加施工工程量，造成不必要的浪费。

结构设计师一般可以通过程序模拟计算获得剪力墙数量的适当值，即在满足规范要求的水平位移限值条件下，在规定的水平力作用下，结构底层剪力墙部分承受的地震倾覆力矩与结构总地震倾覆力矩的比值控制在60%～85%之间较为理想。建筑师可以采用估算的方法确定大致的剪力墙数量值。

日本学者对以往震害调查分析表明：对于框架—剪力墙结构的标准层，当剪力墙厚度按构造取值时，每平方米楼面上平均剪力墙长度少于50mm时，震害严重；在50～150mm之间时，震害中等；大于150mm时，破坏极轻微，甚至无震害。并通过以上一系列的经验数据总结出平均压应力—墙面积表示法来判断剪力墙数量的合理性，即

$$\sigma = \frac{G}{A_C + A_W} \tag{11-1}$$

式中：σ——平均压应力；

G——楼层重量；

A_C——框架柱的横截面面积；

A_W——剪力墙的横截面面积。

日本学者根据公式得出当σ小于1.2MPa时基本无震害的结论。

目前我国尚无这方面的成熟经验，但根据国内已建的大量框架—剪力墙结构，可总结出一个底层竖向结构构件(框架柱和剪力墙)横截面面积$A_C + A_W$与楼面的面积A_F之比、剪力墙横截面面积A_W与楼面的面积A_F之比的经验值(表11-5)，供建筑师或建筑相关专业的学生参考。

表 11-5 墙、柱面积与楼面面积百分比

地震设防条件	场地条件	$\frac{A_C+A_W}{A_F}$	$\frac{A_W}{A_F}$
7 度区	Ⅱ 类土	3%～5%	2%～3%
8 度区	Ⅱ 类土	4%～6%	3%～4%

11.3.3 框架—剪力墙结构构件的构造要求

在确定好框架—剪力墙结构的建筑平面后，可通过跨度、荷载等参数预估框架梁的截面尺寸，框架柱截面尺寸可根据轴压比要求确定，其余框架梁、柱构造要求可参考本书框架结构体系中相关规定。

剪力墙在设计过程中宜在剪力墙的两端(不包括洞口两侧)设置端柱或与另一方向的剪力墙相连；与剪力墙重合的框架梁可保留，但宜做成宽度与墙厚相同的暗梁。剪力墙的截面厚度除应满足墙体稳定性要求外，还应符合下列规定。

(1) 抗震设计时，一、二级剪力墙的底部加强部位不应小于 200mm，一、二级剪力墙的其他部位以及三、四级的剪力墙不应小于 160mm。

(2) 剪力墙的墙肢长度一般需要控制在 8m 以内。

(3) 其余剪力墙构造要求可参考本书剪力墙结构体系中相关规定。

为保证框架—剪力墙结构中框架和剪力墙能更好地协同工作，就需要楼板平面内刚度无限大的假定成立。因此框架—剪力墙结构中的楼板板厚不能取值过小，在满足挠度要求的前提条件下板厚一般至少取值 12cm，而且不宜在楼板上开大洞，如不可避免应有相应的构造加强措施。

11.4 工 程 实 例

11.4.1 滨州公路大厦

滨州公路大厦位于山东省滨州市滨城区[图 11-1(a)]，总建筑面积约 30000m^2，主楼地上 19 层，地下 1 层，建筑高度 70.2m(不包括出屋顶小房间、装饰构架及天线)，标准层层高 3.5m，标准层建筑面积约 1020m^2，工程所在地区抗震设防烈度为 7 度，结构体系为框架—剪力墙结构。

为满足建筑底部局部大空间需要，本工程 2、3 层楼板中庭位置开有大洞，从而使 1 层大厅的层高加大，而且为不影响建筑使用要求，框架柱水平方向柱距扩至 9m 以上。另外，本工程由于建筑造型要求平面前半部分在第 15 层收层，使得部分竖向构件不能贯通建筑的全高。尽管国家规范从结构概念设计的角度反复强调建筑形体的规则性，但实际工程中，往往因为建筑功能的要求以及建筑师的设计理念造成建筑形体的多样性和复杂性。综上所述可以看出本工程并不属于规则的建筑形体。

本着“均匀、分散、对称、周边”的布置原则，本工程结构初步方案将剪力墙布置在平面形状变化处，如建筑的端角；由于凹凸角部位是应力集中处，也设置了剪力墙加强；同时因电梯间、楼梯间楼面开洞严重削弱了楼板刚度，为保证框架与剪力墙协同工作，同样设置了剪力墙进行加强。结构初步方案如图 11-4 所示，其中剪力墙厚度初步定为 250～400mm。

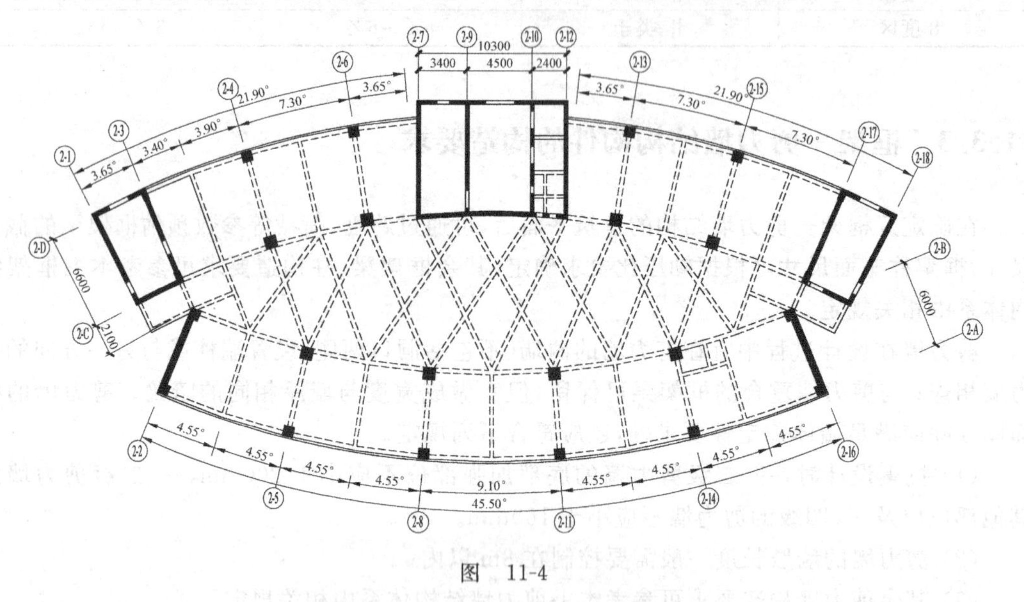

图 11-4

经过计算发现此结构布置方案虽然各结构指标均满足规范要求，但整个建筑主楼的刚度中心与质量中心在建筑形体空间中相距较远，而且经济指标不佳。为了缩小质量中心与刚度中心的距离，减少结构的扭转效应，与建筑师协商后在建筑平面 2-A 轴与 2-5 轴、2-14 轴相交位置对称布置了剪力墙，使整体的剪力墙位置接近对称布置，从而大大提高了建筑的抗扭转能力，充分发挥了双重抗侧力结构体系的作用。同时对其他剪力墙的长度和厚度进行相应的调整，调整后的剪力墙厚度为 250～300mm，结构最终方案如图 11-5 所示。

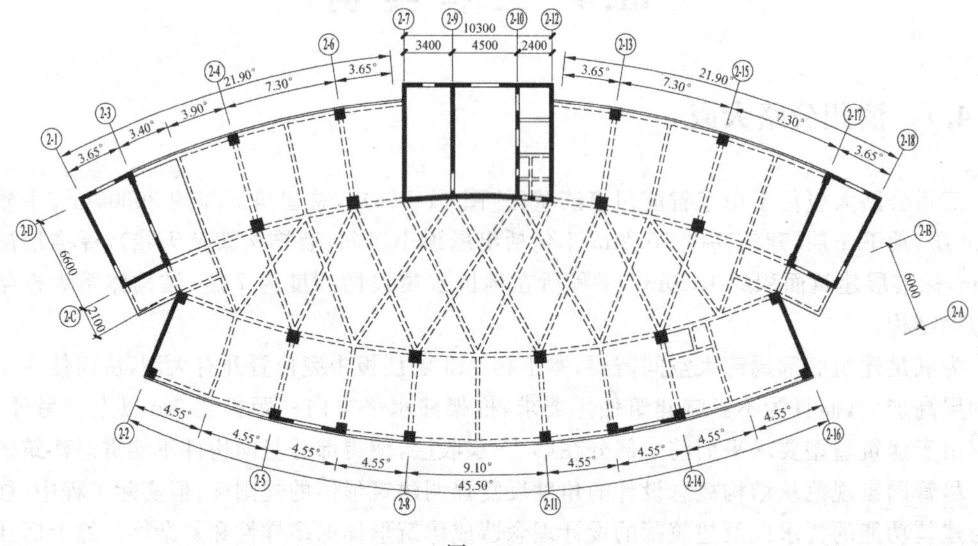

图 11-5

11.4.2 潍坊金融广场

潍坊金融广场位于山东省潍坊市高新区[图 11-1(b)],该项目是集写字楼、酒店、商业等功能于一体的超大型城市综合体。图示为 A 区西侧底部带裙房的三栋高层写字楼,其主楼地上 12 层,裙房 3 层,地下 2 层,A 区地上部分总建筑面积约 $45000m^2$,建筑高度 48m(不包括出屋顶小房间及装饰构架),标准层层高 3.9m,三栋主楼标准层建筑面积分别约为 $920m^2$(A1)、$990m^2$(A5)、$1050m^2$(A9),工程所在地区抗震设防烈度为 7 度[(《建筑抗震设计规范》(GB 50011—2010)(2016 年版)已将该地区改为 8 度抗震设防)],三栋主楼结构体系均为框架—剪力墙结构。

按照规范要求在 7 度抗震设防区框架结构体系适用的最大高度为 50m(表 9-2),本工程三栋主楼的房屋高度均在框架适用高度范围内。但若选用框架结构体系,由于三栋主楼建筑高度均接近框架适用的最大高度,并且当时该工程设计基本地震加速度选用值为 0.15g,相当于俗称的 7 度半抗震设防,因此为使结构水平位移限值满足规范要求,经计算多数框架柱截面尺寸超过 1000mm×1000mm 以上,既不合理也不经济;若选用剪力墙结构,由于建筑底部裙房为商业,上部还有会议室等,都是需要大空间的功能房间,剪力墙结构很难满足要求;综合考虑结构的经济性和适用性要求,最终选用框架—剪力墙结构体系。

本工程主楼标准层平面布置均比较规则,框架柱的布置相对简单,按照经济柱距布置即可,本工程采用 8.4m 的柱网。

对于剪力墙的布置,同样本着“均匀、分散、对称、周边”的布置原则,沿建筑平面纵横两个方向同时布置,并使两个方向的刚度接近。本工程将剪力墙布置在了平面端部以及楼梯间和电梯间等部位,增强了其空间刚度和整体性。同时将纵、横剪力墙组成 L 形、T 形和[形等形式,以使纵墙(横墙)可以作为横墙(纵墙)的翼缘,从而提高其刚度、承载力和抗扭能力。剪力墙厚度经计算定为 300～400mm。其中的 A1＃楼、A5＃楼的结构平面布置如图 11-6 所示。

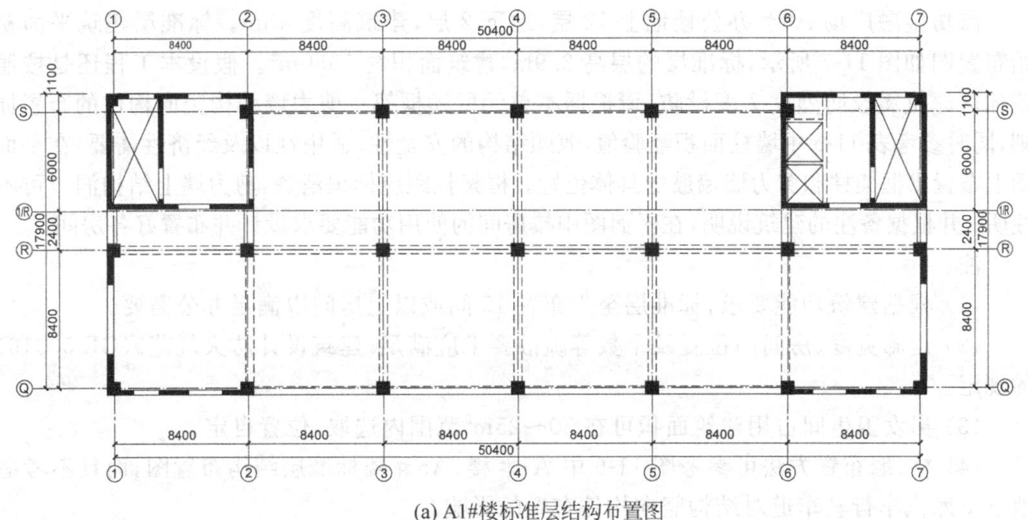

(a) A1#楼标准层结构布置图

图 11-6

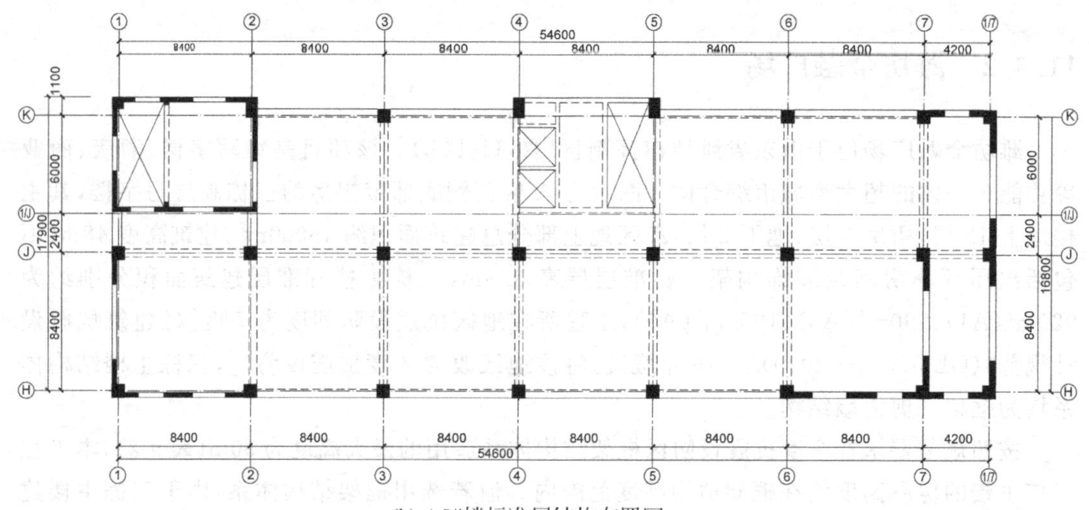

(b) A5#楼标准层结构布置图

图 11-6(续)

需要注意的是,因为本工程为超大型城市综合体,各区在地下部分相互连通,其中受到汽车双向行驶车道位置的制约,A5＃楼的电梯间只能布置在建筑平面中间,如果将中部楼电梯间布置剪力墙,就使得剪力墙"对称、周边"布置的原则得不到有效的贯彻执行,建筑的抗扭转能力也会大为减弱,所以经反复计算和调整,最终 A5＃楼中部楼电梯间并未布置剪力墙,而是将靠近位置的框架柱截面加大,并将剪力墙布置在建筑平面的端部两个开间。由此看出在保证结构的安全性和经济性以及符合规范要求的前提条件下,A5＃楼的结构布置难度要大于 A1＃楼。

结构布置任务书(框架—剪力墙结构)

潍坊金融广场 A9＃办公楼地上 12 层,地下 2 层,建筑高度 48m。标准层建筑平面初始布置图如图 11-7 所示,标准层的层高 3.9m,建筑面积约 $1050m^2$。假设本工程还是按照该地区原抗震设防烈度 7 度设防,请根据本单元所述框架—剪力墙结构竖向构件的布置原则,同时参考表 11-5 中墙柱面积经验值,兼顾结构的安全性、适用性以及经济性需要,在平面图上布置出框架柱和剪力墙墙肢的具体位置。框架柱距应标识清楚,剪力墙上结构洞口可不注明;并根据备注的建筑说明,在平面图中按房间的使用功能要求设计并布置好各房间。

注:

(1) 根据建筑功能要求,标准层至少布置 15 间或以上房间以满足办公需要。

(2) 走廊宽度、房间门位置及个数等疏散要求应满足《建筑设计防火规范》(GB 50016)的规定。

(3) 男女卫生间占用建筑面积可在 20～$25m^2$ 范围内选取,位置自定。

(4) 柱、墙布置方法可参考图 11-6 中 A1＃楼、A5＃楼标准层结构布置图,而且不考虑地下车库汽车行驶车道对结构竖向构件布置的影响。

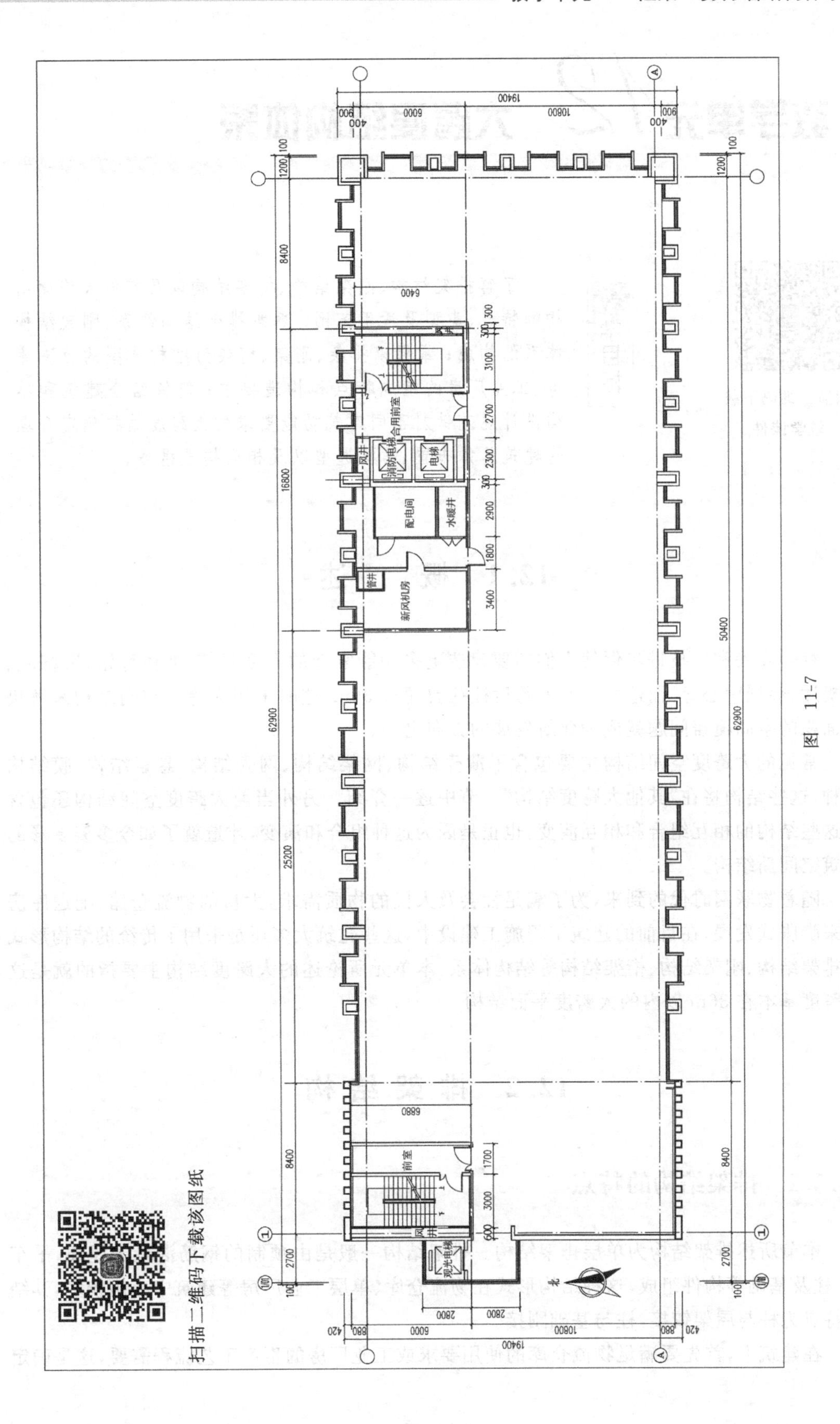

图 11-7

扫描二维码下载该图纸

教学单元 12 大跨度结构体系

扫描二维码下载
教学课件

了解排架结构、刚架结构、桁架结构以及其他大跨度结构的特点、类型及适用范围；熟悉排架结构体系、刚架结构体系的构成；掌握以排架、刚架、桁架为结构选型的物流库房、工业厂房的组成特点和构造要求；能够结合建筑和结构设计规范针对不同建筑功能要求的大跨度结构确定合理的建筑总体布置、结构选型以及相应构造措施。

12.1 概　　述

社会发展和科技进步促使人们需要建造更多功能复杂的大型建筑，如体育馆、影剧院、候机厅、会展中心等，而这些建筑的跨度往往要超过 36m，这时采用大跨度空间结构来解决大面积的空间覆盖问题就成为建筑发展的方向之一。

常见的大跨度空间结构主要包含了薄壳结构、网架结构、网壳结构、悬索结构、膜结构五种，这些结构将在“其他大跨度结构”一节中逐一介绍。另外当前大跨度空间结构还包含了这些结构的相互组合和相互演变，也正是因为这种组合和演变，才造就了如今多姿多彩的建筑空间新结构。

随着物联网时代的到来，为了满足社会及人民的物质需求，大量的物流仓储、配送库房迎来膨胀式发展，在目前的建筑工程施工建设中，这些建筑大多还是采用了传统的结构形式如排架结构、刚架结构、桁架结构等结构体系，本单元所论述的大跨度结构主要指的就是这些跨度基本在 36m 以内的大跨度平面结构。

12.2 排 架 结 构

12.2.1 排架结构的特点

本节所述排架结构为单层排架结构。排架结构一般是由预制的钢筋混凝土屋架、吊车梁、柱及基础等构件组成，这种结构形式在物流仓库、单层工业厂房等建筑中应用较多，其结构特点为柱与屋架铰接，柱与基础刚接。

在建筑上，首先要满足物流仓库的使用要求或工业厂房的生产工艺流程需要，这是确定排架结构平面布置的决定因素。如跨度、跨数、柱距、高度等必须满足使用要求或生产工艺流程的需要；要满足功能需要的起重、运输、设备安装与检修等需要；要考虑敷设生产辅助设备(包括水、电、暖气、冷气、天然气、蒸汽等)的各种管线和地沟；有时还要满足采光、通风、隔热、保温等建筑技术方面的要求，以及要满足防尘、防腐蚀、恒温、恒湿等要求。

在结构上，由于吊车荷载、动力机械设备的荷载作用，在排架结构设计时须考虑动力荷载的影响。此外，由于此类结构平面尺寸较大，当纵向、横向过宽，温度变化较大时，构件产生的温度应力也较大，严重时会引起建筑物墙面、屋面开裂，因此还应按规范要求设置伸缩缝等措施。

总之，在排架结构的设计中，应力求做到技术先进、经济合理、安全适用、施工方便，既要满足生产工艺方面的要求，又要提供一个良好的工作环境和劳动保护条件。

12.2.2 排架结构的类型

根据使用要求或生产工艺要求，排架结构可做成单跨和多跨、等高和不等高以及锯齿等形式，如图 12-1 所示。

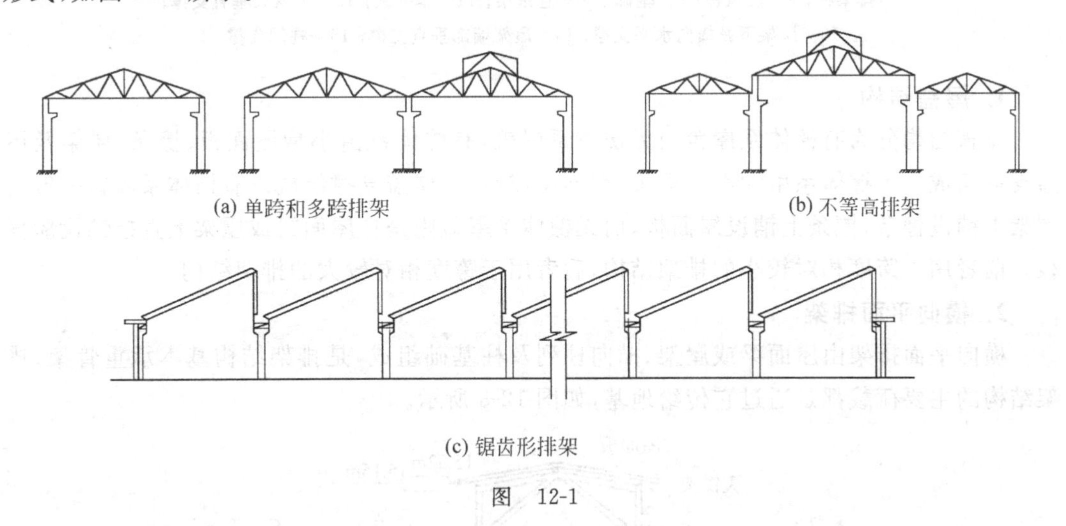

(a) 单跨和多跨排架

(b) 不等高排架

(c) 锯齿形排架

图 12-1

排架结构传力明确，构造简单，有利于实现设计标准化，构件生产工业化、系列化，施工机械化，提高建筑工业化水平。

目前物流仓库或单层工业厂房排架结构形式中，跨度一般控制在 36m 以内，高度一般控制在 30m 以内，吊车吨位一般控制在 150t 以内。

12.2.3 排架结构的组成

排架结构通常由屋面板、屋架、吊车梁、排架柱、抗风柱、基础梁、基础等结构构件组成，如图 12-2 所示。

上述构件分别组成屋盖结构、横向平面排架、纵向平面排架和围护结构。

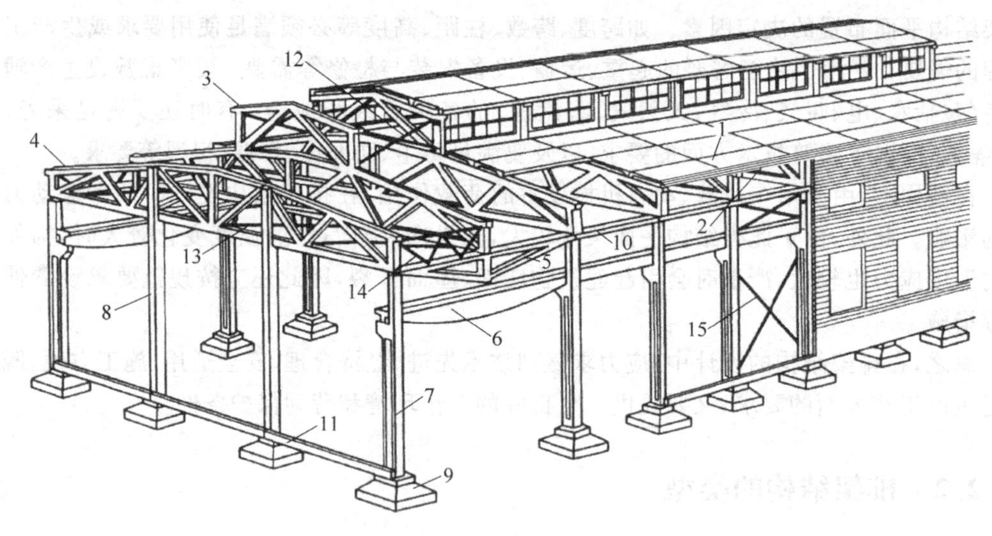

图 12-2

1—屋面板；2—天沟板；3—天窗架；4—屋架；5—托架；6—吊车梁；
7—排架柱；8—抗风柱；9—基础；10—连系梁；11—基础梁；12—天窗架垂直支撑；
13—屋架下弦横向水平支撑；14—屋架端部垂直支撑；15—柱间支撑

1. 屋盖结构

屋盖结构分为有檩体系屋盖与无檩体系屋盖，有檩体系由小型屋面板、檩条、屋架及屋盖支撑组成。无檩体系由大型屋面板、屋面梁或屋架、屋盖支撑组成。有檩体系屋盖一般为屋架上铺设檩条，檩条上铺设屋面板，而无檩体系屋盖则是在屋面梁或屋架上直接铺设屋面板。前者用于跨度相对较小的排架结构，后者用于跨度相对较大的排架结构。

2. 横向平面排架

横向平面排架由屋面梁或屋架、横向柱列及柱基础组成，是排架结构基本承重骨架，排架结构的主要荷载都是通过它传给地基，如图 12-3 所示。

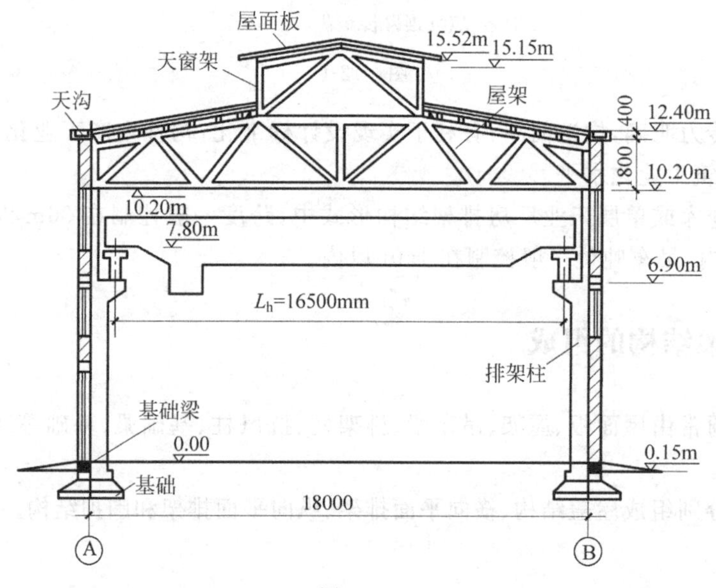

图 12-3

3. 纵向平面排架

由纵向柱列、基础、连系梁、吊车梁及柱间支撑等组成，主要传递沿厂房纵向的水平力以及因材料的温度和收缩变形而产生的内力，并将这些力传给地基。

4. 围护结构

由纵墙、横墙（山墙）、墙梁、抗风柱（有时还有抗风梁或抗风桁架）和基础梁等组成，主要承受墙体自重以及作用在墙面上的风荷载。

12.2.4 排架结构的布置

1. 柱网布置

柱网是竖向承重构件纵横向定位轴线所形成的网格，柱网布置应遵守生产工艺及使用要求、保证结构构件标准化和系列化、符合规定的建筑模数等原则。

一般情况下，柱距应采用 6m 或 6m 的倍数。跨度在 18m 及以下可采用 3m 的倍数，在 18m 以上可采用 6m 的倍数。其中跨度是指柱子纵向定位轴线间的距离，柱距是指相邻柱子横向定位轴线间的距离。如图 12-4 所示（其中 M 表示基本模数，数值为 100mm）。

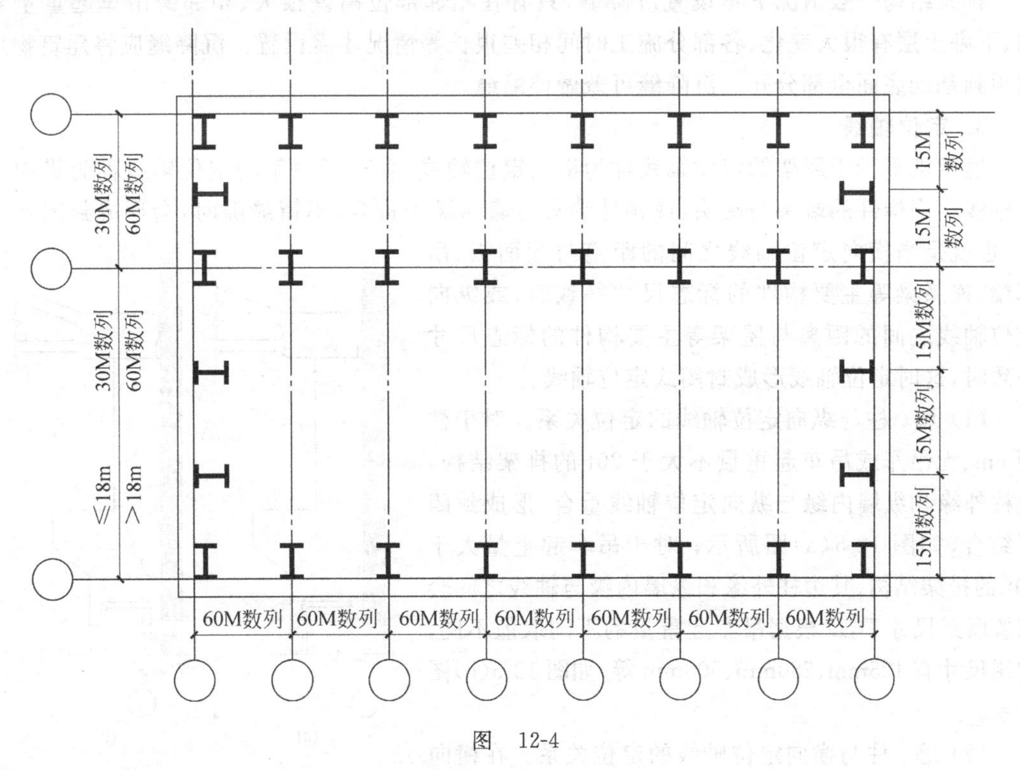

图 12-4

2. 变形缝

排架结构的变形缝包括防震缝、伸缩缝和沉降缝 3 种。

当排架结构平、立面布置复杂或结构高度、刚度相差很大时需设置防震缝。防震缝是减轻建筑物震害而采取的措施之一。防震缝应沿厂房全高设置，两侧应布置墙或柱，基础可不设缝。

为保证上部结构随气温变化水平方向变形可控，并减小温度应力，一般会设置伸缩缝。

横向伸缩缝一般采用双柱，纵向伸缩缝一般采用单柱。伸缩缝应从基础顶面开始设置，如采用双柱基础也可不断开，而将两个温度区段的上部结构构件完全分开并留有一定的宽度。

对于混凝土材料的装配式排架结构，伸缩缝最大间距在室内或土中时为 100m，在露天(屋面无保温或隔热措施)时为 70m；对于钢材料的排架结构，伸缩缝最大间距如表 12-1 所示。

表 12-1 钢材料排架结构伸缩缝的最大间距 单位：m

结构情况	纵向温度区段(垂直屋架或构架跨度方向)	横向温度区段(沿屋架或构架跨度方向)	
		柱顶为刚接	柱顶为铰接
采暖房屋和非采暖地区的房屋	220	120	150
热车间和采暖地区的非采暖房屋	180	100	125
露天结构	120	—	—

注：厂房柱为其他材料时，应按相应规范的规定设置伸缩缝。

排架结构一般情况下不设置沉降缝，只有在相邻部位高差很大、相邻跨吊车起重量悬殊、下卧土层有很大变化、各部分施工时间相差很长等情况才需设置。沉降缝应将建筑物从屋顶到基础底面全部分开。沉降缝可兼做伸缩缝。

3. 定位轴线

通常把平行于屋架的定位轴线称为横向定位轴线，垂直于屋架的定位轴线称为纵向定位轴线。当构件的端头与端头，或构件端头与墙内缘相重合，不留缝隙时，会形成封闭式结合，也就是当横向定位轴线之间的距离与屋面板、吊车梁、连系梁等主要构件的标志尺寸一致时，或纵向定位轴线之间的距离与屋架等主要构件的标志尺寸一致时，这时定位轴线形成封闭式定位轴线。

(1) 墙、柱与纵向定位轴线的定位关系。对于柱距 6m、无吊车或吊车起重量不大于 20t 的排架结构，边柱外缘和纵墙内缘与纵向定位轴线重合，形成封闭式结合，如图 12-5(a)图所示；对于吊车起重量大于 20t 的排架结构，其边柱外缘和纵墙内缘与轴线之间会布置联系尺寸 D，D 根据吊车起重量的不同取值不同，常用尺寸有 125mm、250mm、500mm 等，如图 12-5(b)图所示。

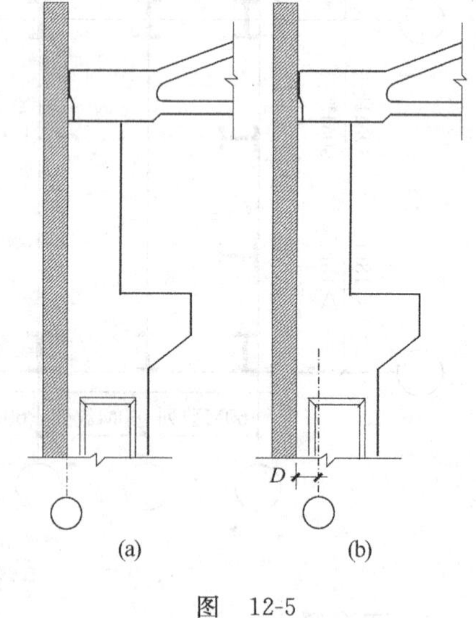

图 12-5

(2) 墙、柱与横向定位轴线的定位关系。在横向变形缝处的柱应采用双柱，柱的中心线应自定位轴线向两侧各移 600mm(也可设两条横向定位轴线，定位距离相同)，如图 12-6(a)图所示；在山墙处其内缘应与横向定位轴线相重合，且端部柱的中心线应自横向定位轴线向内移 600mm，如图 12-6(b)图所示，其目的是使端部屋架与抗风柱及山墙的位置不发生冲突，这时屋顶端头与山墙内边缘重合，形成封闭式的横向定位轴线。

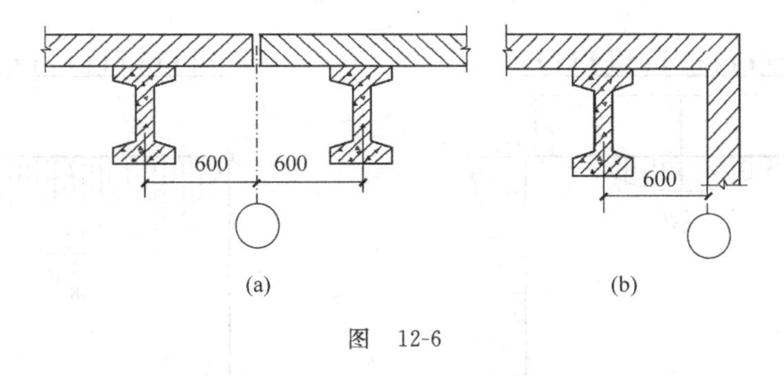

图　12-6

4. 剖面布置

为适应建筑工业化、装配化需要，排架结构自室内地面至柱顶的高度一般取 300mm 的倍数；自室内地面至牛腿的高度一般取 300mm 的倍数；自室内地面至吊车轨道的标志高度一般取 600mm 的倍数(可参考图 12-3)。

5. 支撑布置

排架结构的支撑包括屋架支撑和柱间支撑两大类。屋架支撑包括垂直支撑、横向水平支撑、纵向水平支撑、水平系杆等构件，其作用是增加屋架的侧向稳定，并将风荷载、吊车水平荷载或水平地震作用等传递到排架柱。柱间支撑一般布置在伸缩缝区段两端，作用是保证厂房纵向排架的刚度和稳定，将水平荷载传至基础。排架支撑一般布置在伸缩缝区段中央或临近中央，是联系各种主要结构构件并使它们构成整体的重要组成部分。

12.3　刚架结构

12.3.1　刚架结构的特点

本节所述刚架结构为单层刚架结构。刚架结构与 12.2 节讲述的排架结构均是常见的结构类型，在建筑构造上有着很多的共同点，但在结构上两者之间有明显的区别，一是结构特点不同，排架结构是梁、柱之间为铰接连接的结构，而刚架结构是指梁、柱之间为刚性连接的结构；二是受力特点不同(在教学单元 6 已介绍了静定平面刚架的内力计算方法)，刚架与外形相同的排架在竖向均布荷载作用下的弯矩图对比如图 12-7 所示，在水平荷载作用下的弯矩图对比如图 12-8 所示。

从竖向荷载作用下的弯矩对比图中可以看出，由于刚架的节点 C 和 D 是刚性节点，能够承受并传递弯矩，这样就减少了横梁中的弯矩峰值；而排架的节点 C 和 D 为铰接点，所以在竖向均布荷载作用下，横梁的弯矩图与简支梁相同，弯矩峰值较刚架大得多。从水平荷载下弯矩对比图中可以看出，由于刚架中的梁和柱整体刚性连接，梁对柱的约束减少了柱的弯矩峰值；而排架中的梁和柱之间为铰接连接，梁的弯矩为零，柱的弯矩峰值较刚架大得多。

因此在一般情况下，当跨度与荷载相同时，单个刚架比外形相同的排架轻巧，可更好地节约材料和造价；但刚架结构从整体来说平面内与平面外方向刚度差异偏大，因此当跨度较大、高度较高或有较重悬挂物时更适合选用排架结构。

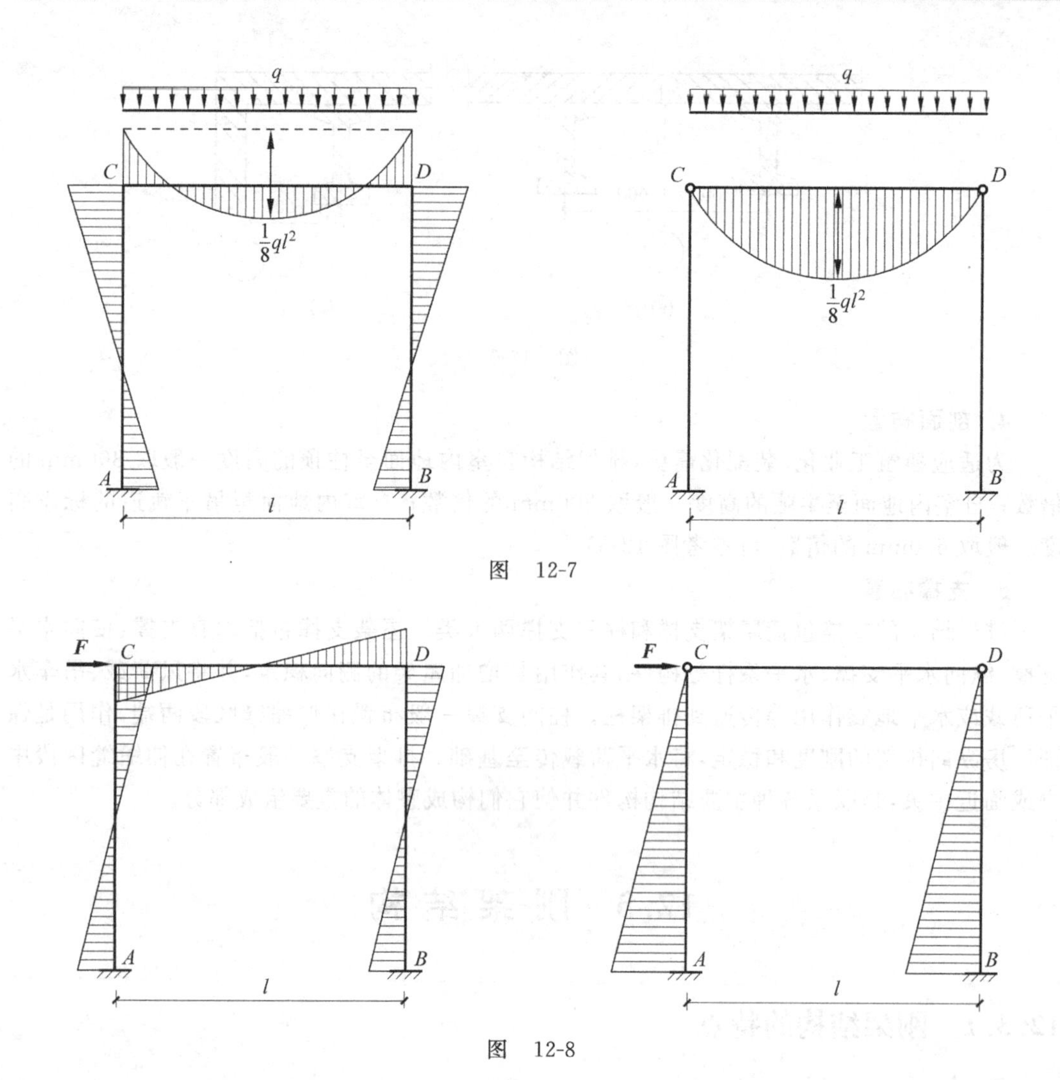

图 12-7

图 12-8

12.3.2 刚架结构的类型

刚架结构的形式丰富多变，刚架结构的类型从约束条件看，可分为无铰刚架、两铰刚架、三铰刚架，如图 12-9 所示。

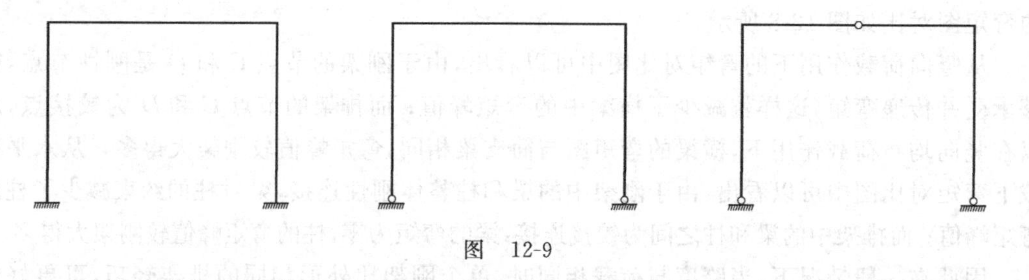

图 12-9

从结构材料看，有胶合木结构、钢结构、混凝土结构；从构件截面看，有实腹式刚架、空腹式刚架、格构式刚架、等截面刚架和变截面刚架；从建筑形体看，有平顶、坡顶、拱顶、单跨与多跨；从施工技术看，有预应力刚架、非预应力刚架等。

12.3.3 刚架结构的组成

新中国成立初期到20世纪90年代，工业厂房或物流仓库的常用结构体系是钢筋混凝土柱加屋架，偶尔也采用钢筋混凝土刚架或全钢的刚架。近年来国内经济的持续快速发展，催生了大量新型结构的出现，如轻型门式刚架结构，因其结构形式简单、外形美观优雅、施工周期短而得到了大量应用，目前在建的刚架结构中90%以上是轻型门式刚架结构，本节刚架结构组成即以轻型门式刚架结构为例。

轻型门式刚架结构一般以轻型焊接H型钢、轧制H型钢或冷弯薄壁型钢等构成的实腹式门式刚架作为主要承重骨架，以冷弯薄壁型钢(槽形、卷边槽形、Z形等)檩条、墙梁和压型金属板作为围护结构，采用聚乙烯泡沫塑料、硬质聚氨酯泡沫塑料、岩棉、矿棉、玻璃棉等作为保温隔热材料并适当设置支撑的一种轻型房屋结构体系。

轻型门式刚架结构具有受力性能良好、施工方便、造价较低和建筑造型美观等优点。由于其横梁是折线形的，使室内空间加大，适于双坡屋面的单层中、小型建筑，在中小型厂房、体育馆、礼堂、食堂等中小跨度的建筑中得到广泛应用。但轻型门式刚架刚度较差，受荷载后产生的挠度较大，因此用于工业厂房或物流仓库时，吊车荷载不能过大，吊车起重量一般不宜超过10t，且不应大于20t。

轻型门式刚架结构主要由门式刚架、支撑体系、檩条、墙梁、屋面板和墙面板、吊车梁系统等部分组成，如图12-10所示。

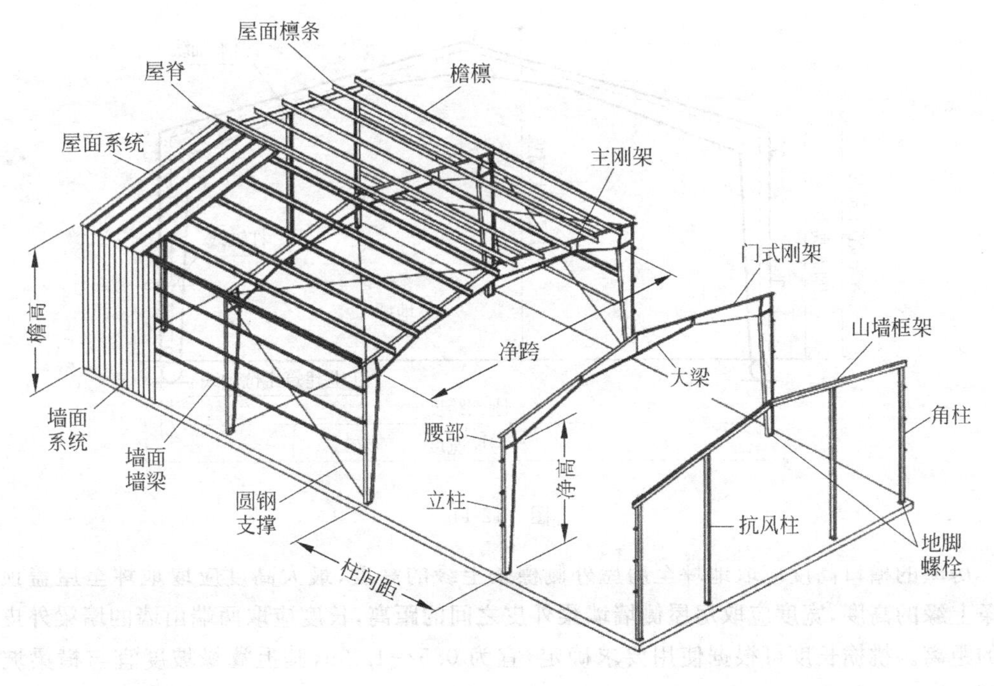

图 12-10

12.3.4 门式刚架结构的布置

门式刚架的跨度和柱距主要根据工艺和建筑要求确定，其柱网布置和定位轴线等要求可参考排架结构的布置要求。由于门式刚架构造相对简单，因此在结构布置时可比排架结构布置相对简化。

1. 平面布置与建筑尺寸

门式刚架的横向柱距宜为6～12m，过大的柱距将不得不采用截面较大的檩条，从而给檩条的设计带来困难。如柱距超过9m后，总用钢量逐步上升，主要就是由于檩条、柱间支撑、吊车梁等构件的用钢量大幅上升造成的。

门式刚架的跨度，应取横向刚架柱轴线间的距离，宜为12～36m，当边柱宽度不相等时，其外侧应对齐。门式刚架的经济跨度范围在18～30m，当跨度小于18m时门式刚架的单位用钢量有逐渐增加的趋势，当跨度过大时可采用其他空间结构，当然实际工程中也有超过36m跨甚至48m跨的单跨门式刚架，但梁高相对较高自重较大，这时结构梁已不由强度控制而改由挠度控制，经济性反而有所下降。影响经济跨度的主要因素是荷载，荷载越大，总用钢量对跨度越敏感，越应注意采用合理跨度，因此设计门式钢架时应根据具体要求选择较为经济的跨度，不宜盲目追求大跨度或过小跨度。

一般建筑的边柱轴线可取通过柱下端(较小端)中心的竖向轴线，工业建筑边柱的定位轴线宜取柱外皮，斜梁的轴线可取通过变截面梁段最小端中心与斜梁上表面平行的轴线，如图12-11所示。

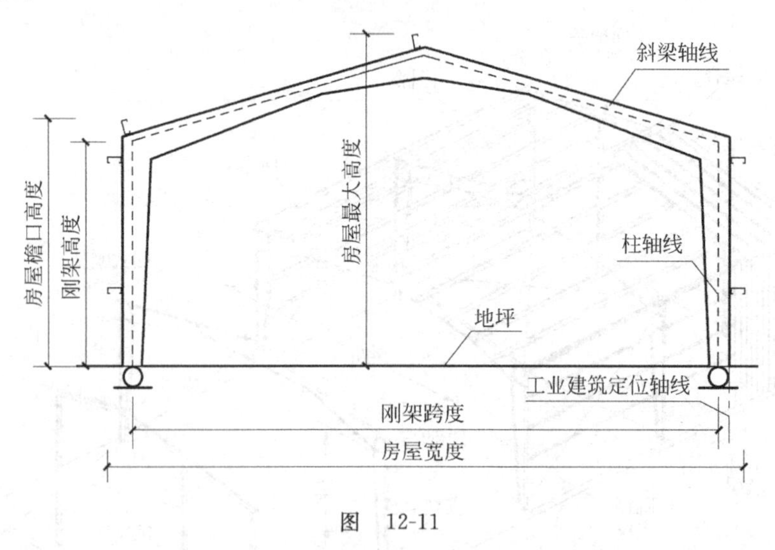

图 12-11

房屋的檐口高度应取地坪至房屋外侧檩条上缘的高度，最大高度应取地坪至屋盖顶部檩条上缘的高度，宽度应取房屋侧墙墙梁外皮之间的距离，长度应取两端山墙的墙梁外皮之间的距离。挑檐长度可根据使用要求确定，宜为0.5～1.2m，其上翼缘坡度宜与横梁坡度相同。

门式刚架的高度，应取地坪至柱轴线与斜梁轴线交点的高度，应根据使用要求的室内净高确定。有吊车的厂房应根据轨顶标高和吊车净空要求确定，门式刚架的平均高度(刚架高度和刚架最大高度的平均值)宜为 4.5～9.0m,必要时可适当加高,当有桥式吊车时不宜高于 12m,且不应高于 18m。屋面坡度可控制在计算跨度的 1/20～1/8 之间,在雨水较丰富的地区宜取较大值。

山墙处可设置由斜梁、抗风柱和墙架组成的山墙框架,或直接采用门式刚架。

2. 伸缩缝设置

当建筑尺寸超过规定时,宜设置温度伸缩缝。考虑到温度效应,轻型钢结构建筑的纵向温度区段长度不宜大于 300m,横向温度区段不宜大于 150m。当有可靠的依据时,温度区段长度可适当加大。温度伸缩缝可通过设置双柱,或设置次结构及檩条的可调节构造来实现。

3. 檩条和墙梁布置

屋面檩条一般应等间距布置。在屋脊处应沿屋脊两侧各布置一道檩条,使屋面板的外伸宽度不要太长(一般不大于 200mm)。在天沟附近应布置一道檩条,以便与天沟固定。

檩条通常采用实腹式薄壁型钢檩条,当柱跨过大或悬挂有较大荷载时可采用 H 型钢檩条或桁架檩条。确定檩条间距时,应综合考虑天窗、通风屋脊、采光带、屋面材料、檩条规格等因素计算确定,一般不宜超过 1.5m。

门式刚架结构的侧墙采用压型钢板作围护面时,墙梁宜布置在刚架柱的外侧,其间距由墙板板型及规格确定,且不应大于计算要求的值。

4. 支撑布置

门式刚架由于其结构体系较弱,支撑体系的布置对结构的整体安全性起着相当大的作用,因此除重视主刚架的设计外,支撑的布置同样重要。支撑布置的目的是使每个温度区段或分期建设的区段建筑能构成稳定的空间结构骨架,即分别设置能独立构成空间稳定结构的支撑体系,在设置柱间支撑的开间应同时设置屋盖横向支撑以组成几何不变体系。

支撑布置的主要原则如下。

(1) 柱间支撑和屋面支撑必须布置在同一开间内形成抵抗纵向荷载的支撑桁架。柱间支撑应在每一柱列布置,间距应根据房屋纵向柱距、受力情况及安装条件确定。当无吊车时取 30～45m;当有吊车时宜设在温度区段的中部,或当温度区段较长时宜设在三分点处,且间距不大于 60m。

(2) 支撑宜设在温度区段端部的第一个或第二个开间。当设在第二个开间时,在第一个开间的相应位置宜设置刚性系杆。在刚架转折处(如柱顶和屋脊)应沿房屋全长设置刚性系杆。

(3) 在设有带驾驶室且起重量大于 15t 桥式吊车的跨间,应在屋盖边缘设置纵向支撑。

(4) 支撑宜采用带张紧装置的十字交叉圆钢组成,圆钢与构件的夹角宜接近 45°,并保证在 30°～60°范围内。当设有不小于 5t 的桥式吊车时,柱间支撑宜采用型钢形式。由支撑斜杆等组成的水平桁架,其直腹杆宜按刚性系杆考虑。

(5) 刚性系杆也可由相应位置处的檩条兼作,此时应满足对压弯构件的刚度和承载力的要求。当不满足时,可在刚架斜梁间加设钢管、H 型钢或其他截面的杆件。

12.4 桁架结构

12.4.1 桁架结构的特点

本书教学单元6已介绍了平面静定桁架的内力计算方法(杆件均为拉、压杆件),本节主要介绍桁架结构的特点和应用。

桁架结构可以看作是由多根小截面杆件组成的空腹式梁柱,是由实腹梁柱演变而来,可定义为由杆件组成的一种格构式结构(图12-12)。桁架结构(水平)主要由上弦杆、下弦杆和腹杆三部分组成,腹杆有斜腹杆和竖腹杆之分。桁架结构整体抗弯性能良好,当把桁架水平放置使用时可起到梁的作用,在房屋建筑中常用来作为屋盖承重结构,又称为屋架;当把桁架竖向放置使用时可起到柱的作用,这时常称其为桁架柱或格构柱。在跨度或高度较大时,桁架结构比实腹梁柱可节省材料和减轻自重。

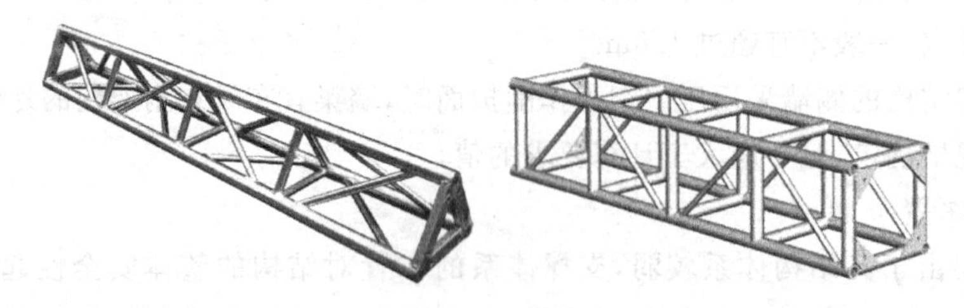

图 12-12

桁架作为一种杆式构件,可以是平面结构(如屋架),也可以是空间结构(如格构柱);可以是直线形、折线形,也可以是曲线形;还可以作为结构单元,组合成平面结构体系或空间结构体系。如北京奥运会主会场“鸟巢”顶棚结构模型就可简化成一个个的平面桁架单元进行结构分析,如图12-13所示。

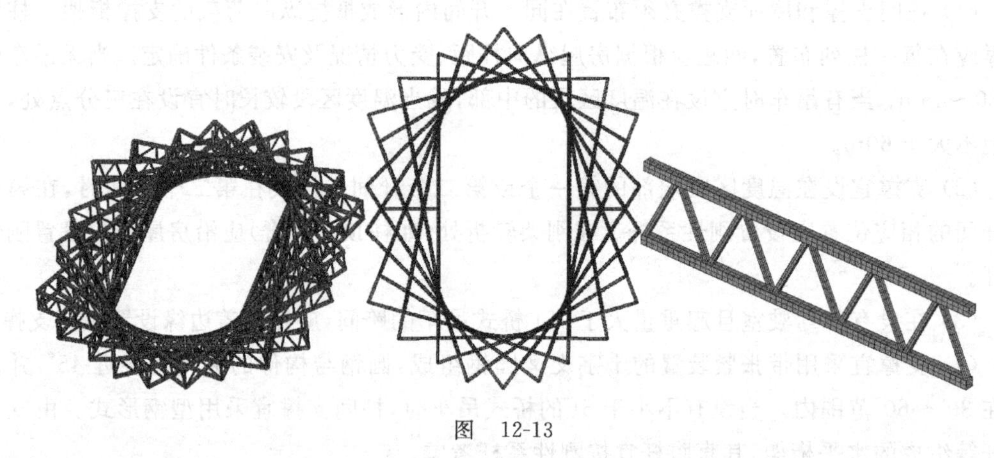

图 12-13

桁架结构组合成的平面结构体系或空间结构体系主要应用于建筑的长宽差别很大时,而与之类似的结构体系如网架结构、网壳结构等更适合于接近正方形或圆形的建筑,这些结构类型将在下节做具体的介绍。为了更好地论述桁架结构在结构应用中的特点，本节主要以平面桁架结构的典型形式——屋架为例介绍桁架结构的组成和性能指标。

12.4.2 桁架结构的典型形式

传统的桁架结构形式是木屋架，现代建筑中多采用钢桁架、轻型钢桁架、钢筋混凝土桁架以及钢筋混凝土—钢组合桁架等，广泛应用于大跨度建筑的屋盖、楼盖及围护部分。当跨度大于36m时，宜选用钢桁架；当跨度小于36m或湿度大于75%时，或当建筑用于有腐蚀性介质时，宜选用钢筋混凝土桁架；轻型钢桁架一般采用角钢或圆钢，适用18m以下跨度，柱距4～6m的屋盖结构。

用于房屋上的桁架常称为屋架，屋架是由杆件组成的格构式结构，其节点一般假定为铰节点，当假定荷载只作用在节点上时，所有杆件均只承受轴向拉力或轴向压力，杆件截面上只有均匀分布的正应力，所使用材料的强度能得到比较充分的利用，这是屋架结构的优点。

12.4.3 屋架的类型与构造要求

屋架的形式很多，按屋架外形可分为三角形屋架、梯形屋架、拱形屋架、折线形屋架、平行弦屋架等；按使用材料可分为木屋架、钢—木组合屋架、钢屋架、轻型钢屋架、钢筋混凝土屋架、预应力混凝土屋架、钢筋混凝土—钢组合屋架等；按受力特点可分为桥式屋架、无斜腹杆屋架(刚接桁架、空腹桁架)、立体桁架等。

屋架形式的选择一般与建筑物的使用要求(如建筑的造型要求和屋面排水方式等)、跨度和荷载大小、材料供应和施工技术水平等因素有关。选择屋架形式的一般原则是适用、经济、美观和制造简单。

屋架的外形坡度应与屋面防水材料和防水做法相适应，当采用瓦类屋面时，屋架上弦坡度应大些以利于排水，一般为1/5～1/2左右；当采用卷材做防水屋面时，屋面坡度可以较平缓，一般为1/12～1/8左右。

为了构造简单制作方便，屋架的上弦杆和下弦杆通常分别设计成等截面，但如果各节间的内力相差太大很容易造成材料的浪费，因此从经济的角度来看，确定屋架的形式时，应尽量使弦杆沿跨度方向的内力分布基本相同。节点形式要简单合理，杆件的交角不宜太小，一般在30°～60°之间。屋架的腹杆布置要合理，尽量避免非节点荷载，并尽量使长腹杆受拉，短腹杆受压。腹杆数目宜少，使节点汇集的杆件少，达到构造简单、制作方便的目的。

屋架的跨度应根据建筑使用功能和空间要求确定。类同于排架和刚架，一般跨度在18m以下时，以30M为模数基数，超过18m时则以60M为模数基数。

屋架的矢高主要由结构刚度条件确定，同为受弯构件，屋架与梁的截面尺寸取值规律基本相同，即根据一定的高跨比值来确定。考虑到屋架作为一种格构式构件，其空间刚度相对较差，所以，其高跨比值相对于相同跨度梁的高跨比值应取值大一些。

屋架的宽度主要由上弦杆的宽度决定，既要保证上弦杆稳定性要求，也要考虑屋架上弦杆上放置屋面板或檩条时的搭接要求，故其宽度一般不小于200mm。

即使在满足合理的刚度条件下，跨度较大的屋架仍会产生较大的挠度绝对值。为改善外观和使用条件,可以通过屋架适当起拱的办法来抵消荷载作用下产生的挠度。屋架的起拱值一般取跨度的 1/500 左右。

12.4.4 不同形式屋架的设计要求

1. 三角形屋架

三角形屋架的上弦杆和下弦杆中,各节间的内力分布是不均匀的,支座处内力很大,而跨中内力却较小,因此为了尽量统一杆件尺寸便于制作而又不致造成过于浪费,三角形屋架不宜用于大跨度建筑中。三角形屋架主要用于跨度小于 18m 的建筑,在此跨度内屋架的杆件内力较小,经济指标尚好,其矢高与跨度(f/l)之比一般为 1/6～1/4,如图 12-14 所示。

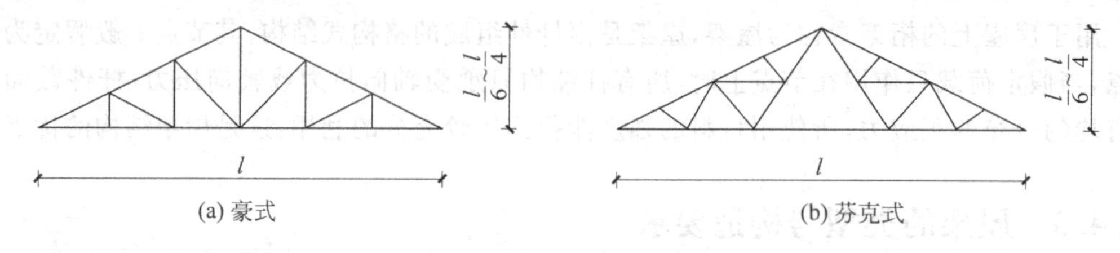

(a) 豪式　　(b) 芬克式

图 12-14

三角形屋架可以采用钢、木或钢筋混凝土制作；也可以屋架的上弦杆和受压的腹杆采用钢筋混凝土或木材制作,屋架的下弦杆和受拉的腹杆采用钢材制作,从而形成技术经济指标更好的组合式屋架。

确定三角形屋架形状时应保证其节间长度要适中。三角形屋架的节间数目是根据其跨度决定的,三角形屋架的常用跨度为 6～15m,一般应控制节间长度在 1.5～2.5m 之间。设计上通用的做法为：跨度 6～9m 时采用三节间(芬克式)或四节间(豪式)；跨度 9～12m 时采用五节间(芬克式)或六节间(豪式)；跨度 12～15m 时采用七节间(芬克式)或八节间(豪式)。为保证屋架之间檩条应用的经济合理,民用建筑的三角形屋架的间距一般控制在 4m 左右。

三角形屋架的坡度主要随屋面防水材料和防水做法的不同而不同。当屋面材料为黏土瓦、水泥瓦、石棉瓦或琉璃瓦时,屋面坡度一般为 1/5～1/3；当屋面材料为大型屋面板构件加自防水屋面做法或现浇刚性防水屋面做法时,屋面坡度一般为 1/4～1/3；如果采用卷材防水屋面做法时,屋面坡度一般为 1/5～1/4。

在建筑设计中三角形屋架形成的坡屋顶的常见形式有两坡顶和四坡顶,在中小型建筑中采用坡屋顶可以使建筑体型高低错落、丰富多彩,达到很好的建筑造型效果,如图 12-15 所示。

2. 梯形屋架

梯形屋架上弦杆的坡度相对于三角形屋架要平缓些,为了满足排水要求,坡度一般取 1/12～1/10,梯形屋架主要用于跨度在 36m 以下的建筑,矢高与跨度(f/l)之比一般为 1/8～1/6,如图 12-16 所示。

梯形屋架由于跨度使用范围更大,因此多采用钢筋混凝土或者钢材等结构材料。

确定梯形屋架形状时主要是要确保屋架矢高和屋架端部的高度要合理,屋架端部的高度也根据跨度大小而定,一般取跨度的 1/12～1/10,常规尺寸在 1.8～2.2m。屋架节间长度根据屋面板的宽度决定,一般上弦杆的节间长度为 3m,下弦杆的节间长度为 6m。

图　12-15

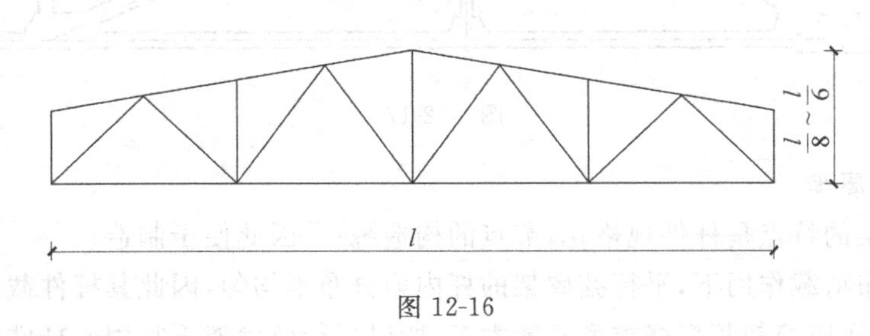

图 12-16

梯形屋架的常用跨度为18～36m，一般多采用预应力钢筋混凝土的工艺制造。钢筋混凝土屋架的用钢量比钢屋架约少5%，防火性能更好，但重量比钢屋架大得多。当屋架跨度较大时，也可采用钢屋架。钢屋架具有杆件截面小、自重轻、外形轻巧等优点，目前我国已建成钢屋架跨度最大可以达到72m。

梯形屋架的外形与其受力后的弯矩图形状有一定的差距，因此其杆件的内力也是不均匀的。在使用梯形屋架的工业厂房或物流仓库中，由于屋架端部高度加大而增大了房屋的高度，因此围护结构的材料用量相应增加，同时也使支承屋架的排架柱的弯矩增大。此外，由于屋架端部高，为了保证屋盖结构的整体稳定性，必须设置屋架端部的纵向垂直支撑，所以梯形屋架屋盖系统材料的总用量较多。

梯形屋架也有比较有利的特点，例如，由于其屋架上弦坡度较小，在炎热地区或高温车间可以避免或减少屋面防水卷材下滑或因软化造成的流淌现象，从而使屋面的施工、维修和清灰等均较方便。另外梯形屋架之间能形成较大的空间便于管道通过和检修人员的穿行，因此影剧院的舞台和观众厅的屋顶结构也常采用梯形屋架。

3. 拱形屋架和折线形屋架

拱形屋架的上弦杆呈曲线形，其屋架上弦杆的曲线与均布荷载作用下屋架的内力分布曲线基本重合，所以受力比较合理。拱形屋架的节点制作较为复杂，为了制作方便，屋架上弦杆也可以简化成折线形，但其节点应在曲线上，拱形屋架和折线形屋架杆件的内力均匀，自重轻，经济指标较好，所以得到广泛应用。

拱形屋架的上弦杆坡度较大，为了便于铺设大型屋面板，有时也为了保护屋面防水层，防止炎热季节时屋面防水卷材下滑，常在屋架两侧端部弦杆节点上加短立柱撑高来改变屋面的坡度。

拱形屋架和折线形屋架基本采用钢筋混凝土或轻钢制造，适用跨度为 18～24m，下弦为预应力杆件时适用跨度为 18～36m。矢高与跨度（f/l）之比一般为 1/8～1/6，如图 12-17 所示。

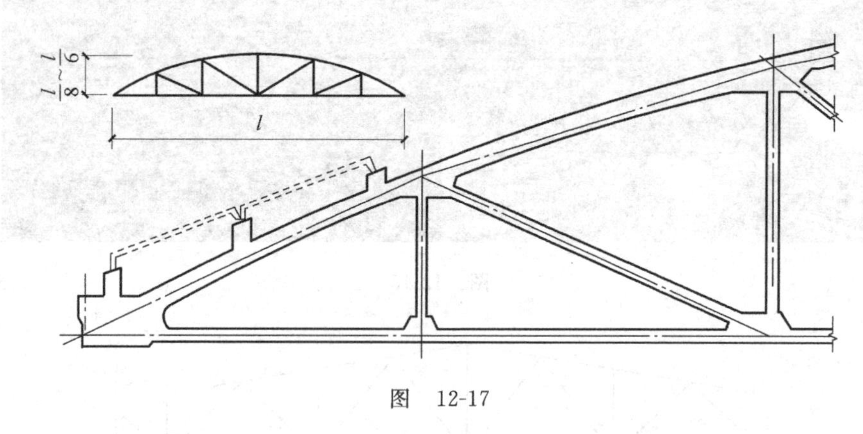

图 12-17

4. 平行弦屋架

平行弦屋架的特点是杆件规格化，节点的构造统一，因此便于制造。

但是在均布荷载作用下，平行弦屋架的杆内力分布不均匀，因此其杆件截面尺寸应做相应的调整，同时还应控制其规格类型不能太多，所以平行弦屋架不宜用于杆件内力相差悬殊的大跨度建筑中。一般情况下，倾斜式平行弦屋架常用于单坡屋面的屋盖中，而水平式平行弦屋架多用做托架梁，如图 12-18 所示。

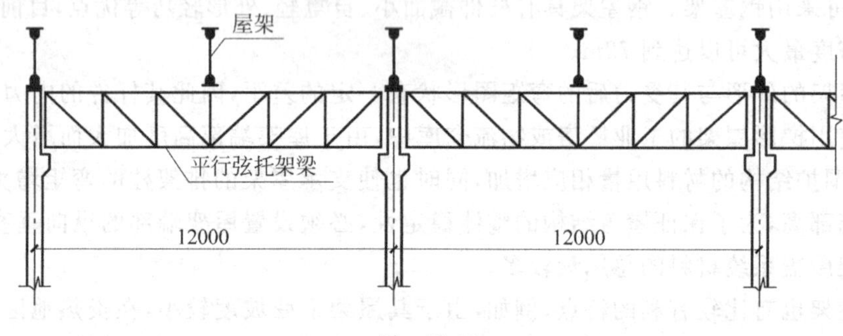

图 12-18

5. 无斜腹杆屋架

无斜腹杆屋架的特点是没有斜腹杆，结构造型简单，便于制作，如图 12-19 所示。在一些对采光、通风都有要求的单层工业厂房，会利用无斜腹杆屋架的空间做成高低错开的屋面来解决其采光、通风问题。也就是将相邻柱距的整跨屋面板上下交替布置在屋架的上下弦上，利用屋面板位置的高差（即屋架上下弦的高差）作采光口而形成，这种天窗称为下沉式天窗。由于省去了天窗架、挡风板支架及挡风板等构件，降低了厂房的高度，所以荷载、材料用量和投资也相应降低，综合技术经济指标较好。而且由于凹嵌在屋盖的空间内，利用屋盖本身的遮挡，具有避风性能，故通风效果也较好。其缺点是窗扇形式受屋架限制、不标准且构造复杂，厂房纵向刚度较差。无斜腹杆屋架主要应用在冶金工业、机械工业以及其他对采光、通风等有要求的工业厂房中。

无斜腹杆屋架多采用拱形或折线形，一般情况下，桁架结构杆件与杆件的连接节点均简

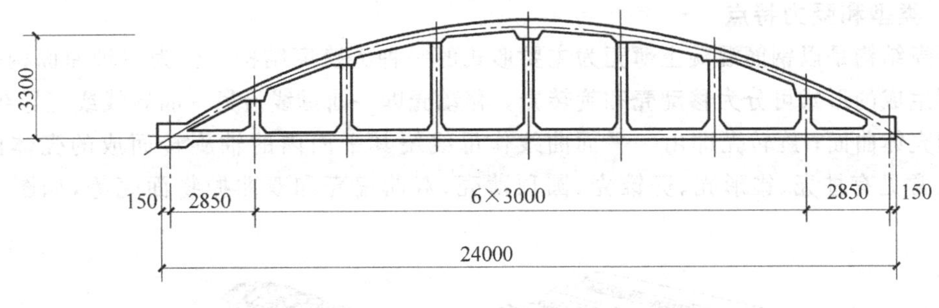

图 12-19

化为铰节点,一方面可简化计算,另一方面也比较符合结构的实际受力情况。但对于无斜腹杆屋架,没有斜腹杆,仅有竖腹杆,这时若再把桁架节点简化为铰节点,则整个结构就成为一个几何可变的机构,所以无斜腹杆屋架是必须采用刚节点的桁架。

无斜腹杆屋架可按多次超静定的一般杆件结构计算,也可按拱结构计算。按拱结构计算时,上弦为拱,下弦为拱的拉杆。上弦一般为抛物线形,在竖向均布荷载作用下,上弦拱主要承受轴力,能充分发挥材料的抗压性能,因此截面较小,结构比较经济。竖腹杆承受拉力,将作用在下弦上的竖向荷载传给上弦,以避免或减少下弦受弯,所以,这种屋架适用于下弦有较多吊重的工业厂房。由于没有斜杆,故屋架之间管道和人穿行以及进行检修工作也很方便。这种屋架的常用跨度为 15m、18m、24m、30m,矢高与跨度(f/l)之比一般为 1/8～1/6。

12.5 其他大跨度结构

《钢结构设计规范》(GB 50017—2003)将大跨度屋盖结构定义为“跨度等于或大于 60m 的屋盖结构,可采用桁架、刚架或拱等平面结构以及网架、网壳、悬索结构和索膜结构等空间结构”。而在《钢结构设计标准》(GB 50017—2017)的附录中则细化了大跨度钢结构的适用范围。实际上大跨度空间结构建筑涵盖规模大,包含内容多,很难对其有准确的定义,通常大跨度空间结构按结构形式可分为薄壳结构、网架结构、网壳结构、悬索结构、膜结构五大类。这些大跨度空间结构基本具有曲面形状,是最充分地利用形状来抵抗外力作用的结构形式,所以形体设计是这些大跨度空间结构最重要的设计理念。

12.5.1 薄壳结构

1. 概述

自然界某些植物的种子外壳、蛋壳、贝壳,都可以说是天然的壳体结构,它们的外形符合力学原理,以最少的材料获得坚硬的外壳,以抵御外界的侵袭。人们从这些天然壳体中受到启发,利用混凝土以及其他金属材料的可塑性,创造出各种形式的壳体结构。

壳体结构一般是由上下两个几何曲面构成的空间薄壁结构,两个曲面之间的距离即为壳体的厚度 δ,当 δ 比壳体其他尺寸(如曲率半径 R、跨度 l 等)小得多时(一般要求 $\delta/R\leqslant 1/20$)称为薄壳结构。现代建筑工程中所采用的壳体一般为薄壳结构。

2. 类型和受力特点

薄壳结构是以钢筋混凝土薄壳为主要形式的一种大跨度结构。作为一种曲面构件，按照曲面生成的形式可分为移动壳和旋转壳。移动壳即一曲母线沿另一曲导线或直导线平移而成的壳体曲面；旋转壳即由一平面曲线作母线绕其平面内的轴旋转而成的壳体曲面。工程上常见有柱壳、锥形壳、劈锥壳、圆顶薄壳、双曲扁壳和双曲抛物面壳等，如图 12-20 所示。

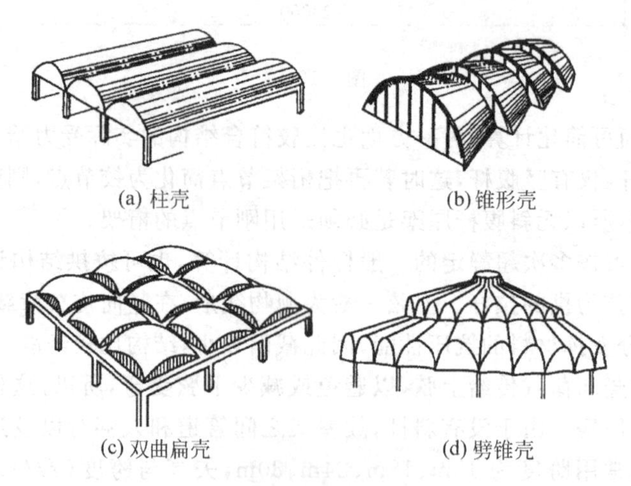

图 12-20

薄壳结构为双向受力的空间结构，在竖向均布荷载作用下，壳体主要承受曲面内的轴向力 **N**(双向法向力)和顺剪力 **S** 作用，曲面轴力和顺剪力都作用在曲面内，又称为薄膜内力，如图 12-21 所示。只有在非对称荷载(风、雪等)作用下，壳体才承受较小的弯矩和扭矩。

由于壳体内主要承受以压力为主的薄膜内力，且薄膜内力沿壳体厚度方向均匀分布，所以材料强度能得到充分利用。而且壳体为曲面，处于空间受力状态，各向刚度均较大，因此用薄壳结构能实现以最少的材料构成更坚固结构的理想。例如 6m×6m 的钢筋混凝土双向板，一般计算厚度要取到 130mm，而 35m×35m 的双向扁壳屋盖，壳板计算厚度仅需 80mm。

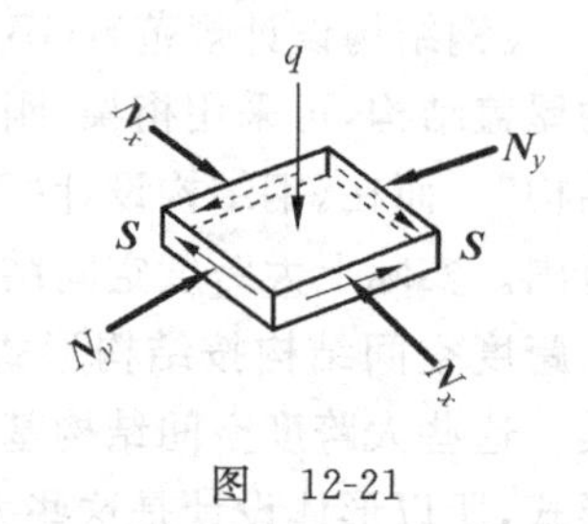

图 12-21

由于薄壳结构强度高、刚度大、用料省、自重轻、覆盖面积大，所以无须中柱，而且其造型多变，曲线优美，表现力强，故多用于大跨度的建筑物，如展览厅、食堂、剧院、天文馆、厂房、飞机库等。

不过，薄壳结构也有其自身的不足之处：①由于体形多为曲线，复杂多变，采用现浇结构时，模板制作难度大，费模费工，施工难度较大；②一般壳体既作承重结构又作屋面，由于壳壁太薄，隔热保温效果不好；③某些壳体(如球壳、扁壳)易产生回声现象，不适宜对音响效果要求高的建筑如大会堂、体育馆、影剧院等。

尽管钢筋混凝土薄壳结构具有优越的力学性能，但钢筋混凝土薄壳的施工难、造价高等问题制约着其发展和应用，导致近年来实际工程项目应用较少。但与钢结构相比，混凝土薄壳结构仍然具有环保、节材、防水、防火、防腐等方面的优势，因此只有随着薄壳材料与施工技术的不断进步，薄壳结构的应用才会有更好的发展前途。

3. 工程实例

阿里娅王后国际机场(Queen Alia International Airport)位于约旦首都安曼，如图 12-22 所示。始建于 1983 年，鉴于当地的建筑经验和气候条件，机场建筑主体均采用混凝土材料。当地夏季的昼夜温差变化非常大，采用传统的混凝土材料有利于控制室内热环境。

(a) 阿里娅王后国际机场外貌

(b) 阿里娅王后国际机场内景

图 12-22

屋盖由棋盘形方格块组合形成，包括一系列的混凝土扁壳体及其边缘构件，壳体设计成标准的模块单元，各模块互相连接并向外延伸。这种设计构思提供了未来机场建筑无缝扩展的可能性。屋盖在立柱的支撑下向外延伸，犹如沙漠棕榈叶。阳光从立柱交接处的拱梁分隔缝中透进来，保证自然采光。在每个外露的拱腹装饰传统的伊斯兰风格几何图案，形成叶脉样纹饰。

屋盖各块间的拱梁两端预制、在现场吊装就位后将中央段浇筑合拢。各模块混凝土薄壳沿建筑分隔饰线划分为若干小块，每小块先预制一个底模，该底模是成型后壳体的一部分。在现场脚手架上安装到位后再叠浇成整体。由于各模块尺寸统一，为薄壳施工带来很大便利。

可持续性的理念也在建筑设计中得到体现。混凝土本身耐久性好、少维护，设计还采取一些利于节能的设计措施，如屋面通风装置和幕墙百叶窗为室内外交换空气并降温；屋盖边沿壳板出挑，起到遮阳效果；金属屋面板既是装饰又能起到隔热作用等。

12.5.2 网架结构

1. 概述

网架结构是由按照一定规律布置的杆件，通过节点连接形成网状的空间杆系结构，是一种无水平推力或拉力的空间结构。支座构造较为简单，一般简支在支座上，便于下部承重结构的布置。上下两层弦杆的双层网架是最常见的网架结构形式。

2. 组成和特点

网架结构种类甚多，可按不同的标准对其进行分类。按网架本身的构造可分为单层网架、双层网架、三层网架，其中，单层网架和三层网架分别适用于跨度较小(不大于 30m)和跨度较大(大于 100m)的情况；按建造材料可分为钢网架、铝网架、木网架、塑料网架、钢筋混凝土网架和组合网架等，其中钢网架在我国应用较广泛；按支承情况可分为周边支承、四点支承、多点支承、三边支承、对边支承以及混合支承等形式；按组成方式不同可分为交叉桁架体系网架、三角锥体系网架、四角锥体系网架、六角锥体系网架等形式，如图 12-23 所示。

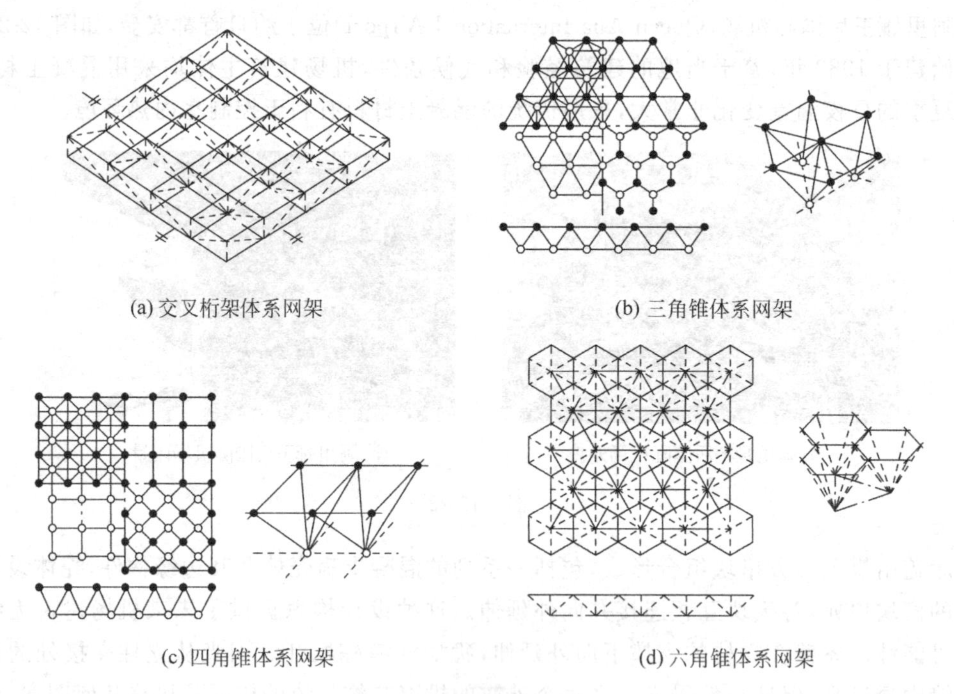

(a) 交叉桁架体系网架　(b) 三角锥体系网架

(c) 四角锥体系网架　(d) 六角锥体系网架

图 12-23

网架结构为一种空间杆系结构，具有三维受力特点，能承受各个方向的作用，并且网架结构一般为高次超静定结构，倘若一杆局部失效，超静定次数仅少一次，内力可重新调整，整个结构一般并不失效，具有较高的安全储备。在节点荷载作用下，各杆件主要承受轴向的拉力和压力，能充分发挥材料的强度，节省钢材。

网架结构中空间交汇的杆件，既为受力杆件，又为支承杆件，工作时互为支承，协同工作，因此它的整体性好，稳定性好，空间刚度大，能有效承受非对称荷载、集中荷载和动荷载，并有较好的抗震性能。

由于网架结构组合有规律，大量杆件和节点的形状、尺寸相同，并且杆件和节点规格较少，便于工厂成批生产，产品质量高，现场拼装容易，可提高施工速度。

网架结构不仅实现了利用较小规格的杆件束建造大跨度结构，而且结构占用空间较小，更能有效利用空间，如在网架上下弦之间的空间布置各种设备及管道等。

网架结构平面布置灵活，可以用于矩形、圆形、椭圆形、多边形、扇形等多种建筑平面，建筑造型新颖、轻巧、壮观，极富表现力，深受建筑师和业主的青睐。

3. 结构选型

网架的选型应综合考虑建筑的平面形状和尺寸、支承情况、荷载大小、屋面构造、制作安装方法和建筑功能要求等。

(1) 平面形状为矩形的周边支承网架，边长比不大于 1.5 时，宜选用斜放四角锥、棋盘四角锥、正放抽空四角锥、两向正交斜放、两向正交正放、正放四角锥网架；中小跨度也可选用星形四角锥、蜂窝形三角锥；当支承距离不等时，可选用两向斜交斜放。

(2) 平面形状为矩形的周边支承网架，边长比大于 1.5 时，宜选用两向正交正放、正放四角锥、正放抽空四角锥网架；边长比小于 2 时，可选用斜放四角锥；当平面狭长时，可选用单向折线形网架。

(3) 平面形状为矩形，三边支承一边开口的网架，可按第一条要求选型。开口边可增加网架层数或适当增加网架高度，且开口边设计为竖直或斜放的边桁架。

(4) 平面形状为矩形，多点支承的网架，可选用正放四角锥、正放抽空四角锥、两向正交正放网架；对多点支承和周边支承相结合的多跨网架，还可选用两向正交斜放或两向斜交斜放四角锥网架。

(5) 平面形状为圆形、正六边形及接近正六边形且为周边支承的网架，可采用三向、三角锥或抽空三角锥网架。

(6) 跨度不大于 40m 多层建筑的楼层及跨度不大于 60m 的屋盖，可选用钢筋混凝土肋形板为上弦的组合网架。组合网架宜选用正放四角锥、两向正交正放、正放抽空四角锥、斜放四角锥网架和蜂窝形三角锥网架。

(7) 腹杆的布置应尽量使短杆为受压杆件，长杆为受拉杆件，充分发挥杆件截面的强度。对交叉桁架体系网架，腹杆倾角一般在 40°～55°之间，对角锥网架，斜腹杆的倾角宜采用 60°，这样可以使杆件标准化。

网架的主要选型构造确定可按表 12-2 取值。

表 12-2 网架的上弦网格数和跨高比

网架形式	钢筋混凝土屋面体系		钢檩条屋面体系	
	网格数	跨高比	网格数	跨高比
两向正交正放网架、正放四角锥网架、正放抽空四角锥网架	$(2\sim4)+0.2L_2$	10～14	$(6\sim8)+0.07L_2$	$(13\sim17)-0.03L_2$
两向正交斜放网架、棋盘形四角锥网架、斜放四角锥网架、星形四角锥网架	$(6\sim8)+0.08L_2$			

注：① L_2为网架短向跨度，单位为 m；
② 当跨度在 18m 以下时，网格数可适当减少。

4. 工程实例

广州白云机场波音 747 飞机检修库，跨度为 80m，面积约 13900m^2，其中 6300m^2 为机库大厅，7600m^2 为附楼。根据波音 747 飞机机身长、机翼宽的特点，机库平面形状设计为“凸”字形，根据波音 747 飞机机尾高、机身矮的特点，机库沿高度方向设计成高低跨，机尾高跨部分下弦标高为 26m，机身低跨部分下弦标高只有 17.5m。这种沿高度方向的体型变化，给屋盖钢结构的设计带来许多复杂的技术问题，经过多种方案的比较，最后选取了高低整体式折线形网架为最终设计方案，如图 12-24 所示。

为满足飞机进出机库的需要，沿机库正面设置了 80m 跨度的钢大门，大门边梁设计为悬挑式空间桁架。网架的周边支承情况是：三边支承在钢筋混凝土柱上，大门处支承在空间桁架梁上，柱上做成铰接钢筋混凝土支座，即只竖向有约束。

网架网格形式采用两向正交正放网架，网格尺寸为 6.0m×6.5m，因正交正放网架节点构造易于处理，节点可采用十字焊接板，杆件和十字板用高强螺栓连接，节点、杆件的加工和

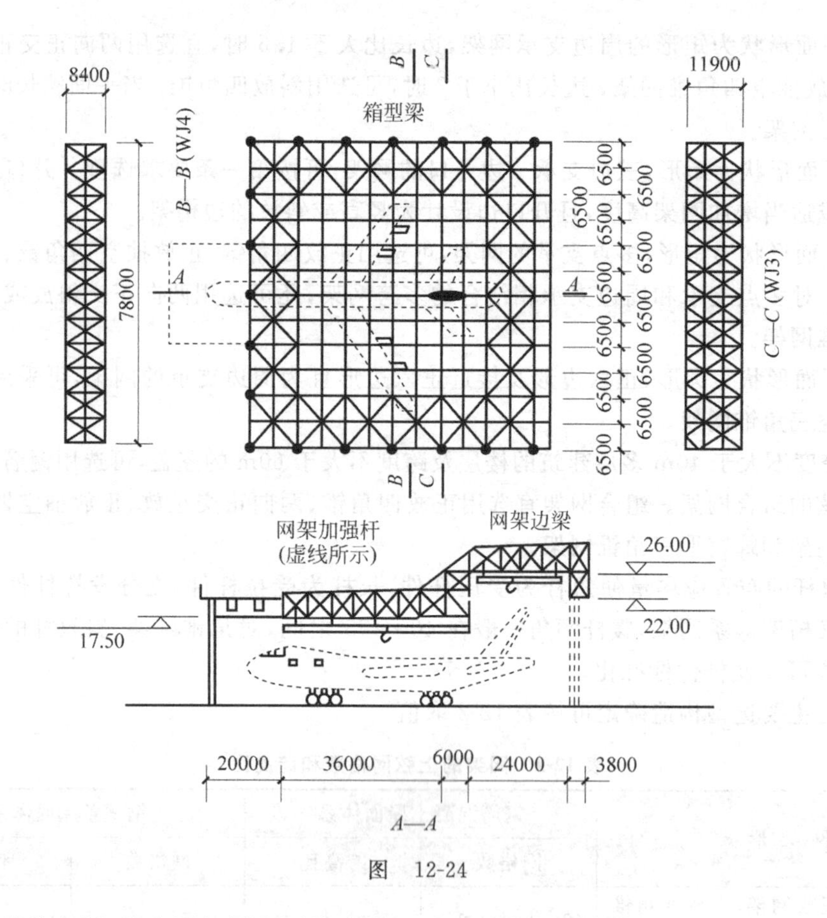

图 12-24

现场安装均较方便,并在网架周边网格内设置了上下弦水平支撑。

网架下弦为两个标高,上弦呈折线形。设计计算时,将网架按一个近方形尺寸的整体网架考虑,而不是按两个高、低网架来考虑,所以称之为高低整体式折线形网架。这种网架形式解决了复杂体型下的网架空间工作问题,受力合理,节省钢材,造型美观。

12.5.3 网壳结构

1. 概述

网壳结构是网状的壳体结构,也可说是曲面状的网架结构。网壳结构兼有杆系结构和薄壳结构的主要特性,其传力特点主要是通过壳内两个方向的拉力、压力或剪力逐点传力。杆件比较单一,受力比较合理,结构的刚度大、跨越能力大。在目前的工程建设中,网壳结构有着极为广阔的发展前景和市场空间。

德国工程师施威德勒对网壳结构的诞生与发展起了关键性的作用,他在薄壳穹顶结构的基础上提出了一种新的结构形式,即把穹顶壳面划分为经向的肋和纬向的水平环线,并连接在一起,而且在每个梯形网格内再用斜杆分成两个或四个三角形,这样穹顶表面的内力分布会更加均匀,结构自身重量也会进一步降低,从而可跨越更大空间。这样的穹顶结构即为现代网壳结构的雏形,即沿某种曲面有规律的布置大致相同的网格或尺寸较小的单元,从而组成空间杆系结构。

2. 类型和特点

网壳结构按网壳层数可分为单层网壳、双层网壳、变厚度网壳等；按曲面外形可分为球面网壳、柱面网壳、双曲扁网壳、扭曲面网壳、单块扭网壳等；按结构材料可分为钢网壳、木网壳、铝合金网壳、钢筋混凝土网壳、塑料网壳以及组合网壳等，如图 12-25 所示。

(a) 柱面网壳 (b) 球面网壳

(c) 扭曲面网壳 (d) 双曲面网壳

图 12-25

网壳结构具有优美的建筑造型，无论是建筑平面、外形和形体都能给设计师以充分的创作自由，可以形成多种曲面，如球面、椭圆面、旋转抛物面等；可以适应如圆形、矩形、多边形、三角形、扇形以及各种不规则的平面；可以用小的构件组成很大的空间，而且杆件单一，这些构件可以在工厂预制实现工业化生产，安装简便快速，适应于采用各种条件下的施工工艺，不需要大型设备，因此综合经济指标较好。网壳结构应用范围广泛，既可用于中、小跨度的民用和工业建筑，也可用于大跨度的各种建筑，特别是超大跨度的建筑。

网壳结构的不足在于：①杆件和节点几何尺寸的偏差以及曲面的偏离对网壳的内力、整体稳定性以及施工精度影响较大，给网壳结构设计带来了困难；②网壳结构可以构成大空间，但当矢高很大时，曲面外形增加了屋面面积和不必要的建筑空间，有些空间是不能用的，增加了建筑材料和能源的消耗；③屋面构造比较复杂，某些形体的网壳若建筑上不妥善处理，还会影响其音响效果。

3. 结构选型

网壳结构的种类很多，形成的建筑造型丰富多彩。在结构选型时，应注意结合建筑的使用功能、空间需要、建筑平面、建筑材料、施工技术以及建筑造型综合考虑。选型适当与否，直接关系到网壳结构的适用性、可靠性和经济技术指标。

(1) 进行网壳立面设计时，特别是大跨度建筑，建筑设计与结构设计应密切配合，在满足建筑使用功能的前提下，使网壳与周围环境相协调，整体比例适当。当要求建筑空间较大，可选用矢高较大的球面或柱面网壳；当空间要求较小，可选用矢高较小的双曲扁网壳或落地式的双曲抛物面网壳；如网壳的矢高受到限制又要求较大的空间，可将网壳支承于墙上或柱上。

网壳适用于各种形状的建筑平面，如为圆形平面时，可选用球面网壳、组合柱面或组合双曲抛物面网壳等；若为方形或矩形平面时，可选用柱面、双曲抛物面或双曲扁网壳；当平面狭长时，宜选用柱面网壳；若为菱形平面时，可选用双曲抛物面网壳；如为三角形、多边形的平面时，可对球面、柱面或双曲抛物面等作适当的切割或组合实现要求的平面。

(2) 网壳的跨度是根据建筑使用功能决定的，跨度越大，用钢量越多。除此之外，荷载(特别是非对称荷载)对网壳受力性能和用钢量的影响很大，当跨度确定后，用钢量随荷载的增加按比例增加，因此，设计时应尽可能采用轻型屋面。在非对称荷载作用下，杆件和节点会产生相当大的位移，从而产生几何形状的变化，并改变结构内力分布，因此，当非对称荷载较大时，对单层网壳应慎重选择。当选用双层网壳时，其厚度取决于跨度、荷载、边界条件及构造要求等。

网格数或网格尺寸对于网壳的挠度影响较小，而对用钢量影响较大。柱面网壳的矢跨比宜取 1/8～1/4，单层柱面网壳的矢跨比宜大于 1/5，球面网壳的矢跨比宜取 1/7～1/2。网格尺寸越大，用钢量越省。但从受力性能角度来看，如网格尺寸太大，对压杆的稳定和钢材的利用均不利。另外，网格尺寸应与屋面板模数相协调。

(3) 支承条件是影响网壳结构静力特性和经济设计的重要因素。支承条件包括支承的位置、数目、种类和楼层(柱)的支承标高。支承数目越多，杆件内力分布越均匀，支承刚度越大，节点挠度越小，网壳的横向稳定性越大，但支座和基础的造价越高。

总之，必须根据工程的实际情况，综合考虑各种因素，通过技术经济综合比较分析，合理地确定网壳形式。

4. 工程实例

中国国家大剧院位于人民大会堂西侧，西长安街南侧，始建于 2004 年。结构主体由歌剧院、音乐厅、戏剧院、公共大厅、配套用房及外部穹顶组成，占地 11.89 公顷，建筑面积 149520m^2。东西长轴 212.20m，南北短轴 143.64m，总高度 55.73m，基础埋深 −26.10m。整个建筑外观犹如漂浮在水面上的一颗明珠，如图 12-26 所示。

(a) 中国国家大剧院外貌

(b) 中国国家大剧院内景

图 12-26

国家大剧院建筑的外部穹顶为空间网壳结构，巨型椭球壳曲面中间部分外覆盖透明玻璃，其余部分外覆盖钛合金板，内侧为木制吊顶，壳体总表面积为 35790m^2，椭球壳体形状满足下式要求：

$$\left(\frac{x}{105.9526}\right)^{2.2}+\left(\frac{y}{71.6625}\right)^{2.2}+\left(\frac{z}{45.2025}\right)^{2.2}=1 \qquad (12\text{-}1)$$

椭球壳由双层钢网壳形成，网壳由顶环梁结构、径向弧形肋梁、水平环向连杆及斜撑组成。其中顶环梁结构位于网壳中心顶部，平面为椭圆，长轴为53.82m，短轴为36.40m，矢高为2.5m，结构构件为钢管、箱形梁、钢板桁架及H型钢。径向弧形肋梁呈中心辐射状分布，为两段椭圆弧线形成的曲线桁架，底端宽为4m，顶宽为2m，最大长度为98m，上端与顶环梁连接，下端落于钢筋混凝土圈梁上，有A、B两类。A类肋梁为厚为60mm钢板空腹桁架，位于壳曲面透明区域，B类肋梁为不等宽翼缘H型钢桁架，位于壳曲面不透明区域。水平环向连杆横向连于肋梁间，斜撑分布在网壳平面的四个对角线上，每组斜撑区跨越9个肋梁节间。由此组成一个巨大的双层肋环型网壳结构。

12.5.4 悬索结构

1. 概述

建筑中悬索结构的产生起源于桥梁，如四川泸定桥是全世界尚存最早的悬索桥，而在建筑结构领域的悬索结构，就是指以一系列受拉的钢索作为主要承重构件，这些钢索按一定规律组成各种不同形式的体系，并悬挂在相应的支承结构体系边缘构件上的结构。

悬索结构一般由三部分组成：钢索(分承重索和稳定索)、边缘构件和支承构件，用钢丝绳、钢绞线也可代替钢索，其中，钢索只能承受拉力，不能承受压力，大多数应用于屋盖的造型设计。边缘构件必须具有一定的刚度与合理的形式，以承受索端的水平拉力，并使屋盖钢索保持稳定的形态，而下部支承构件属于受压结构体，承受来自上方钢索及边缘构件传递下来的所有荷载并将这些荷载传递到地面。悬索结构支承构件数量较多，其形状应简洁以便于力的传递。悬索结构的钢索是轴心受拉构件，与梁式构件相比更能充分利用材料的强度，是一种理想的结构。

2. 类型和特点

悬索结构的形式很多，根据索网、边缘构件、下部支承结构的不同配置，可以构成一系列形式各异的悬索结构。根据屋面几何形式的不同，可分为单曲面和双曲面两类；根据拉索布置方式的不同可分为单层悬索结构体系、双层悬索结构体系、索网结构体系3类。

单曲面单层悬索结构一般用于矩形平面的单跨建筑，有时也可用于多跨建筑或非矩形平面的个别工程中。它是由许多平行的单根拉索组成，拉索两端悬挂在稳定的支承结构上，也可设置专门的锚索或端部水平结构来承受悬索的拉力，形成下凹的单曲率曲面[图12-27(a)]。这种平行拉索体系呈平面受力状态，索中拉力值与跨中垂度成反比，适宜的垂跨比一般取1/20～1/10。

双曲面单层悬索结构，常用于圆形平面的建筑，钢索由圆心向四周按辐射状布置，屋面形成一个下凹的旋转面。悬索支承在受压环梁上，中心可设置受拉的内环。显然，下凹的屋面不便于排水，所以当房屋的中央允许设置支柱时，可利用支柱升起为悬索提供中间支承，形成伞形悬索结构[图12-27(b)]。在这一体系中，受拉内环采用钢制，受压的外环一般采用钢筋混凝土结构，充分发挥各自材料的特性，所以双曲面单层悬索结构可比单曲面单层悬索结构做到更大跨度。

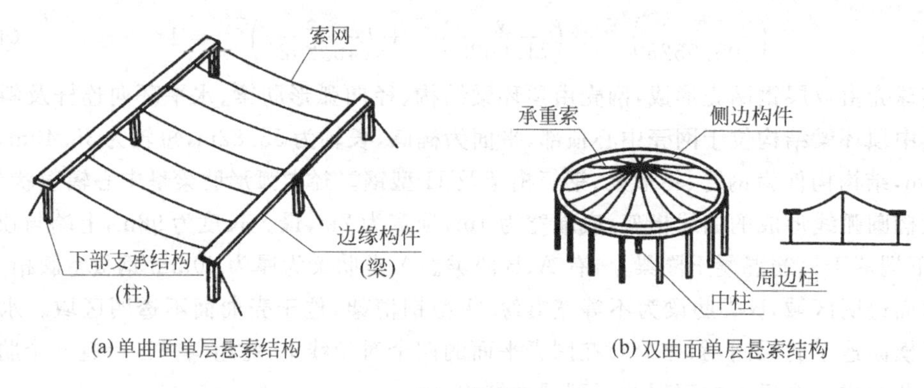

(a) 单曲面单层悬索结构　　(b) 双曲面单层悬索结构

图 12-27

但是单层悬索结构稳定性不好，一般须采用重屋面，重屋面使悬索的截面增大，支承结构的受力也相应增大，从而影响经济效果。解决悬索屋盖稳定性问题更有效的办法就是采用双层索系。

单曲面双层悬索结构是在单层平行拉索体系的基础上增设一层反向曲率的钢索构成的，是解决悬索结构形状稳定性的一种有效形式。下凹曲面为承重索，上凸曲面为稳定索，每对承重索和稳定索一般位于同一竖平面内，二者之间通过受拉钢索或受压撑杆联系，构成犹如屋架形式的平面体系，常称为索桁架[图 12-28(a)]。设置稳定索不只是为了抵抗风吸力的作用，由于设置相反曲率的稳定索和相应的系杆，就有可能对体系施加预应力，从而使承重索和稳定索内始终保持足够大的拉紧力，提高了整个体系的稳定性。此外，由于存在预张力，稳定索能同承重索一起抵抗竖向荷载的作用，从而提高整个体系的刚度。单曲面双层悬索结构多用于矩形平面的单跨建筑。

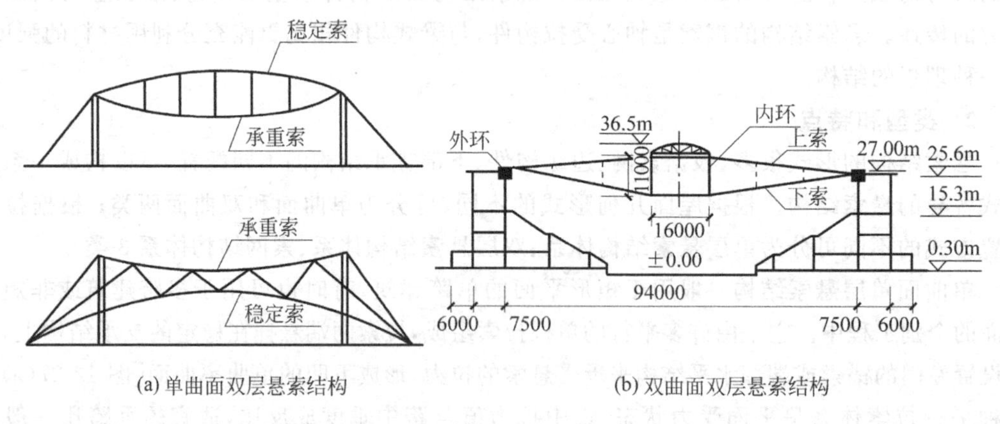

(a) 单曲面双层悬索结构　　(b) 双曲面双层悬索结构

图 12-28

双曲面双层悬索结构是在双曲面单层悬索结构的基础上，增设了一层按辐射状布置的稳定索而形成的[图 12-28(b)]，其周围支承在周边构件(一道或两道受压圈梁)上，中心设置受拉内环。由于增设了一层稳定索，屋面刚度进一步提高，抗风、抗震性能有所增强，这为悬索结构采用轻型屋面提供了条件。双曲面双层悬索结构也是在圆形平面建筑中应用较多的一种悬索结构。

索网结构通常是由两组相互正交、曲率相反的钢索直接交叉组成的，这种索网形成由正、负高斯曲率构成的双曲抛物面，所以也常被称之为鞍形索网。两组钢索中，下凹者为承重索（主索），上凸者为稳定索（副索），两组钢索在交点处相互连接。索网的周边构件受力较大，即使做成曲线形状，也常产生相当大的弯矩，因此需要有较大的截面。其实，边缘构件除用来锚固索网，承受索网轴力引起的压力和弯矩的作用外，还可以通过调整边缘构件的结构形式，获得建筑造型多样化的效果。

对索网结构必须施加预应力，以提高体系的稳定性和刚度。由于存在曲率相反的两组索，对其中任意一组或同时对两组进行张拉，均可实现预应力。当预应力值足够大时，索网结构具有相当好的稳定性和刚度，因此可采用轻屋面。鞍形索网体系形式多样（图 12-29），易于适应各种建筑功能和建筑造型方面的要求，屋面排水也较易处理，从而获得相当广泛的应用。

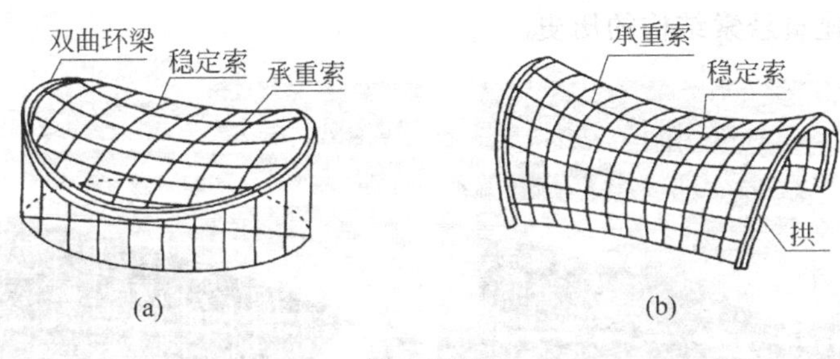

图 12-29

在我国悬索结构发展历程中，还有许多工程是将两个以上的索网或其他悬索体系组合起来，并设置强大的拱或刚架等结构作为中间支承，形成各种形式的组合屋盖结构。采用各种组合式屋盖不仅进一步丰富了建筑造型，而且往往能更好地满足某些建筑功能上的要求，例如在体育馆中间用一个落地拱把它分开，整个屋盖一分为二。这种屋盖结构形式符合体育馆内部功能的需要，在比赛场地中间运动员活动的地方恰是拱顶部分，使室内净空适当提高，从而为体育馆建筑提供了“最优”的内部空间。但单纯从技术经济角度，单片索网或其他悬索体系可以经济地跨越很大的跨度，并非必须采用中间支承结构，所以，采用组合式屋盖在很多场合主要是出于建筑造型和使用功能方面的考虑。

综上所述，悬索结构具有以下特点。

(1) 悬索结构通过钢索的轴向受拉来抵抗外荷载的作用，充分利用了钢材的抗拉性能。因此悬索结构适用于大跨度的建筑物，跨度越大，经济效果越好。

(2) 悬索结构可使建筑造型风格多样，容易适应各种建筑平面，因此能较自由地满足各种建筑功能和表达形式的要求。钢索线条柔和，便于协调，有利于创作各种新颖的、富有动感的建筑体型。

(3) 悬索结构施工比较方便。钢索自重很小，屋面构件一般也较轻，安装屋盖时不需要大型起重设备。施工时不需要大量脚手架，也不需要模板。因此与其他结构形式比较，施工费用相对较低。

(4) 可以创造良好物理性能的建筑空间。如双曲下凹碟形悬索屋盖具有良好的建筑声学特性，因此可以作为对音响效果要求高的公共建筑的屋顶。由于悬索屋盖极易满足室内的采光要求，故用于采光要求高的建筑物也很适宜。

(5) 悬索结构的稳定性较差。单根悬索是一种几何可变结构，其平衡形式随荷载分布方式的不同而变化，特别是当荷载作用方向与垂度相反时（如风吸力、地震力等），悬索就丧失了承载能力，因此，常常需要对悬索施加适当预应力或附加一些索系或结构来提高屋盖结构的稳定性。

(6) 悬索结构的边缘构件因承受索端较大的水平拉力而必须具有较大的抵抗截面，同样下部支承也必须具有一定的刚度，即使当跨度较小时，钢索锚固构造和支座结构的处理也与大跨度一样布置，因此无论设计成钢筋混凝土结构还是钢结构，悬索体系的支承结构均要耗费较多的材料。

3. 工程实例

J. S. 多顿竞技场位于美国北卡罗来纳州罗利市(Raleigh)，是一座拥有7610个座位的多功能竞技场，如图12-30所示。它建成于1952年，是世界上第一座大跨度索网结构屋盖建筑，开创了现代建筑悬索结构的历史。

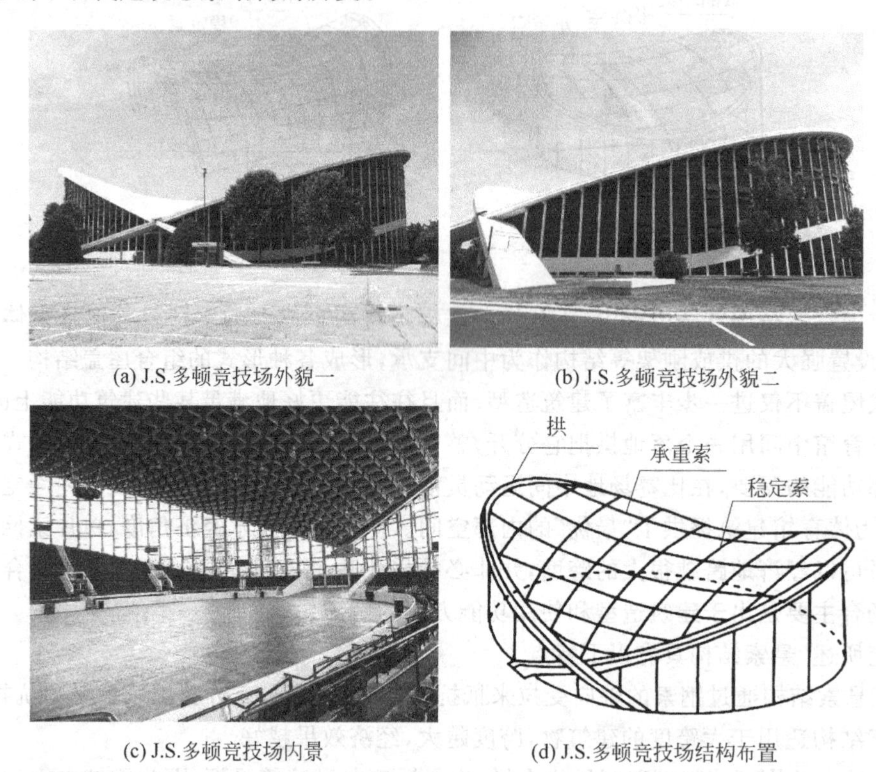

(a) J.S.多顿竞技场外貌一　(b) J.S.多顿竞技场外貌二

(c) J.S.多顿竞技场内景　(d) J.S.多顿竞技场结构布置

图 12-30

J. S. 多顿竞技场的边缘构件是两个抛物线状的钢筋混凝土拱，拱截面尺寸为4.27m×0.76m，两个抛物线拱向地面倾斜并相互交叉，与地面呈21.8°角。索网端部用锚具锚固在拱内，形成鞍形正交索网结构。其近圆形平面尺寸为92m×97m，索网格为1.83m×1.83m，稳定索拱跨比为1/10，承重索垂跨比为1/9。

J. S. 多顿竞技场主体结构受力明确，形成自平衡体系，索、拱的材料强度充分发挥，基础也不大。斜拱的周边以间距2.4m的钢柱支承，立柱兼作门窗的竖框，形成了以竖向分隔为主、节奏感很强的建筑造型。

12.5.5 膜结构

1. 概述

膜结构建筑作为一种新颖的建筑形式于 20 世纪 50 年代在国际上开始出现，它是由张拉结构发展出来的一种建筑形式，以性能优良的柔软织物为材料，可以是向膜内充气，由空气压力支撑膜面；也可以是利用柔性的拉索结构或刚性的支撑结构将薄膜绷紧或撑起，形成具有一定刚度、能够覆盖大跨度空间的结构体系。

在 1967 年蒙特利尔世博会上，德国向世人展示了仅由八根钢管撑起的膜结构屋顶，其覆盖了面积近 8000m² 的展馆，这是膜结构在大型建筑上的首次采用，其崭新的设计理念和魔幻般的造型带来了前所未有的视觉冲击，毫无争议地赢得了建筑设计大奖。之后，膜结构得到迅速发展并很快传入中国，尤其是在沿海地区或空气质量较好的地区，为建筑师们提供了传统建筑模式以外的新选择。现已大量应用在滨海旅游景点、博览会、体育场、收费站等公共建筑上，如图 12-31 所示。

图 12-31

2. 类型和特点

膜结构建筑的分类方式较多，从构造和受力特点上可概括为张拉式膜结构、充气式膜结构、索穹顶结构 3 大类。

1）张拉式膜结构

张拉式膜结构有两种成型方式。

（1）采用钢索张拉成型，以膜材、钢索及支柱构成，利用钢索与支柱在膜材中导入张力以达到稳定的形式，这种采用钢索加强的膜结构又称为索膜结构。索膜结构建筑造型优美，富有丰富的表现力，是最能展现膜结构精神的构造形式，具有高度的结构灵活性和适应性，是索膜建筑结构的代表和精华。但施工精度要求高,造价略高。

(2) 以钢结构或集成材料构成的屋顶骨架,在其上方张拉膜材的构造形式,称其为骨架式索膜结构。这种结构体系自平衡,膜体仅为辅助物,膜体本身的结构作用发挥不足。骨架式索膜体系建筑表现含蓄,结构性能有一定的局限性,常在某些特定的条件下被采用,造价低于前者。

骨架方式与张拉方式的结合运用,常可取得更富于变化的建筑效果。

2) 充气式膜结构

充气式膜结构是依靠送风系统向室内充气(超压)顶升膜面,使室内外产生一定压力差(一般在 10～30mm 汞柱),室内外的压力差使屋盖膜布受到一定的向上浮力,构成较大的屋盖空间和跨度。

充气式膜结构有单层、双层、气肋式三种形式。充气式膜结构一般需要长期不间断地能源供应,在低拱、大跨建筑中的单层膜结构必须是封闭的空间,以保持一定的气压差。在气候恶劣的地方,空气式膜结构的维护有一定的困难。由于充气式膜结构需维持 24 小时送风机运转,因此运行及维护费用较高。

3) 索穹顶结构

索穹顶结构是空间双层索系和覆面膜材的联合运用,形成的一种高效的大跨度轻型屋盖结构形式。

索穹顶结构实际上是一种特殊的索膜结构,是近几年才发展起来的一种结构效率极高的张力集成体系。索穹顶一般由中心受拉(钢)环梁、径向脊索、环向拉索、受压立杆、斜向对角索及外侧受压环梁组成。其外形类似于穹顶,而主要的构件是钢索,由始终处于张力状态的索段构成穹顶,利用膜材作为屋面。由于整个结构除少数几根压杆外都处于张力状态,所以充分发挥了钢索的强度。

索穹顶结构按网格组成可分为盖格型、利维型、凯威特型三种,如图 12-32 所示。

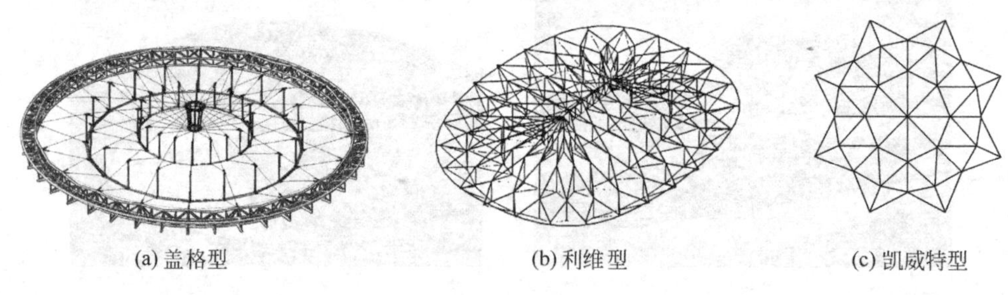

(a) 盖格型　(b) 利维型　(c) 凯威特型

图 12-32

3. 膜结构材料

膜结构材料是由膜基材和涂层组成的一种复合材料。膜基材主要有尼龙(Nylon)、聚酯类织物(Polyester)、玻璃纤维织物(Fiber Glass)、人造纤维织物(Kevlar)等;涂层材料主要有聚四氟乙烯(PTFE)、聚偏氟乙烯(PVDF)、聚氯乙烯(PVC)、有机硅树脂(Silion)等。PVC 膜材是使用最广泛的建筑用膜材料,产品覆盖了从临时性建筑的篷盖布到永久性建筑的厚涂层膜,使用寿命可达 20 年。另一广泛使用的建筑用膜材料是 PTFE 膜材,其具有使用寿命长、透光性好等特点,特别适用于永久性的大型建筑。

4. 工程实例

中国国家游泳中心又称水立方,位于北京奥林匹克公园内,是北京为 2008 年夏季奥运会修建的主游泳馆。国家游泳中心规划建设用地 62950m^2,总建筑面积 87200m^2,可容纳 17000 位观众,如图 12-33 所示。

(a) 水立方外貌

(b) 水立方施工内景

图 12-33

国家游泳中心采用了多面体空间钢架结构和双层 ETFE(乙烯—四氟乙烯共聚物)薄膜围护结构体系。主体结构是多面体空间钢架结构,其内、外立面与屋顶分别覆盖充气的 ETFE 薄膜,每一层 ETFE 膜气枕又由三层或四层 ETFE 膜充气组成。水立方的双层 ETFE 膜结构由 3097 个气枕组成,覆盖面积达 10.5 万平方米,展开面积达 26 万平方米,是世界上规模最大的 ETFE 膜结构工程。水立方是目前世界上唯一采用不规则的多面体空间钢架结构的大型公共建筑,结构中每一个节点、每一根杆件都不一样,在其成为城市亮点的同时也为其后期维护带来了较大压力。

总之,随着科学技术的发展,新的大跨度空间结构形式不断涌现,如张弦梁结构、树状结构、各种形式的张拉整体结构等近年来出现的新空间结构,按照这些新空间结构的结构构成及特点,很难归属到上述五类中的哪一类,因此建筑师在大跨度结构选型中要与时俱进,不断加强学习,大胆追求和探索,将大跨度结构设计得更加完善、合理、美观。

单元习题

12-1 简述排架结构的选型原则与构件布置要求。

12-2 简述轻型门式刚架结构的选型原则与构件布置要求。

12-3 简述屋架形式的选择原则和屋架的设计要求。

12-4 简述大跨度空间结构几种结构形式的特点和选型原则。

教学单元 13 装配式建筑体系

扫描二维码下载
教学课件

教学目标

掌握装配式建筑系统集成与一体化设计的中心思想，了解装配式建筑的特点、类型及适用范围，熟悉装配式建筑的构成；掌握装配式建筑的设计要求，能够结合建筑和结构设计规范针对装配式高层住宅进行适宜的预制与现浇构件布置、预制构件拆分以及确定相应构造措施。

13.1 概　　述

13.1.1 装配式建筑的概念

所谓装配式建筑，通俗来讲就是把原来需要在建筑工地现浇成型的梁、柱、楼板等，预先在工厂批量生产出来，再运到现场组装，"搭建"成一个完整的建筑，如图 13-1 所示。

图　13-1

装配式建筑过去称为装配式结构，名称的改变可以看出政策的导向，即装配式建筑是建筑产品的系统集成，而不仅是结构的装配化，轻结构体系重建筑产品，也就是明确装配式建筑的内涵：是一个全专业、全过程的系统集成的过程，是以工业化建造方式为基础，将结构系统、外围护系统、设备与管线系统、内装系统四个组成部分进行一体化集成的成品建筑，以及策划、设计、生产与施工一体化的过程。所以装配式建筑设计需要建筑、结构、机电、内装、智能化和造价等专业进行协同一体化设计。

装配式建筑与现浇式建筑相比有以下优点：减少建筑垃圾、能源消耗、施工扬尘、噪声危害等环境污染问题；预先制成的构件，统一验收把关，保证了原料和成品的质量，从而提高了工程质量；现场拼装建造，减少湿作业，提高劳动效率；促进信息化与工业化深度融合等。

大力倡导和发展装配式建筑，既是实现我国建筑业转型升级的重要途径之一，又是实现我国建筑工业化的重要推手。建筑生产过程的预制化和装配化是建筑工业化的重要实现手段之一，通过工厂预制，现场装配，确保了建筑的生产过程能实现或接近实现联合国定义的工业化六条标准："生产的连续性、生产物的标准化、生产过程的集成化、管理的规范化、生产的机械化、技术科研生产一体化"，也为实现我国建筑业的"五化"标准即"设计标准化、生产工厂化、现场装配化、装修一体化和管理信息化"的新型建筑工业化建造方式提供了可行的路径和方法。

装配式建筑是建造方式的重大变革，其意义在于贯彻绿色发展理念，推进节能减排；实现建筑现代化，促进建筑业信息化建设；保证工程质量，进一步提高建筑工程质量和效率；缩短建设周期，有利于培育新产业和新型建设队伍等。发展装配式建筑，是建筑行业落实党中央、国务院提出的推动供给侧结构性改革的一个重要举措，是打造建设城市精品工程的重要途径。

13.1.2　装配式建筑的发展

从 20 世纪开始，装配式建筑就已经开始受到人们的关注，但是装配式建筑的实际应用到 60 年代才真正得以实现。法国和英国首先在装配式建筑设计及实际应用上做出了尝试，并取得成功。随后，装配式建筑凭借其在施工建设及使用阶段表现出来的诸多优点越来越受到世界各国的关注，从而在世界各地得到广泛推广应用。

我国于 20 世纪 50 年代开始提出建筑工业化问题。早期，装配式建筑在办公楼、厂房、居民住宅等建设上有所应用。进入 50 年代后期，装配式建筑主要应用于单层工业厂房建设中。80 年代中期，我国装配式技术已经广泛应用于多层住宅、办公楼等建筑的建造中。但是我国装配式技术的发展在进入 90 年代后因各种原因逐渐趋于停滞状态。

进入 21 世纪后，我国在住宅产业发展过程中开始高度关注建筑整体质量和性能的提高，积极对国内外现代设计理论、先进技术、有效经验等进行分析总结，并合理借鉴与吸收，充分结合我国国情，提出了新的建筑工业化口号，同时还将住宅建筑工业化确定为我国住宅产业今后发展的一个重要方向，明确指出建筑工业化在推动国家建筑业实现快速、可持续发展中发挥的积极推动作用。因此，我国住宅建设在新的世纪迎来了一个新的发展机遇，并逐渐进入一个新的发展阶段。在 2007 年左右，一些房地产企业开始尝试预制混凝土装配式建筑的建设，并随着我国装配式技术的应用范围逐渐扩大，装配式建筑数量逐渐增加，建设规模逐渐扩大。

装配式建筑相关政策规划近年来开始密集出台，2015 年末发布《工业化建筑评价标准》，决定 2016 年在全国全面推广装配式建筑。2016 年以来，从中央到地方都加大了发展装配式建筑的政策支持力度。自 2016 年 2 月 6 日中共中央国务院印发《关于进一步加强城市规划建设管理工作的若干意见》，到 3 月 17 日国务院发布"十三五"规划纲要，再到 9 月 27 日国务院办公厅印发《关于大力发展装配式建筑的指导意见》，一系列政策在顶层设计上提出了"大力推广装配式建筑，建设国家级装配式建筑生产基地，要因地制宜发展装配式混凝土结构、钢结构和现代木结构等装配式建筑，加大政策支持力度，力争用10年左右时间，使装配式建筑占新建建筑的比例达到30%”的目标，不仅明确了发展装配式建筑的时间表和重点任务，还明确了发展装配式建筑的重点区域，标志着我国装配式建筑进入了规模化、产业化的大发展阶段。

13.2 装配式建筑的设计要求

装配式建筑的结构形式大致可分为四种，即预制装配式混凝土结构(PC结构)、钢结构、木结构、多种材料混合结构。在全世界范围内，基本是这几种结构形式被广泛应用。目前在中国，钢材和水泥产能过剩，而木材相对稀少，所以装配式建筑更多地采用预制装配式混凝土结构，其次是钢结构，再就是木结构。本单元主要介绍预制装配式混凝土结构的装配式建筑。

13.2.1 装配式建筑的设计特征

建设装配式建筑是一项复杂的系统工程，其建设过程中需要建设管理部门、设计单位、施工单位、内装单位、生产单位、算量单位等所有相关的建筑工程单位通力协作与全力配合。装配式建筑在建设过程中还受到诸多因素的影响，如设计、施工等单位的技术水平和管理水平、建设场地的运输条件和生产工艺、建设周期等。装配式建筑的龙头是设计技术，总揽装配式建筑全局。装配式建筑的设计工作与传统的现浇式建筑的设计工作相比，主要有以下5个方面的特征。

(1) 装配式建筑建设流程更加系统化，在设计的过程中也更加精细化。与传统的设计流程相比，装配式建筑设计流程中增设了预制构件加工图设计和前期技术策划两项设计工作。

(2) 装配式建筑在设计中将墙板等部品、梁柱等构件与建筑之间的关系进行统一归并，通过对建筑模数的控制，使这些部品、构件从模数化协调发展为模块化组合，从而使设计标准化。

(3) 装配式建筑的设计成果需要进行优化处理，这需要建筑专业和其他专业以及施工、生产等单位进行有效合作，实现全专业、全过程的一体化设计，有效消除了建筑质量缺陷，提高了建筑工程质量。

(4) 预制构件生产和加工的凭据是建筑的设计成果，对预制构件不同的拆分方案在相同装配率的基础上其所投入的成本也不同，因此，建筑设计方案越科学合理，对装配式建筑建造成本的控制就越卓有成效。

(5) 装配式建筑在设计过程中常采用BIM技术，BIM技术是对工程项目的建筑物理信息与功能特性的数字化表达，使用BIM技术可实现对建筑全生命周期内的运营、建设、管理和决策。

13.2.2 装配式建筑的设计流程

装配式建筑的整个设计周期可划分为 5 个阶段，即技术策划阶段、方案设计阶段、总体设计阶段、施工图设计阶段、工艺设计阶段，具体设计流程如图 13-2 所示。从图中可以看出装配式建筑系统集成及一体化设计的中心思想。

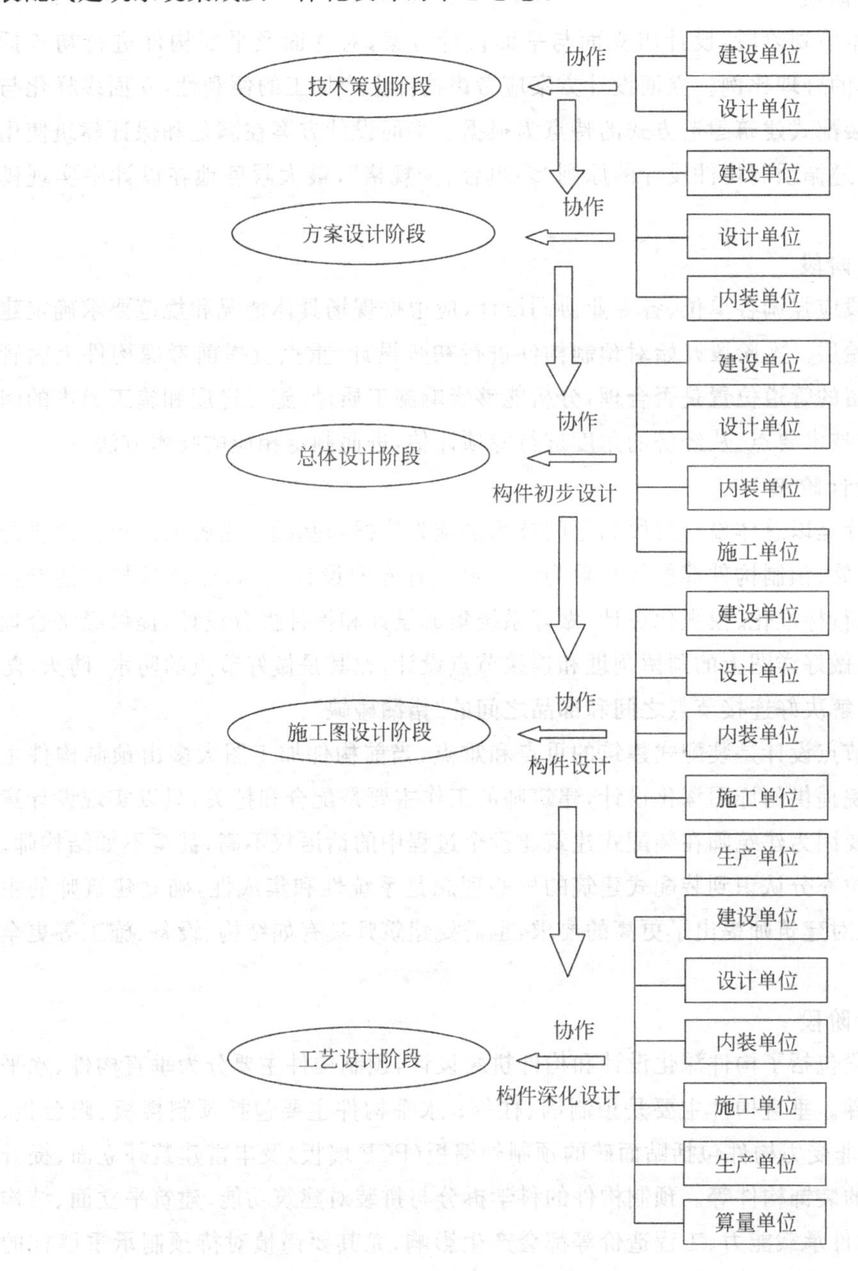

图 13-2

1. 技术策划阶段

设计单位对建筑项目的规模、建筑项目的定位、成本投入、生产目标以及外部施工环境进行充分了解和考察，以保证技术路线制定的合理性以及预制构件的标准化程度。同时技术实施的具体方案，需由建设单位和设计单位共同讨论决定，明确结构形式、预制部位、预制种类及材料选择，并以此技术方案为基础和依据，进行后续的设计工作。

2. 方案设计阶段

结合前期技术策划阶段，设计出立面与平面设计方案，对立面及平面构件进行初步拆分，确定好装配率的合理比例。立面设计方案应考虑构件生产加工的便利性，立面多样化与个性化设计需以装配式建筑建造方式的特点为根据。平面设计方案在满足和保证建筑使用功能的前提下，要遵循预制构件设计的原则“多组合、少规格”，最大限度地在设计中实现模数化和标准化。

3. 总体设计阶段

总体设计阶段应强调各单位、各专业协同设计，应根据现场具体情况和规范要求确定建筑开始装配的起始层。本阶段开始对预制构件进行初步设计，重点应提前考虑构件上因管线和设备需要预留的管道位置是否合理，分析能够影响施工质量、施工进度和施工成本的因素，集合各专业的技术要点，从经济的角度进行专项评估，进而制定相应的技术方法。

4. 施工图设计阶段

施工图的设计是以总体设计阶段制定的技术措施为依据和基础。由各协同单位提供的设施设备、装饰装修、预制构件等指标参数为设计单位各专业设计依据，建筑师与其他专业加强配合，贯彻执行标准化、模数化设计，做好系统集成设计和构件拆分设计，提供经济合理的预制构件详图，做好详图上的预留预埋和连接节点设计，尤其是做好节点的防水、防火、防噪以及抗震设计，解决好连接节点之间和部品之间的“错漏碰缺”。

构件设计和节点设计是装配式建筑的重点和难点，当前构件加工图大多由预制构件生产单位依据设计院提供的详图深化设计，建筑师的工作主要是配合和把关，只以实现设计意图为目的。这主要因为建筑师在装配式建筑建设全过程中的话语权不高，甚至不如结构师。这需要各协同单位充分认识到装配式建筑的核心理念是系统性和集成性，确立建筑师的主导地位，当然这也对建筑师提出了更高的要求，也需要建筑师具有如结构、设备、施工等更全面的知识储备。

5. 工艺设计阶段

工艺设计阶段包括了构件深化设计和构件拼装设计，预制构件主要分为垂直构件、水平构件及非受力构件。垂直构件主要是预制墙、柱等；水平构件主要包括预制楼板、阳台板、空调板、楼梯等；非受力构件包括贴面砖的预制外墙板(PCF 墙板)及丰富建筑外立面、提升建筑整体美观性的装饰构件等。预制构件的科学拆分与拼装对建筑功能、建筑平立面、结构受力状况、预制构件承载能力、工程造价等都会产生影响，尤其要谨慎对待预制承重墙柱的拼装与拆分设计，因此应设计多种拆分方案进行比较和优化。

目前专业的工艺设计师非常少，难制作、难安装、高成本的预制构件屡见不鲜。因此无论设计单位还是生产单位承担构件加工图设计，都应做好设计、生产、施工的协同工作，建立协同工作机制，构件设计与构件生产工艺及施工组织紧密结合，保证出具的预制构件加工图纸全面、准确反映出预制构件的规格、类型、加工尺寸、连接形式、施工安装孔、预埋设备管线种类与定位尺寸，以满足工厂生产、施工装配等相关环节承接工序的技术和安全要求。具体可将预制构件作为建筑信息系统的基本单元，通过 BIM 技术平台，整合预制构件的所有信息，实现装配式建筑在设计及建设全过程中的可视化操作。

从装配式建筑整个设计周期论述可以看出，装配式建筑应利用包括信息化技术手段在内的各种手段进行建筑、结构、机电设备、室内装修、生产、施工一体化设计，实现各专业间、各工种间的协同配合。在装配式建筑的设计中，参与各方都要有协同意识，在各个阶段都要重视实现信息的互联互通，确保落实到工程上所有信息的正确性和唯一性。

13.2.3 装配式建筑工程实例

近年来，装配式高层住宅在我国开始大量应用，这种高层住宅采用装配式混凝土剪力墙结构体系。由于其预制与现浇两种工艺并存，存在降低现场生产效率、现场施工质量与构件预制质量不匹配等问题，因此装配式剪力墙结构体系并不是最适宜的装配式结构。但由于其建设规模占目前装配式建筑的绝大部分，因此本单元以装配式混凝土剪力墙结构为例介绍装配式建筑设计时应注意的事项。

1. 总平面设计

在满足采光、通风、间距、退线等规划要求的情况下，装配式剪力墙高层住宅宜优先采用由套型模块组合的住宅单元进行规划设计。总平面设计时应考虑预制构件运输的交通条件，预制构件存放的临时堆场位置，预制构件吊装的塔吊位置和吨位，以安全、经济、合理为原则，考虑施工组织流程，保证各施工工序的有效衔接。

2. 户型设计

装配式剪力墙高层住宅的建筑体型、平面布置及构造应符合抗震设计的原则和要求。宜选用大空间的平面布局方式，合理布置现浇剪力墙及管井位置，以满足住宅空间的灵活性、可变性需要。公共空间及户内各功能空间分区明确、布局合理。主体结构布置宜简单、整齐，现浇混凝土墙体上下要对应贯通，突出与挑出部分不宜过大，平面凹凸变化不宜过多过深。应根据规范要求进行模数协调，优化预制墙板的模板类型和数量，降低造价，为部品集成、专业接口之间的统一协调创造条件。

3. 预制墙板设计

装配式剪力墙高层住宅的室外地坪以上的内外墙板除电梯井、楼梯井等筒体位置外一般均采用预制墙板(在 7 度 0.15g 及以上设防烈度区的高层住宅地上 1～3 层可改为墙板全现浇)，设计应提供预制墙板拆分图，外墙板拆分如图 13-3～图 13-5 所示。预制墙板的拆分应遵循以下原则。

(1) 综合立面表现的需要，应结合结构现浇节点及装饰挂板，合理拆分墙板。

(2) 制定编号原则，对每个墙板产品进行编号，使每个墙板既有唯一的身份编号又能在编号中体现重复构件的同一性。

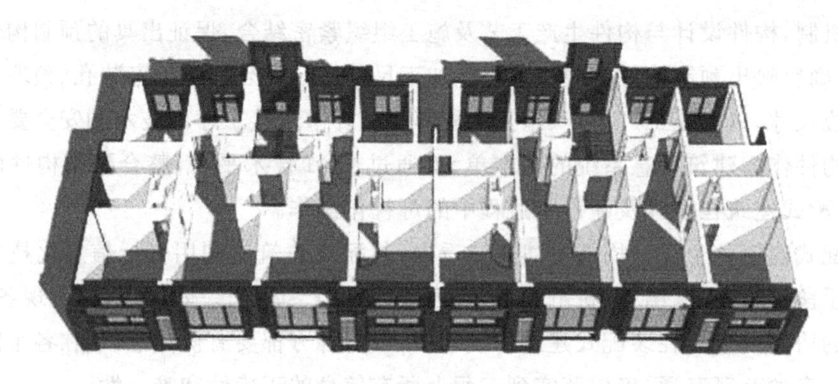

图 13-3

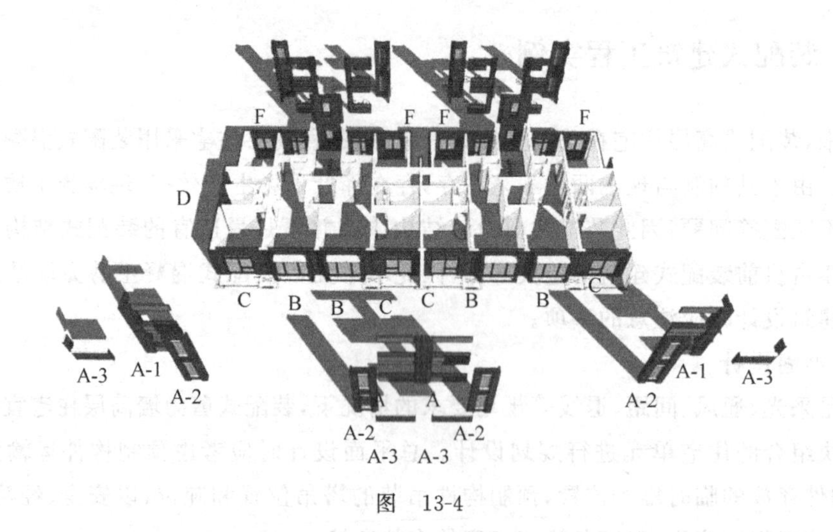

图 13-4

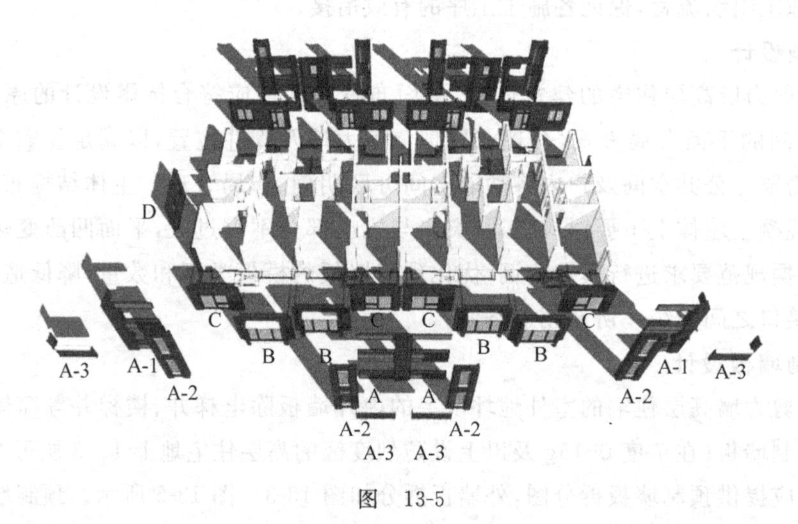

图 13-5

(3) 预制构件的大小要考虑工程的合理性、经济性、运输的可能性和现场的吊装能力。

(4) 注重经济性，通过模数化、标准化、通用化减少板型，节约造价。

装配式剪力墙高层住宅的设计关键在于节点的构造设计。各类节点应构造合理、施工方便、坚固耐久，并结合制作及施工条件进行综合考虑。如建筑预制墙板的水平缝、垂直缝及十字缝等接缝部位、门窗洞口等构配件组装部位的构造设计及材料的选用应满足建筑的物理性能、力学性能、耐久性能及装饰性能的要求。

装配式剪力墙高层住宅的非承重内墙板宜选用自重轻、易于安装、拆卸且隔声性能良好的墙板；外墙板应重点考虑节能设计与饰面设计，具体包括以下几方面。

(1) 外墙板应有保温隔热功能，还应有装饰功能，因此应将外墙板的结构层、保温层、装饰层全部在构件厂内完成，制作成三合一的外墙预制板，可简化施工工艺，加快施工速度，降低安全隐患和风险。

(2) 外墙保温技术是建筑节能设计的重点，目前国内应用较多的是外墙外保温技术与外墙夹芯保温技术，为避免或减少热桥产生，不管采用哪种技术，保温层均应连续设置；保温材料及厚度的选择应按工程项目所在地的气候条件和建筑围护结构热工设计要求确定；还应加强有门窗等洞口的外墙密闭性能以满足其保温性能。

(3) 预制外墙板的饰面宜采用装饰混凝土、涂料、面砖、石材等耐久、不易污染的材料，充分考虑外立面分格、饰面颜色与材料质感等细部设计要求，并体现装配式建筑立面造型的特点。

(4) 建筑外墙装饰构件宜结合外墙板整体设计，应注意独立的装饰构件与外墙板连接处的构造，满足安全、防水及热工设计等的要求。

4. 厨卫设计

住宅厨房与卫生间平面功能分区宜合理，住宅厨房、卫生间上下宜相邻布置，便于集中设置竖向管线、竖向通风道或机械通风装置。应符合建筑模数要求，可依据规范建议的厨卫尺寸进行设计。

5. 楼板设计

第一，应严格执行标准化、模数化的设计理念，尽量减少板型，节约造价；第二，大尺寸的楼板能节省工时，提高效率，但要考虑运输、吊装和实际结构条件；第三，对于开洞多、异形、降板等复杂部位可考虑现浇的方式；第四，连接节点的构造设计应分别满足结构、防水、防火、保温、隔热、隔声及建筑造型设计等要求；第五，桁架预制板厚度一般不小于 60mm，后浇叠合厚度一般不小于 70mm，电气专业在叠合层内进行预埋管线布线，要保证叠合层内预埋电管布线的合理性，保证施工质量。

楼板上建筑垫层厚度一般为 100～120mm，设备专业的给水、采暖、太阳能等管线一般布置在建筑垫层中，要通过管线综合设计，保证管线布置的合理、经济和安全可靠。

6. 楼梯设计

混凝土楼梯现场浇筑易出现空鼓、裂缝等工程质量通病，而混凝土预制楼梯则体现出工厂化预制的便捷、高效、优质、节约的特点。高层住宅楼梯一般设计为两跑楼梯或单跑剪刀楼梯，可采用的预制构件包括梯板、梯梁、平台板和防火分隔板等。预制楼梯宜采用清水混凝土饰面，采取措施加强成品保护。楼梯踏面的防滑构造应在工厂预制时一次成型，以节约人工、材料和后期维护。住宅层高应统一，以实现预制楼梯的模数化、标准化。

7. 内装修设计

通过装配式建筑与装修设计的产业化集成，实现装配式剪力墙住宅功能、安全、美观和经济性的统一；对装修的住宅部品部件进行模数协调和规模化生产，通过部品的标准化、系列化、配套化，实现内装部品、厨卫部品、设备部品和智能化部品的产业化集成。

8. 系统集成及节点设计

做好各种节点的整体技术策划和设计，可通过 BIM 技术等协调手段加以整合。将工业化建筑的各个系统构成要素通过适宜的技术手段加以集成，实现装配式剪力墙高层住宅功能完整、性能优良。

13.3 装配式建筑的展望

装配式建筑是利用标准化设计、工厂化生产、工业化施工和信息化管理等方法来建造、使用和管理建筑，是建筑产业现代化发展的必然趋势，是加快推进绿色建筑发展、转变城镇化建设模式、全面提升建筑品质的有效途径，是推进新型建筑工业化的重要措施。

传统建造模式会造成资源利用效率低，建筑垃圾排放量大，扬尘和噪声等环境污染严重等问题，如果不从根本上改变建造方式，这种粗放建造方式带来的资源过度消耗和浪费将无法扭转，经济增长与资源能源的矛盾会更加突出，并将极大地制约中国经济和社会的可持续发展。

而装配式建筑作为一种新的不断发展的技术体系，促进了建筑产业的转型与升级。发展装配式建筑，工业化生产的产品部件质量及施工质量更加稳定；发展装配式建筑，可解决系统性质量通病，减少建筑后期维修维护费用，延长建筑使用寿命；发展装配式建筑，有利于改善城市环境、提高建筑综合质量和性能、推进生态文明建设；发展装配式建筑，能够全面提升住房品质和性能，让人民群众共享科技进步和供给侧改革带来的发展成果，让消费者体验高品质并具有长久使用价值的“好房子”，促进社会可持续发展。

当然，目前我国装配式建筑还处于初级发展阶段，普遍存在过分重视主体结构而忽视整体建筑的认识误区；大多数装配式建筑还达不到建筑全生命期的使用维护要求，即没有采用主体结构与设备管线分离的建造方式；另外还存在技术标准不匹配、构件尺寸有误差等问题，这需要加大对一体化思想的宣传力度，也需要积极对系统集成概念的深入推广。

尽管装配式建筑目前在我国有了一定的基础，积累了一些在建造技术上的经验，但由于有些地方政府过于追求装配率的指标，忽视了装配式建筑中部品标准化的重要性，造成为适应当前建筑个性化需求后的装配式建筑建造成本普遍偏高，也因此造成开发商在装配式建筑建设中的积极性不高。而且已建装配式工程项目的抗震性能、保温、防水、节点等还没有经过较长时间的检验，从而导致当前装配式建筑发展缓慢。因此还需要中央和地方政府制定相关的政策进行鼓励和扶持，以及装配式建筑建造技术的不断提高。

只有放弃不顾客观条件、急于求成推广装配式建筑的思想，脚踏实地，一步一个脚印，从有条件的大中城市开展试点和示范入手，不断总结经验，培训人才，逐步再向中小城市推广，才能让“装配式建筑占新建建筑的比例达到 30%”的目标尽快达到，才能使装配式建筑逐渐成为主流的建筑模式，其优势也将更加凸显，才能让我国的建筑工业化迈向新的里程，才能为推动资源节约型、环境友好型社会的建设，为从根本上促进建筑行业的可持续发展打下坚实的基础。

单元习题

13-1　论述装配式建筑系统集成与一体化设计的中心思想。

13-2　论述装配式建筑的设计要求。

13-3　以学生在其他课程中设计过的高层住宅为基础，将其改造成装配式剪力墙高层住宅，并试着进行构件拆分设计。

参考文献

[1] 中国建筑科学研究院.建筑抗震设计规范：GB50011—2010[S]. 2016 年版.北京：中国建筑工业出版社,2016.

[2] 中国建筑科学研究院.混凝土结构设计规范：GB50010—2010[S]. 2015 年版. 北京：中国建筑工业出版社,2016.

[3] 中国建筑科学研究院.高层建筑混凝土结构技术规程：JGJ3—2010[S]. 北京：中国建筑工业出版社,2011.

[4] 中国建筑东北设计研究院有限公司.砌体结构设计规范：GB50003—2011[S]. 北京：中国建筑工业出版社,2012.

[5] 中国建筑科学研究院.多孔砖砌体结构技术规范：JGJ137—2001[S]. 2002 年版.北京：中国建筑工业出版社,2002.

[6] 中国工程建设标准化协会.钢结构设计规范：GB50017—2003[S]. 北京：中国建筑工业出版社,2003.

[7] 中国工程建设标准化协会.钢结构设计标准：GB50017—2017[S]. 北京：中国建筑工业出版社,2016.

[8] 中国建筑金属结构协会.门式刚架轻型房屋钢结构技术规范：GB51022—2015[S]. 北京：中国建筑工业出版社,2016.

[9] 中国建筑标准设计研究院.全国民用建筑工程设计技术措施(2009)——结构(混凝土结构)[M]. 北京：中国计划出版社,2012.

[10] 盛利.高职建筑设计专业毕业设计中结构选型的注意事项[J].科技信息,2011(27).

[11] 罗福午,张惠英,杨军.建筑结构概念设计及案例[M].北京：清华大学出版社,2003.

[12] 苑振芳.《砌体结构设计规范》的发展历程和展望[J].工程建设标准化,2015(07).

[13] 丹・克鲁克香克.弗莱彻建筑史[M].郑时龄,等译.20 版.北京：知识产权出版社,2011.

[14] 张友全,吕从军.建筑力学与结构[M].2 版.北京：中国电力出版社,2008.

[15] 叶献国.建筑结构选型概论[M].2 版.武汉：武汉理工大学出版社,2013.

[16] 崔钦淑,聂洪达.建筑结构与选型[M].北京：化学工业出版社,2015.

[17] 樊振和.建筑结构体系及选型[M].北京：中国建筑工业出版社,2011.

[18] 刘树屯.广州白云机场飞机库 80m 跨高低整体式折线形网架[J].建筑结构学报,1988(04).

[19] 罗永峰.国家大剧院施工与使用阶段变边界约束钢网壳受力性能分析[J].建筑结构,2008(02).

[20] 沈世钊.大跨空间结构的发展——回顾与展望[J].土木工程学报,1998(06).

[21] 陈颖.悬索结构特点及主要形式[J].广东广播电视大学学报,2002(02).

[22] 樊则森.装配式剪力墙住宅建筑设计的内容与方法[J].住宅产业,2013(04).